普通高等教育“十三五”规划教材

高频电子线路

胡　方　主编

李小珉　熊韵然　副主编

吴克玲　主审

電子工業出版社

Publishing House of Electronics Industry

北京 · BEIJING

内容简介

本书根据高等职业教育的需求，结合当前高职学生的认知特点，以及作者多年的教学实践和经验体会编写。全书共6章，主要内容包括：绪论，高频小信号放大器，高频功率放大器，正弦波振荡器，调幅、检波与混频，角度调制与解调等，另附综合训练——超外差式收音机的安装与调试，配套电子课件、习题参考答案。本书以理论够用、内容精炼为原则编写，适当淡化理论分析、简化数学推导，突出物理概念、强调工程实际，使学生能学懂理论知识、会动手做实验，为后续专业课程的学习奠定基础。

本书可作为高职高专通信技术、电子信息、自动化类专业或相近专业的教材，也可供有关专业的工程技术人员参考。

图书在版编目（CIP）数据

高频电子线路 / 胡方主编. —北京：电子工业出版社，2019.9

ISBN 978-7-121-34939-3

Ⅰ. ①高… Ⅱ. ①胡… Ⅲ. ①高频—电子电路—高等职业教育—教材 Ⅳ. ①TN710.2

中国版本图书馆CIP数据核字（2018）第199363号

责任编辑：裴　杰
印　　刷：三河市鑫金马印装有限公司
装　　订：三河市鑫金马印装有限公司
出版发行：电子工业出版社
　　　　　北京市海淀区万寿路173信箱　邮编　100036
开　　本：787×1 092　1/16　印张：11.25　字数：288千字
版　　次：2019年9月第1版
印　　次：2020年8月第2次印刷
定　　价：35.00元

凡所购买电子工业出版社图书有缺损问题，请向购买书店调换。若书店售缺，请与本社发行部联系，联系及邮购电话：（010）88254888，88258888。

质量投诉请发邮件至zlts@phei.com.cn，盗版侵权举报请发邮件至dbqq@phei.com.cn。

本书咨询联系方式：（010）88254535，wyj@phei.com.cn。

前　言

为了适应职业教育的特点，满足高职高专院校通信技术、电子信息技术等专业的需求，以现代高等职业教育的基本理念为指导，以满足职业需求和提高任职能力为牵引，结合当前高职高专学生的特点，按照理论教学与实践教学相结合的要求编写了本书。本书立足岗位任职需要，遵循教材有用、易用和实用的原则，合理选取和整合教学内容。

本书在编写过程中，结合熊韵然多项任职教育研究成果，并结合职业教育的特征，在教学理念、学习方法等方面进行了新的探索。旨在通过本书的学习，使学生更好地掌握高频电子线路的基本原理、基本方法、基本技能，为提高学生的专业技能水平、实践应用能力和职业技术能力奠定基础。

“高频电子线路”是通信技术与电子信息技术等专业重要的技术基础课，课程内容涉及面宽，具有理论性强和实践性强的特点。本书编写特点如下：

1．突出基本内容。在内容的选择和编排上，不追求完整性和系统性，强调基本概念、基本原理、基本电路，确保基本内容够用、适度，同时适度保留了部分选学内容、拓展内容。

2．弱化定量分析。在理论分析方面，突出物理概念的建立，侧重定性分析，淡化繁杂的理论论证和冗长的数学推导，以降低学习难度。

3．跟踪行业发展。为拓展学生的视野，使教学内容适应技术与器件飞速发展的新形势，适度增加了集成电路的应用，但在讲解中以集成电路的外部特性和应用方法为重点，内部电路以信号流向为主，以增强学生读图的能力。

4．注重实践教学。为培养理论联系实际的能力，每章均安排了实训项目，以培养学生的实践操作能力；安排了一些典型的具体实用电路分析，供阅读电路图练习。

5．注重价值取向。在教学过程中秉承通过知识传授内化、再通过技能实践外化的理念，重视师生对交流的理解，把学生作为电子信息技术知识的积极创造者，逐步使学生把现实和主观构成内化为学习的情感需要，从而形成适应电子信息技术行业发展的价值观。

6．便于自学自检。为增强教材的实用性，本教材的许多内容都是在优秀讲义的基础上编写的，注重教材的针对性、启发性和实用性。每一章之初明确学习目标，之后有习题，以利于增强分析问题、解决问题能力的培养。

本书部分内容可以根据专业需要、后续专业课程的要求，以及教学课时数进行调整、选择使用。授课学时建议设为60～90学时，其中，理论教学与实训教学的比例建议为2∶1。书中涉及的实训项目，应尽量创造条件完成，以系统地训练学生的实际动手能力。在实验条件许可的情况下，可增加一些实训内容，如RC振荡器，以逐步提高实训教学的比例。由于场地、设备、器材等原因不能完成实训项目时，可以利用演示的方式完成，或借助仿真软件通过模拟实验的方式完成。

本书由胡方担任主编，李小珉、熊韵然担任副主编。其中，第1章、第2章、第5章、第6章由胡方编写，第3章、第4章及全部实验和习题由李小珉编写；教育和教学理论部分及全书统稿由熊韵然完成。本书由吴克玲副教授主审，并提出了许多宝贵意见和建议。

为方便教学，本书配套电子课件和习题参考答案，请登录华信教育资源网（http://www.hxedu.com.cn）下载使用。

本书引用了部分著作的一些相关内容，在此表示衷心感谢。鉴于编者水平与经验所限，书中的缺点和错误在所难免，敬请读者批评指正。

编　者

目　录

第1章 绪 论

内容提要： 无线通信技术已广泛应用于通信、雷达、广播、导航等领域，它们都是利用高频（射频）无线电波来传递信息的。本章首先介绍无线通信发展的简史，并介绍通信系统基本组成原理。

学习目标

1. 知识目标

（1）了解无线通信的简要发展。
（2）了解无线电波传播的基本特点。
（3）了解无线通信系统的基本组成原理。

2. 能力目标

（1）提高学习高频电子线路课程的兴趣。
（2）理解理论指导实践的重要意义。

3. 职业目标

（1）具有敬业精神，培养认真的学习态度和科学的学习方法。
（2）具有职业道德，培养严谨的工作作风，遵守纪律和安全操作规范。
（3）具有团队精神，培养相互配合、协同合作的能力，建立良好的人际关系。
（4）具有创新意识，培养发现问题和解决问题的能力。

1.1 无线通信发展简史

信息传输是人类社会生活的重要内容。信息的传输和处理也是近代和现代发展最迅速、应用最广泛的一门科学，无线通信又是信息传输中最重要的方式之一。无线通信的发展对社会的进步和人类的生活产生了非常深刻的影响，涉及经济、军事和日常生活等各方面。

寻求远距离、快速、便捷的通信方式始终是人们在通信领域追求的目标。从古代的烽火到近代的旗语，体现了信息传输和处理的不同方式。

19 世纪初，人们用导线传输电信号来传递信息，这就是有线通信。1837 年，美国的画家、发明家莫尔斯发明了有线电报和莫尔斯电码，开创了用电作为信息载体的历史。

1864 年，英国的物理学家麦克斯韦发表了著名的论文《电磁场的动力学理论》，从理论上证明了电磁波的存在。1873 年，出版了科学名著《电磁理论》，系统、全面、完美地阐述了电磁场理论，为无线通信的发明和发展奠定了坚实的理论基础。

1887 年，德国的物理学家赫兹以卓越的实验技巧证实了电磁波是客观存在的。人们开始尝试利用电磁波以光速来传输信息。

1895 年，意大利的工程师马可尼成功地用电磁波实现了几百米距离的无线通信。1901 年，首次完成了横跨大西洋的无线通信，无线电从此进入了实用阶段。

1904 年，英国物理学家弗莱明应用爱迪生效应，发明了真空二极管。1906 年，美国物理学家德福雷斯特在二极管中加了一个炉栅形的第三个电极——栅极，发明了真空三极管，用它可以组成具有放大、振荡、变频、调制、检波和波形变换等功能的电子线路。真空电子管的发明，是电子技术发展史上第一个重要的里程碑，电子技术从此进入真空时代。

1948 年，美国物理学家巴丁、肖克莱和布拉顿三人组成的半导体研究小组完成了晶体三极管的发明工作。晶体管在节省电能、减小体积、降低重量、延长寿命、提高可靠性等方面远远胜过电子管。所以，晶体管的发明成为电子技术发展史上第二个重要的里程碑，电子技术从真空时代进入固体时代。

1958 年，美国电子工程师基尔比研制出微型组合电路，这就是集成电路的雏形。在电子技术领域“管”和“路”从此结合起来，几十年来，集成电路从中规模到大规模、到超大规模快速发展，取得了巨大成就。可以说集成电路的出现成为电子技术发展史上第三个重要的里程碑。

无线电技术从诞生到现在，对人类社会的进步起到了不可估量的推动作用。20 世纪初，首先实现了无线电报通信。随后实现了用无线电波直接传送语音和音乐，无线电广播和无线电话通信得到普及。以后又实现了图像传输，电视和无线电传真广泛进入社会各领域。20 世纪 30 年代中期到第二次世界大战期间，为了防空的需要，无线电定位迅速发展，雷达孕育而生，带动了其他学科的兴起，如无线电天文学、无线电气象学等。随着无线电技术与电子计算机、信息论、控制论等学科的结合，无线电技术向更高、更广的领域发展。时至今日，可以说从科学研究、工农业生产，到社会活动、家庭生活都离不开无线电技术。虽然无线电技术的发展方向多、应用面广，但信息传输和信息处理始终是其核心任务。高频电子线路所涉及的单元电路都是围绕传输和处理信息这两个基本任务展开的。因此，我们仍以普遍应用的、典型的无线通信系统为例来说明其工作原理和工作过程。

1.2 通信系统的基本原理

1.2.1 通信系统的组成

通信就是信息的传递，是指由一地向另一地进行信息的传输与交换。广义上说，无论采用何种方法、使用何种介质，只要将信息从一地传送到另一地，均可称为通信。通信系统是指实现消息传递所需设备的总和。以电信号作为消息载体的通信系统，称为现代通信系统或电信系统，其组成框图如图 1-2-1 所示。各部分的主要作用简述如下。

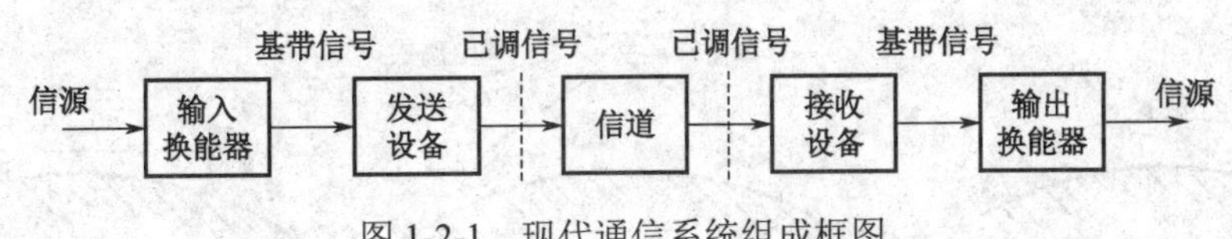

图 1-2-1　现代通信系统组成框图

1．换能器

信源是需要传送的原始信息，如声音、景物、文字等，一般是非电物理量。输入换能器的任务是将信源提供的非电物理量信息变换为电信号，这种电信号通常称为基带信号。基带信号的特点是频率较低、相对带宽较宽，如电话语音信号的频率范围为300～3400Hz，中波调幅广播语音信号的频率范围为50～4500Hz，调频广播语音信号的频率范围为30Hz～15kHz，电视信号的频率范围为 0～6MHz。输出换能器的任务是将接收设备输出的基带信号还原成原始信息。

2．发送设备

发送设备的主要任务是调制和放大。在通信系统中，基带信号不适宜通过信道直接传输，特别是在无线通信系统中，基带信号几乎无法直接传输。因此，必须将基带信号加载到高频电振荡信号，即载波上，变换为合适信道传输的频带信号，这个过程称为调制。

调制就是用待传输的基带信号去控制高频载波信号的某一参数，使该参数随基带信号的变化而线性变化的处理过程。例如，在连续波调制中，以正弦波信号作为高频载波，用基带信号去控制高频载波的振幅或频率、相位，分别称为振幅调制或频率调制、相位调制，简称调幅（AM）或调频（FM）、调相（PM）。通常将基带信号称为调制信号，将高频振荡信号称为载波信号，将经过调制后的高频振荡信号称为已调信号或已调波。

放大就是对调制信号和载波信号、已调信号的电压和功率进行放大、滤波等处理的过程，以保证调制信号有足够大的电压进行调制，保证已调波有足够大的功率进入信道。

3．信道

信道是信号传输的通道，又称传输介质。通信系统中可应用的信道分为两大类：有线信道（如架空明线、电缆、波导、光纤等）和无线信道（如自由空间、地球表面、海水等）。不同信道有不同的传输特性，同一信道对不同频率信号的传输特性也是不同的。例如，在自由空间介质里，电磁能量是以电磁波的形式传播的，但不同频率的电磁波却有不同的传播方式。频率在 1.5MHz 以下的电磁波主要沿着地表传播，称为地波，如图 1-2-2（a）所示。由于大地不是理想的导体，当电磁波沿地表传播时，有一部分能量被损耗掉，并且频率越高，损耗越严重，因此频率较高的电磁波不适合沿地表传播。频率在 1.5～30MHz 的电磁波主要靠空中电离层的反射传播，称为天波，如图 1-2-2（b）所示。电磁波到达电离层后，一部分能量被吸收，一部分能量被反射到地面。频率越高，被吸收的能量越少，电磁波穿入电离层也越深。当频率超过一定值后，电磁波就会穿透电离层传播到宇宙空间去，不再返回到地面。因此频率更高的电磁波不适合利用电离层反射的方式传播。频率在30MHz 以上的电磁波主要在空间直线传播，称为空间波，如图 1-2-2（c）所示。由于地球表面是弯曲的，空间波传播的距离受限于视距范围。架高收发天线、利用通信卫星可以增大其传输距离。

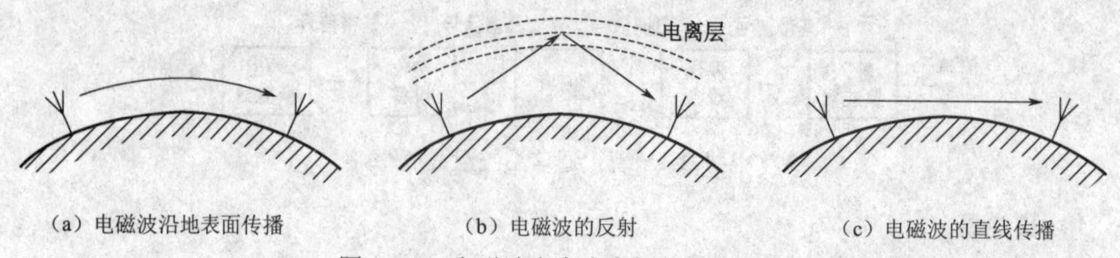

（a）电磁波沿地表面传播　（b）电磁波的反射　（c）电磁波的直线传播

图 1-2-2　电磁波在自由空间传播的方式

为了方便讨论问题，将不同频率的电磁波人为地划分为若干频段或波段，其相应的名称和主要应用见表 1-2-1。应该说明，尽管国际电信联盟和我国对无线电频率的划分有明确的规定，而且各不同波段的电磁波传播特点有明显的差别，但在各波段之间电磁波传播特点没有明显的分界线。例如，从元器件的选用、电路结构以及工作原理等方面看，中波、短波和超短波基本相同，它们基本上都采用集总参数元件，即通常的电阻、电容、电感等；在器件方面主要采用一般的晶体二极管、晶体三极管、场效应管等。而在微波波段，则采用分布参数元件，如同轴线、波导、光纤等；在器件方面，除采用晶体管、场效应管外，还需要特殊器件，如调速管、行波管、磁控管等，它们在工作原理上与晶体管也不相同。

表 1-2-1　无线电波的波段划分表

<table>
<tr><th colspan="2">波段名称</th><th>波长范围</th><th>频率范围</th><th>频段名称</th><th>传播方式</th><th>应用举例</th></tr>
<tr><td colspan="2">特长波（UW）</td><td>1000～100km</td><td>300～3000Hz</td><td>特低频（ULF）</td><td>地波</td><td rowspan="2">音频，电话，长距离航海时间标准</td></tr>
<tr><td colspan="2">甚长波（VLW）</td><td>100～10km</td><td>3～30kHz</td><td>甚低频（VLF）</td><td>地波</td></tr>
<tr><td colspan="2">长波（LW）</td><td>10～1km</td><td>30～300kHz</td><td>低频（LF）</td><td>地波</td><td>远距离通信，无线电信标</td></tr>
<tr><td colspan="2">中波（MW）</td><td>1000～100m</td><td>300～3000kHz</td><td>中频（MF）</td><td>地波，天波</td><td>调幅广播，通信，导航，业余无线电</td></tr>
<tr><td colspan="2">短波（SW）</td><td>100～10m</td><td>3～30MHz</td><td>高频（HF）</td><td>天波</td><td>短波广播，中距离通信，军用通信，业余无线电</td></tr>
<tr><td colspan="2">超短波（米波）（VSW）</td><td>10～1m</td><td>30～300MHz</td><td>甚高频（VHF）</td><td>空间波</td><td>移动通信，电视，调频广播，雷达，导航</td></tr>
<tr><td rowspan="4">微波</td><td>分米波（USW）</td><td>100～10cm</td><td>300～3000MHz</td><td>特高频（UHF）</td><td>空间波</td><td>卫星通信，电视，雷达，遥测</td></tr>
<tr><td>厘米波（SSW）</td><td>10～1cm</td><td>3～30GHz</td><td>超高频（SHF）</td><td>空间波</td><td>雷达，卫星通信</td></tr>
<tr><td>毫米波（ESW）</td><td>10～1mm</td><td>30～300GHz</td><td>极高频（EHF）</td><td>空间波</td><td>雷达，微波通信，无线电天文学</td></tr>
<tr><td>亚毫米波</td><td>1～0.1mm</td><td>300～3000GHz</td><td>至高频（THF）</td><td>空间波</td><td>卫星广播与通信</td></tr>
</table>

4．接收设备

接收设备的主要任务是选频、放大和解调。由于信道中存在众多的通信信号以及各种干扰信号，所以接收设备首先要选择有用信号、抑制其他信号和干扰信号。同时，因信道的衰减作用，经远距离传输后到达接收端的信号电平很微弱（微伏数量级），需要放大后才能解调。解调就是将信道传输过来的已调信号进行还原处理，恢复出与发送端相一致的基带信号。显然，解调是调制的逆过程。

1.2.2　无线电发送和接收设备的组成

无线通信系统的种类很多，如广播、电视、移动通信、全球定位系统（GPS、北斗）、卫星通信等。虽然不同类别的通信系统有不同的特点和要求，但其发射和接收设备的基本组成和基本原理都是相近的。下面以调幅广播和调频公众对讲机为例，简要介绍无线电发射和接收设备的基本组成。

1．调幅广播系统

无线电广播的形式一般分为调幅（AM）广播和调频（FM）广播，调幅广播又分中波（MW）广播和短播（SW）广播。我国规定：中波广播的频率范围为 526.5～1606.5kHz，短波广播的频率范围为 2.3～26.1MHz，调频广播的频率范围为 87～108MHz。

调幅广播的发射机组成框图如图 1-2-3 所示，它主要由低频（或称音频）部分和高频（或称射频）部分组成。

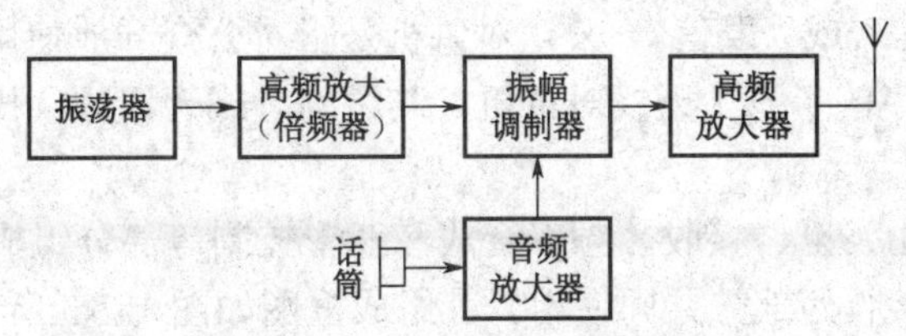

图 1-2-3　调幅发射机组成框图

低频部分主要是音频放大器（或称低频放大器）。话筒的作用是将声波信号转换为电信号，由于话筒转换来的电信号非常微弱，需要由低频电压放大器和低频功率放大器组成的音频放大器对它进行放大处理，以提供足够大的调制信号功率。

高频部分一般包括振荡器、高频小信号放大器、高频功率放大器（倍频器）、振幅调制器。振荡器的作用是产生一个频率稳定的高频振荡电压——载波信号。为了提高载波的频率稳定度，振荡器往往采用石英晶体振荡器。高频小信号放大器的作用是对高频振荡电压进行放大。由于晶体振荡器产生的载波频率不能太高，如果所需的载波频率较高，还应加一级或若干级倍频器，使载波频率提高到所需的数值。高频功率放大器的作用是进一步提高载波的功率，以满足振幅调制器的需求。振幅调制器的作用是产生调幅波，它在音频信号的控制下，将载波信号变换成振幅随调制信号变化的已调波信号，然后经过末级高频功率放大器将已调波信号的功率提高到所需的发射功率电平，最后由发射天线辐射出去。

超外差式调幅广播接收机的组成框图如图 1-2-4 所示，它也由低频部分和高频部分组成。

高频部分包括高频小信号放大器（含中频放大器）、振荡器、混频器和振幅检波器。从天线收到的微弱高频已调信号先经过高频小信号放大器（有时可省略）放大，然后送至混频器，与来自本机振荡器的振荡信号相混合，产生一个频率固定的中频信号。在后面有关章节将证明，中频信号保留了接收的高频已调信号中的全部有用信息，仅是载波频率由 f_s 变换为 f_I，且 $f_I = f_L - f_s = 465\text{kHz}$（有时为 $f_I = f_L + f_s$）。中频信号再经若干级中频放大器放大后送入检波器，经检波后还原出调制信号。

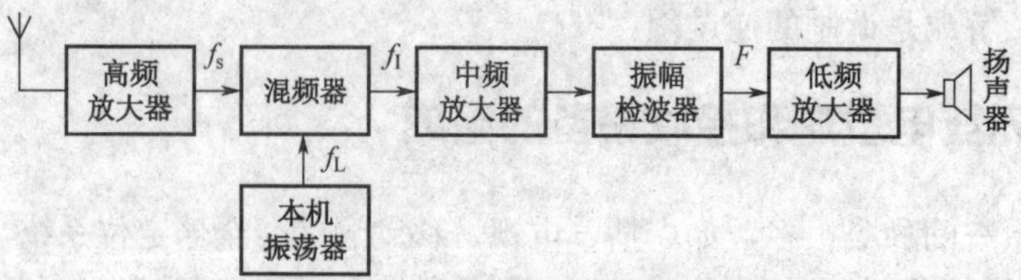

图 1-2-4　超外差式调幅接收机组成框图

低频部分一般由低频电压放大器和低频功率放大器组成。解调出的调制信号经低频放大器放大获得足够的功率后，推动扬声器发出声音。

超外差式接收机的特点是采用了变频技术，即将接收的高频信号转换为中频信号。由于中频是固定的频率，中频放大器的选择性和增益都与接收信号的载波频率无关，从而极大地提高了接收机的选择性和灵敏度。

2．调频公众对讲机

对讲机是一种近距离的、简单的无线传输通信工具，其工作方式为单工移动通信，即在同一时刻只能“收信”或“发信”。公众对讲机是指对公众开放使用的、发射功率不大于 0.5W、工作于指定频率的半双工无线对讲机，其调制方式为调频，传送的语音信号频率为 300Hz～3kHz。

公众对讲机主要由发射、接收、频率合成和亚音控制等部分组成。其中，天线及其阻抗匹配电路为发射、接收两部分共同使用。其组成框图如图 1-2-5 所示。

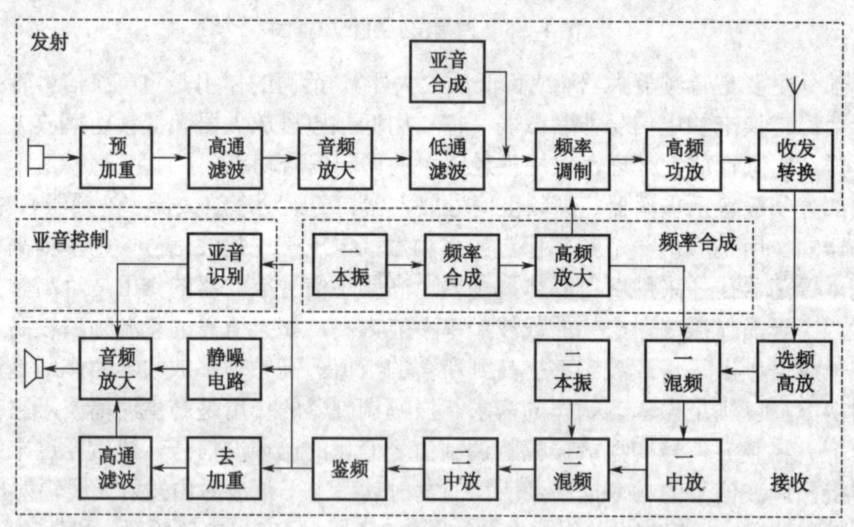

图 1-2-5　公众对讲机组成框图

（1）发射部分

发射部分采用压控振荡器（VCO）进行直接调频。语音通过麦克风转换成音频电信号，音频信号先经过预加重处理，以压低低频部分的电平；然后送入高通滤波器，滤除低于300Hz 以下的部分；经过音频放大后，再通过低通滤波器，滤除高于 3kHz 以上的部分。根据需要，可在音频信号中附加低于 300Hz 的一个亚音频识别信号；然后进行频率调制。产生的调频信号，再经过缓冲放大、激励放大、高频功率放大后，产生额定的射频功率。最后通过天线收发转换电路，将调频信号从天线发射出去。

（2）接收部分

接收部分采用二次变频超外差方式，以提高接收机的灵敏度。从天线接收的信号经过收发转换电路，进行高频放大，再经过带通滤波器后，进入第一混频；与来自频率合成器电路的本振信号在第一混频器进行混频，生成第一中频信号，第一中频信号的中心频率一般为 45MHz，不同的机型略有差异。第一中频信号经过第一中频放大后，与第二本振信号在第二混频器再次进行混频，生成第二中频信号，第二中频信号的中心频率一般为 455kHz，不同的机型也略有差异。第二中频信号经过第二中频放大后，进入鉴频器，解调出音频信号。一路音频信号送入去加重电路，恢复被压低的低频部分的电平，再通过高通滤波器，滤除低于 300Hz 的附加亚音频信号；最后进入音频电压放大器和音频功率放大器放大，以驱动扬声器发声。另一路音频信号进入静噪电路，对噪声分量进行检测，当无语音信号时，噪声分量相对较高，在静噪电路控制下关闭音频功率放大电路。

（3）频率合成部分

频率合成部分主要由微处理器（CPU）和锁相环电路（PLL）构成，如图 1-2-6 所示。从压控振荡器（VCO）输出的信号，一部分经过分频后产生频率为 f_{o2} 的比较信号，送入鉴相器；由第一本振产生本振信号，经分频后产生频率为 f_{i1} 的参考信号，也送入鉴相器。锁相环电路正常工作时，f_{i1} 与 f_{o2} 是相等的，两信号经过鉴相器的比较，将两者的相位差变换为直流信号，经环路滤波器后，控制压控振荡器的输出信号频率。微处理器控制分频器，可形成不同的分频比，锁相环电路可产生频率间隔分别为 5kHz、10kHz、12.5kHz、15kHz、25kHz 的输出信号。

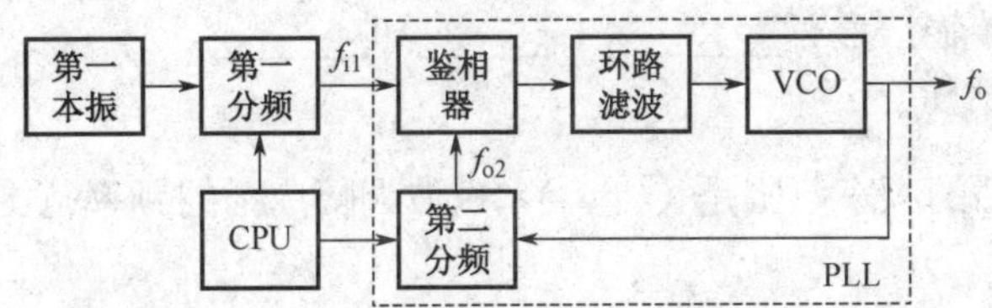

图 1-2-6　频率合成器组成框图

（4）亚音控制部分

亚音控制是一种将低于传送的音频频率的某一频率的信号附加在音频信号中一起传输的技术，因其频率范围在传送的音频以下，故称为亚音频。普通公众对讲机的亚音频识别信号的频率范围在 67～250.3Hz 之间，一般设 38 个频率点（有的系统分为 50 个频率点）。亚音频识别信号就是其中某一个频率的模拟信号。使用亚音频识别信号的目的是避免接收不相干的呼叫。

第二中频信号经鉴频后得到的音频信号，一部分经过放大和亚音频的带通滤波器，进入亚音识别 CPU，与预设值进行比较，将其结果控制音频功率放大电路的输出：如果与预置的亚音值相同，则驱动音频功率放大电路，扬声器可正常发声；否则，将关闭音频功率放大电路。

1.3 本书研究的内容

通过以上介绍，我们对无线通信的基本原理有了初步了解，下面将陆续介绍无线电发射和接收设备中各单元电路的工作原理、典型电路、性能特点、基本分析方法、测试及调试方法。这些基本单元电路包括高频小信号放大电路、高频功率放大电路、正弦波振荡器、调制和解调电路等。这些电路除在现代通信系统中具有重要作用，也广泛应用于其他电子设备中。

需要指出的是，所谓“高频”是相对的，高频和低频的界定频率值是多少，并无严格定义。从广义上说，适合无线电发射和传播的频率都可称为“高频”，通常又称为“射频”。由表 1-2-1 可知，高频包括的频率范围很宽。本书讨论的内容仅限于低于微波频率的范围。这是因为在微波波段，使用的元器件与线路结构都与高频段有很大的差异。

练习与提高（一）

1-1 填空题

1．根据电磁波的波长或频率范围不同，其传输方式有______、______、______等。

2．超外差式 AM 收音机的组成包括：天线、______、______、______、______、______、低频放大器和扬声器。

3．为了将接收的高频信号转变为中频信号，______是超外差调幅接收机的关键部件。

4．一个完整的通信系统由______、______、______组成。

5．所谓调制，就是用待传输的______信号去控制______信号的某一参数的过程。调制的目的是______、______。

6．在模拟信号调制中，三种基本的调制方式是______、______和______。

7．无线电波传播速度固定不变，频率越高，波长______。

8．无线通信的传输信道有______、______和______。

1-2 单选题

1．中波调幅广播的频率范围是（　　），短波调幅广播的频率范围是（　　），调频广播的频率范围是（　　）。

A．526.5～1606.5kHz　　B．2.3～26.1MHz
C．70～87MHz　　D．87～108MHz

2．调幅收音机的中频为（　　），调频收音机的中频为（　　）。

A．465kHz　B．10.7MHz　C．38MHz　D．45MHz

3．音频信号的范围为（　　），中波调幅广播语音信号的频率范围为（　　），调频广播语音信号的频率范围为（　　），电视图像信号的频率范围为（　　）。

A．20Hz～20kHz　B．50Hz～4.5kHz　C．30Hz～15kHz　D．0~6MHz

1-3 画图题

1．画出无线通信系统的组成框图。

2．画出超外差式调幅收音机的组成框图。

第 2 章　高频小信号放大器

内容提要： 高频小信号放大器是各类接收机的重要组成部分，本章首先介绍常用选频器的基本特性和晶体管高频小信号等效电路与参数，在此基础上分别介绍单调谐、参差调谐和双调谐谐振放大器，最后介绍了集中选频放大器。

学习目标

1．知识目标

（1）了解 LC 回路阻抗变换的基本方法。
（2）熟悉谐振回路和固体滤波器的选频特性。
（3）熟悉晶体管的频率参数，了解影响晶体管在高频应用时的主要因素。
（4）熟悉谐振放大器的工作原理，了解其主要技术指标。
（5）了解集中选频放大器的工作原理。

2．能力目标

（1）能读懂基本高频小信号电路的原理图，知道各元器件的作用。
（2）能熟练运用示波器、信号发生器等仪器。
（3）能完成谐振回路、高频小信号放大电路的调整与检测。

3．职业目标

（1）具有敬业精神，培养认真的学习态度和科学的学习方法。
（2）具有职业道德，培养严谨的工作作风，遵守纪律和安全操作规范。
（3）具有团队精神，培养相互配合、协同合作的能力，建立良好的人际关系。
（4）具有创新意识，培养发现问题和解决问题的能力。

2.1　概　　述

在通信系统中，收、发两地一般相距很远。为了提高通信距离，在发射端需要将已调制的高频信号进行放大，获得足够的功率后，再馈送到天线上发射出去。高频信号经过远距离传输后衰减很大，到达接收端的高频信号电平多在微伏级。因此，需要先将接收到的微弱高频信号进行放大，再进行相应的处理（如解调）。所以，高频放大电路是发射和接收设备中的重要组成部分。

高频小信号放大器又称高频电压放大器，可分为窄带放大电路和宽带放大电路两大类。

本章仅介绍基本的窄带放大电路。窄带高频小信号放大器与低频（音频）电压放大器相比较，共同点是都工作在线性范围。它们的区别主要体现在以下几个方面：

一是工作频率范围不同。低频电压放大电路的工作频率低，一般在几十 kHz 以下。高频小信号放大电路的工作频率高，一般在几百 kHz 至几 GHz。

二是信号的相对带宽不同。低频信号的相对带宽较宽，例如，音频信号频带范围在 20Hz～20kHz，其高低频的极限相差达 1000 倍。高频信号的相对带宽较窄，例如，在调幅接收机的中放电路中，信号带宽Δf=9kHz，中心频率 f_0=465kHz，相对带宽 $\Delta f / f_0$ 不到 2%。又如，在普通调频广播中，信号带宽Δf=180kHz，发射频段在 87～108MHz，相对带宽 $\Delta f / f_0$ 约在 0.2%以下。

三是负载不同。低频电压放大电路一般采用无调谐负载，如电阻、铁芯变压器等。高频小信号放大电路则采用调谐负载，如选频网络、固体滤波器。

四是关注的性能指标不同。除两者都关注的电压增益和通频带外，低频电压放大电路侧重输入电阻和输出电阻。高频小信号放大电路则侧重选择性和稳定性。

高频小信号放大电路的主要技术指标如下。

1．中心频率（f_0）

中心频率就是谐振放大电路的工作频率，由通信系统的要求确定。随着技术的发展，可利用的信道频率越来越高，例如，电视采用的特高频（UHF）频段，工作频率为几百兆赫兹；雷达、卫星通信采用的超高频（SHF）、极高频（EHF）、至高频（THF）频段，工作频率从几个 GHz 到几个 THz。中心频率是设计放大电路时选择放大器件、计算选频网络参数的依据。

2．电压增益（A_{u0}）

电压增益表示放大电路对有用信号的放大能力。通常指中心频率处的电压放大倍数，用分贝表示，即

$$A_{u0}(\mathrm{dB}) = 20\lg\left|\frac{u_\mathrm{o}}{u_\mathrm{i}}\right|(\mathrm{dB}) \tag{2-1-1}$$

各种通用接收机中，中放电路的电压增益一般为 80～100dB，即电压放大倍数为 10000～100000 倍。

3．通频带（$BW_{0.7}$）

在多数情况下，被放大的信号不是单一频率的载波信号，而是占有一定频谱宽度的频带信号。为不失真地放大频带信号，放大电路就必须有一定的带宽。通频带是指当放大电路的电压增益 A_u 下降到最大值 A_{u0} 的 0.7 倍（$1/\sqrt{2}$ 倍，即−3dB）时所对应的频率范围，用 $BW_{0.7}$ 或 $2\Delta f_{0.7}$ 表示，如图 2-1-1 所示。

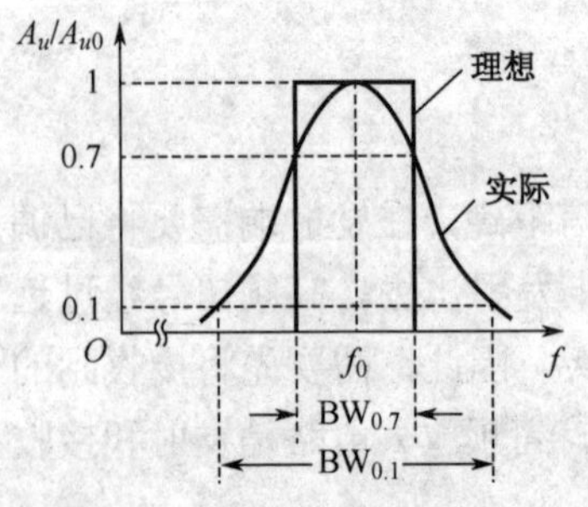

图 2-1-1　频率特性与通频带

4．**选择性**

选择性是指放大电路排除通频带之外干扰信号的能力。衡量选择性的两个基本指标是矩形系数和抑制比。

（1）矩形系数（K_r）

矩形系数反映了对邻近频率信号的抑制能力。理想情况下，放大电路应对通频带内的各频率信号分量有同样的放大倍数，而对通频带以外的邻近频率信号完全抑制，即理想放大电路的频率特性曲线应为矩形。但实际的频率特性曲线形状与矩形有较大的差异，如图 2-1-1 所示。为了评价实际曲线与理想矩形的接近程度，通常用矩形系数 K_r 来表示，其定义为

$$K_{r0.1}=\frac{2\Delta f_{0.1}}{2\Delta f_{0.7}} \tag{2-1-2}$$

显然，矩形系数越接近 1，实际曲线就越接近矩形，滤除邻近信号干扰的能力就越强。

（2）抑制比（d）

抑制比通常表示对某些特定频率信号选择性的优劣。放大器的频率特性如图 2-1-2 所示，在谐振点 f_0 的增益为 A_{u0}。若有一干扰信号的频率为 f_n，其增益为 A_{un}，则放大器对此干扰信号的抑制比定义为

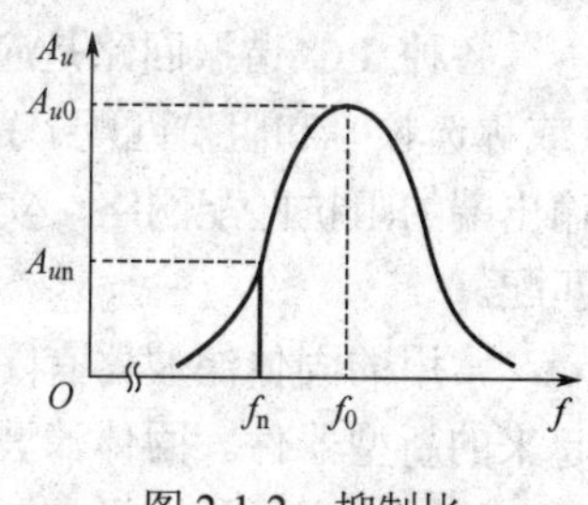

图 2-1-2　抑制比

$$d=20\lg\frac{A_{u0}}{A_{un}}(\text{dB}) \tag{2-1-3}$$

显然，d 值越大，放大器的选择性越好。调幅广播收音机常用偏调 ±10kHz 时的抑制比来衡量其选择性，即对邻台的抑制能力。例如，超外差收音机所用中周（中频变压器）的选择性约为 5～8dB，即偏调 ±10kHz 时的衰减应不小于 5～8dB。

5．**稳定性**

工作稳定性是指放大器的工作状态、元件参数等发生可能的变化时放大器的主要特性的稳定程度。一般的不稳定现象是增益变化、中心频率偏移、通频带变窄、特性曲线变形等。极端的不稳定状态是放大器自激，致使放大器完全不能正常工作。

引起不稳定的原因，主要是由于寄生反馈作用。为了使放大器稳定工作，需要采取相应的措施，如选择内部反馈小的晶体管、引入中和电路或稳定电阻、使级间阻抗失匹配等。此外，在工艺结构方面，如元件排列、屏蔽、接地等方面均应良好，使放大器不产生自激。

6．**噪声系数**

噪声系数是用来描述放大器本身产生噪声电平大小的一个参数。在放大电路中，噪声总是有害无益的，特别是对微弱信号的影响是极其不利的。在多级放大器中，最前面的一、二级对整个放大电路的噪声系数起决定性作用，因此要求它们的信噪比要尽量高。为减小放大电路的内部噪声，可选用低噪声管、正确选择工作点电流、选用合适的线路等。

以上这些质量指标相互之间既有联系，又有矛盾。例如，增益与稳定性、带宽与选择性等。应根据实际需要决定主次，进行合理设计调整。例如，接收机的整机灵敏度、选择性、通频带等主要取决于中放级，而噪声则主要决定于高放或混频级（无高放级时）。因此在考虑中放级时，应在满足频带要求与保证工作稳定的前提下，尽量提高增益；而在考虑高放级时，增益成为次要矛盾，主要应尽量减小本级的内部噪声。

2.2 选频器

选频器是高频放大电路重要的组成部分，其作用是满足电路对通频带和选择性的要求，同时实现放大电路与负载之间的阻抗匹配。选频器按其功能，可分为低通滤波器、带通滤波器、高通滤波器、带阻滤波器等；按其工作原理，可分为谐振式滤波器与固体滤波器。

各种 LC 谐振回路是应用最广泛的谐振式滤波器，它在高频电路中的主要作用是滤波（或称选频）和阻抗匹配。LC 谐振回路可以作为高频放大电路的负载，也可以作为输入、输出端的阻抗匹配网络，实现信号源与放大电路输入端、放大电路输出端与负载间的阻抗匹配。

常用的固体滤波器有陶瓷滤波器、声表面波滤波器、晶体滤波器等，是近几十年发展起来的新型器件。固体滤波器常被用在集中选频放大电路中，在选频放大电路集成化和改善电路性能方面发挥了主要作用，目前广泛应用于各类通信设备中。

2.2.1 LC 回路的阻抗变换

1．串并联网络的阻抗互换

为方便分析，常需要将电路中电阻元件与电抗元件的并联或串联接法进行等效互换，如图 2-2-1 所示。图中，R_p 和 X_p 是并联电路中的电阻元件和电抗元件，R_s 和 X_s 是串联电路中的电阻元件和电抗元件。根据等效原理：并联和串联电路两端的阻抗相等，即有

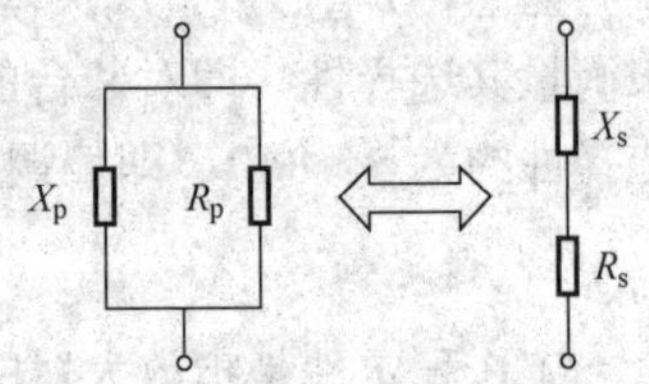

图 2-2-1　串并联网络等效互换

$$\frac{1}{\frac{1}{R_p}+\frac{1}{jX_p}}=R_s+jX_s$$

整理后得

$$\frac{1}{R_p}-j\frac{1}{X_p}=\frac{R_s}{R_s^2+X_s^2}-j\frac{X_s}{R_s^2+X_s^2}$$

由上式知，将串联接法等效为并联接法时，其等效电阻和等效电抗为

$$\begin{cases} R_p = \dfrac{R_s^2 + X_s^2}{R_s} = (1 + \dfrac{X_s^2}{R_s^2})R_s = (1 + Q_e^2)R_s \\ X_p = \dfrac{R_s^2 + X_s^2}{X_s} = \left(\dfrac{R_s^2}{X_s^2} + 1\right)X_s = \left(\dfrac{1}{Q_e^2} + 1\right)X_s \end{cases} \tag{2-2-1}$$

式中

$$Q_e = \frac{|X_s|}{R_s} = \frac{R_p}{|X_p|} \tag{2-2-2}$$

为回路的有载品质因数。

同理可得，将并联接法等效为串联接法时，其等效电阻和等效电抗为

$$\begin{cases} R_s = \dfrac{1}{1 + Q_e^2} R_p \\ X_s = \dfrac{Q_e^2}{Q_e^2 + 1} X_p \end{cases} \tag{2-2-3}$$

2．回路部分接入时的阻抗变换

并联谐振回路作为放大器负载时，一般不直接接入，因为晶体三极管的输出阻抗会降低回路的品质因数 Q。通常采用部分接入的方式，以实现阻抗变换的需要。

（1）变压器耦合连接

变压器耦合连接的电路及其等效电路如图 2-2-2 所示，变压器的电压变换关系为 $U_1/U_2 = N_1/N_2$。设变压器效率为 100%，即变压器不产生损耗，根据等效原理：在 R_L 和 R_L' 上消耗的功率相等，即 $U_2^2/R_L = U_1^2/R_L'$，则有

$$R_L' = \frac{U_1^2}{U_2^2} R_L = \frac{N_1^2}{N_2^2} R_L = \frac{1}{n^2} R_L \tag{2-2-4}$$

式中，$n = N_2/N_1$，为接入系数，即变压器的匝数比。

如果取 $n < 1$，则 $R_L' > R_L$，使实际负载等效到回路两端的等效负载变大，减小了对回路 Q 值的影响。

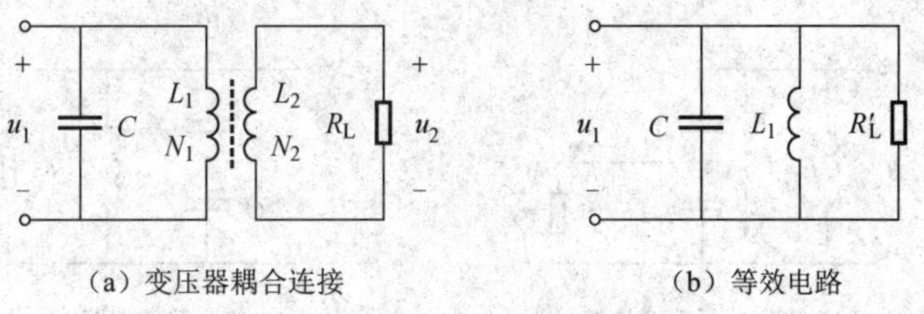

（a）变压器耦合连接　　（b）等效电路

图 2-2-2　变压器耦合连接的变换

（2）自耦变压器耦合连接

自耦变压器耦合连接的电路及其等效电路如图 2-2-3 所示，变压器的电压变换关系为 $U_1/U_2 = (N_1 + N_2)/N_2$。根据等效原理：在 R_L 和 R_L' 上消耗的功率相等，即 $U_2^2/R_L = U_1^2/R_L'$，则有

$$R_{\rm L}' = \frac{U_1^2}{U_2^2} R_{\rm L} = \left(\frac{N_1 + N_2}{N_2}\right)^2 R_{\rm L} = \frac{1}{n^2} R_{\rm L} \tag{2-2-5}$$

式中，$n = \dfrac{N_2}{N_1 + N_2}$，为接入系数，即电压比。

显然$n<1$，即$R_{\rm L}' > R_{\rm L}$，使实际负载等效到回路两端的等效负载变大，减小了对回路Q值的影响。

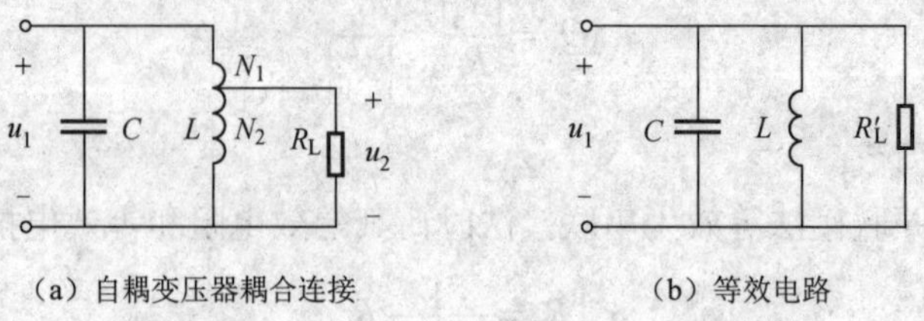

（a）自耦变压器耦合连接　　（b）等效电路

图 2-2-3　自耦变压器耦合连接的变换

（3）电容分压耦合连接

电容分压耦合连接的电路及其等效电路如图 2-2-4 所示。设 C_1、C_2 无损耗，在高频电路中通常满足$R_{\rm L} \gg \dfrac{1}{\omega_0 c_2}$，故 $I_{\rm L} << I_2$，即 $R_{\rm L}$ 的分流可忽略，则有 $I_1 \approx I_2$。此时，u_2 为 u_1 在 C_2 上的分压，有

$$U_1 = I_1\left(\frac{1}{\omega C_1} + \frac{1}{\omega C_2}\right)$$

$$U_2 = I_1 \frac{1}{\omega C_2}$$

根据等效原理：在 $R_{\rm L}$ 和 $R_{\rm L}'$ 上消耗的功率相等，即$U_2^2 / R_{\rm L} = U_1^2 / R_{\rm L}'$，则有

$$R_{\rm L}' = \frac{U_1^2}{U_2^2} R_{\rm L} = \left(\frac{C_1 + C_2}{C_1}\right)^2 R_{\rm L} = \frac{1}{n^2} R_{\rm L} \tag{2-2-6}$$

式中，$n = \dfrac{C_1}{C_1 + C_2}$，为接入系数，即电容的分压比。

显然$n<1$，即$R_{\rm L}' > R_{\rm L}$，使实际负载等效到回路两端的等效负载变大，减小了对回路Q值的影响。

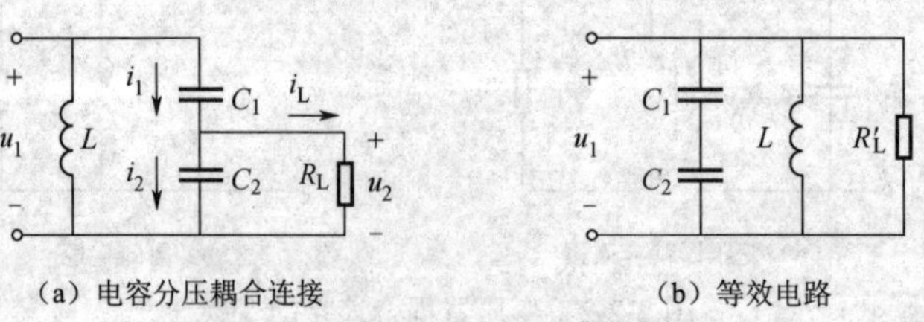

（a）电容分压耦合连接　　（b）等效电路

图 2-2-4　电容分压耦合连接的变换

3．部分接入时等效变换的推广

上面是以负载电阻 $R_{\rm L}$ 为例进行等效变换的。若需要进行等效变换的负载是电抗元件 $X_{\rm L}$，按上述方法分析，可得

$$X_L' = \frac{1}{n^2} X_L \qquad (2\text{-}2\text{-}7)$$

在实际中，有时信号源也需要等效变换。对于电压源，有

$$u_s' = \frac{1}{n} u_s \qquad (2\text{-}2\text{-}8)$$

对于电流源，有

$$i_s' = n i_s \qquad (2\text{-}2\text{-}9)$$

例 2.2.1　在超外差式收音机中，中频放大器的负载为中频变压器，其交流通路和等效电路如图 2-2-5（a）、（b）所示。已知 N_{13}=150 匝，N_{23}=15 匝，N_{45}=10 匝。试求等效电流源 i_s'、等效内阻 r_s'、等效负载 R_L'。

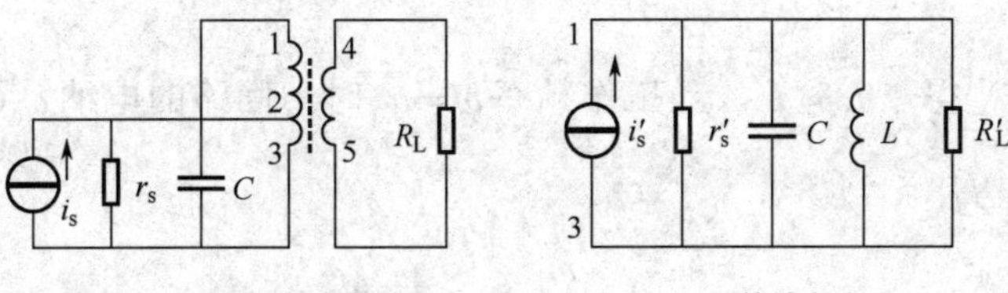

（a）中频变压器级间耦合交流通路　　　（b）等效电路

图 2-2-5　例 2.2.1 电路

解　将信号源等效到回路两端时，接入系数为 $n_1 = \frac{N_{23}}{N_{13}} = \frac{15}{150} = \frac{1}{10}$，由式（2-2-5）得

$$r_s' = \frac{1}{n_1^2} r_s = \frac{r_s}{(1/10)^2} = 100 r_s$$

由式（2-2-9）得

$$i_s' = n_1 i_s = 0.1 i_s$$

将负载等效到回路两端时，接入系数为 $n_2 = \frac{N_{45}}{N_{13}} = \frac{10}{150} = \frac{1}{15}$，由式（2-2-4）得

$$R_L' = \frac{1}{n_2^2} R_L = \frac{R_L}{(1/15)^2} = 225 R_L$$

2.2.2　LC 并联谐振回路的选频特性

LC 回路是电感与电容连接形成的回路，其谐振特性决定了回路的选频性能。在高频放大电路中，LC 回路常以并联的形式出现。所以，这里仅介绍 LC 并联谐振回路的几个重要参数。

外加信号源的 LC 并联谐振回路及其等效电路如图 2-2-6 所示。图中，i_s 是信号源，r 是电感 L 的等效内阻，L'、R_{eo} 是将 L、r 串联接法等效为并联接法时的等效电感和等效电阻。由式（2-2-1）知

$$R_{eo} = \left[1 + \frac{(\omega L)^2}{r}\right] r \qquad (2\text{-}2\text{-}10)$$

$$L' = \left[\frac{r^2}{(\omega L)^2} + 1\right] L \tag{2-2-11}$$

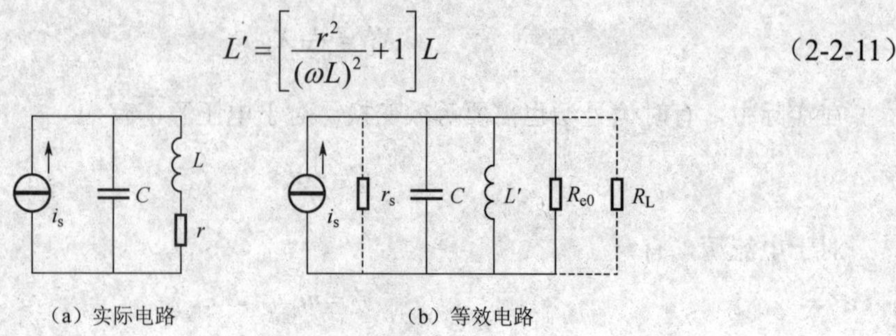

图 2-2-6　并联谐振回路

在高频电路中通常满足$\omega L >> r$。在此条件下有如下特征。

1．谐振频率

由式（2-2-11）得，$L' \approx L$。当工作频率$\omega = \omega_0$时，回路的电纳$\omega_0 C - \dfrac{1}{\omega_0 L} = 0$，称为谐振。则谐振频率为

$$f_0 = \frac{\omega_0}{2\pi} = \frac{1}{2\pi\sqrt{LC}} \tag{2-2-12}$$

2．谐振电阻

并联谐振时，回路阻抗最大，且呈纯阻性，称为谐振电阻。由式（2-2-10）得，谐振电阻为

$$R_{e0} = \frac{r^2 + (\omega_0 L)^2}{r} \approx \frac{(\omega_0 L)^2}{r} = \frac{\omega_0 L}{\omega_0 C r} = \frac{L}{Cr} \tag{2-2-13}$$

3．品质因数

品质因数定义为：在一个周期内，储能元件储存的能量与耗能元件消耗的能量之比，即无功功率与有功功率之比。所以，由式（2-2-2）得，并联谐振回路的空载品质因数为

$$Q_0 = \frac{\omega_0 L}{r} = \frac{1}{\omega_0 C r} = \frac{1}{r}\sqrt{\frac{L}{C}} \tag{2-2-14}$$

或

$$Q_0 = \frac{R_{e0}}{\omega_0 L} = \omega_0 C R_{e0} \tag{2-2-15}$$

当回路接有负载，并考虑信号源内阻的影响时，如图 2-2-6（b）中的R_L与r_s，回路的总负载电阻$R_\Sigma = r_s \,/\!/\, R_L \,/\!/\, R_{e0}$，并联谐振回路的有载品质因数为

$$Q_e = \frac{R_\Sigma}{\omega_0 L} = \omega_0 C R_\Sigma \tag{2-2-16}$$

显然，回路接有负载时，品质因数会降低。

4．单位谐振曲线

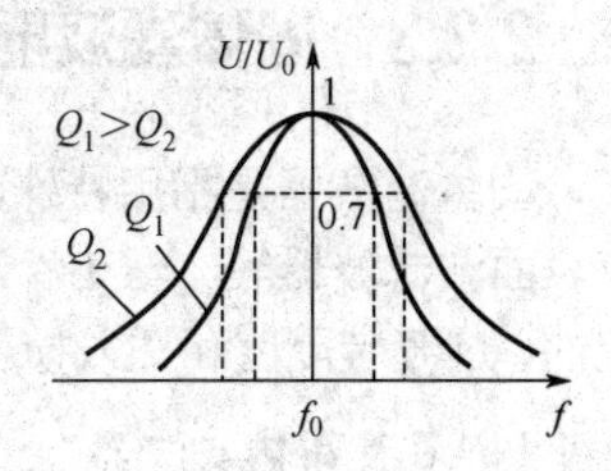

图 2-2-7　单位谐振曲线与通频带

单位谐振曲线是指在任意频率下的回路电压 U 与谐振时的回路电压 U_0 之比。因为并联谐振时的回路阻抗最大，故 U_0 也最大，即随着工作频率 f 偏离谐振频率 f_0，回路阻抗将减小，U 会降低；且 f 偏离 f_0 越远，U 越小。由此可定性画出并联谐振回路的单位谐振曲线，如图 2-2-7 所示。

由理论分析可知：回路的 Q 值越高，单位谐振曲线就越尖锐。说明回路的 Q 值越高，回路的选择性越好。

5．通频带

由图 2-2-7 还可看出：回路的 Q 值越高，通频带越窄。理论分析可得，空载时

$$\mathrm{BW}_{0.7}=\frac{f_0}{Q_0} \tag{2-2-17}$$

有载时

$$\mathrm{BW}_{0.7}=\frac{f_0}{Q_\mathrm{e}} \tag{2-2-18}$$

由式（2-2-17）和式（2-2-18）知，通频带 $\mathrm{BW}_{0.7}$ 与回路的 Q 值成反比。说明在并联谐振回路中通频带和选择性是相互矛盾的。

例 2.2.2　某单调谐放大电路的交流等效通路如图 2-2-8 所示。已知回路总电容 $C_\Sigma=56\mathrm{pF}$，谐振频率 $f_0=10.7\mathrm{MHz}$，通频带 $\mathrm{BW}_{0.7}=120\mathrm{kHz}$。

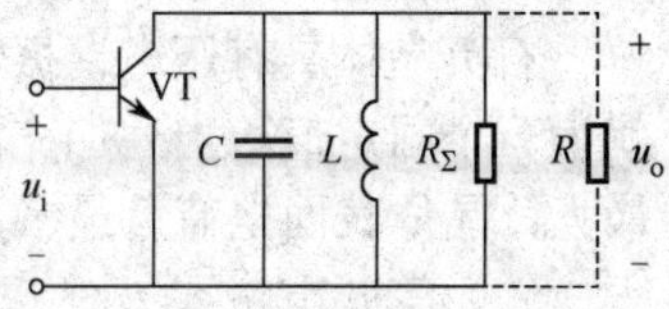

图 2-2-8　例 2.2.2 电路

（1）求电感 L 和回路有载品质因数 Q_e；

（2）为了把通频带调整到 180kHz，通常在回路两端并联电阻 R，求 R 的值。

解　（1）由式（2-2-12）得

$$L=\frac{1}{(2\pi f_0)^2 C_\Sigma}=\frac{1}{(2\pi\times 10.7\times 10^6)^2\times 56\times 10^{-12}}\approx 3.95\,\mu\mathrm{H}$$

由式（2-2-18）得

$$Q_\mathrm{e}=\frac{f_0}{\mathrm{BW}_{0.7}}=\frac{10.7\times 10^6}{120\times 10^3}\approx 89$$

（2）由式（2-2-16）得，在电阻 R 并联之前，回路的总电阻 R_Σ 为

$$R_\Sigma=\omega_0 L Q_\mathrm{e}=2\pi\times 10.7\times 10^6\times 3.95\times 10^{-6}\times 89\approx 23.6\,\mathrm{k\Omega}$$

在并联电阻 R 前、后，带宽之比为

$$\frac{\mathrm{BW}_{0.7}}{\mathrm{BW}'_{0.7}}=\frac{120}{180}=\frac{Q'_\mathrm{e}}{Q_\mathrm{e}}=\frac{R_\Sigma//R}{R_\Sigma}=\frac{R}{R_\Sigma+R}$$

可得

$$R=2R_\Sigma=2\times 23.6\,\mathrm{k\Omega}=47.2\,\mathrm{k\Omega}$$

2.2.3 固体滤波器的选频特性

固体滤波器是指用特殊的固体材料制作的滤波器，包括石英晶体滤波器、陶瓷滤波器、声表面波滤波器等。与 LC 谐振回路构成的滤波器相比，固体滤波器在频率选择性、频率稳定性、过渡带陡度和插入损耗等方面都优越得多，已广泛用于通信、导航、测量等电子设备。

1．石英晶体滤波器

石英晶体的化学成分是纯净的二氧化硅，具有稳定的物理化学性能。将石英晶体按一定方位切割成薄片，两面喷涂金属层，并夹在两个金属片之间，再引出导线，封装外壳即构成石英晶体谐振器（简称晶振）。石英晶体谐振器的电路符号如图 2-2-9（a）所示。

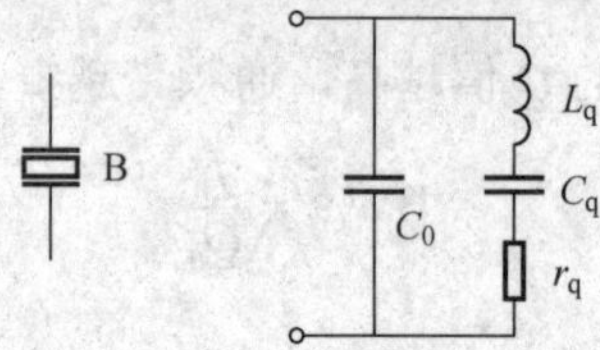

（a）电路符号　（b）基频等效电路图

图 2-2-9 石英晶体谐振器

（1）压电效应与压电谐振

石英晶体具有压电效应：当给晶体表面施加机械压力时，晶体表面产生电荷，称为正压电效应；当给晶体加交流电压时，晶体将随外加电压的变化产生机械振动，称为反压电效应。

石英晶体具有压电谐振特性：当石英晶体的几何尺寸和结构一定时，其机械振动频率就为一个固定值。当外加交流申压的频率与晶体的固有振荡频率相同时，晶体的机械振动最大，晶体表面电荷量最多，外电路中的交流电流最强，产生了压电谐振。

（2）等效电路

石英晶体谐振器可以等效为一个串联谐振回路与一个电容的并联，其基频等效电路如图 2-2-9（b）所示。图中，C_0 是安装电容，包括石英晶体的静态电容和支架、引线等分布电容，约为 1～10pF；L_q 是动态电感，一般很大，约为几十 mH；C_q 是动态电容，一般很小，在 10^{-2} pF 以下；r_q 是动态电阻，一般约为几十 Ω。

（3）电抗特性

由图 2-2-9（b）可知，若忽略 r_q 的影响，则石英晶体谐振器两端呈现纯电抗特性，其电抗-频率特性曲线如图 2-2-10 中的两条实线所示。它有两个容性区和一个感性区，并有两个谐振频率：f_s 为串联谐振频率，是 L_q 与 C_q 发生串联谐振时的频率；f_p 为并联谐振频率，是 L_q 与 C_q、C_0 发生并联谐振时的频率。串联谐振频率和并联谐振频率分别为

$$f_s = \frac{1}{2\pi\sqrt{L_q C_q}} \tag{2-2-19}$$

$$f_p = \frac{1}{2\pi\sqrt{L_q \dfrac{C_0 C_q}{C_0 + C_q}}} = \frac{f_s}{\sqrt{\dfrac{C_0}{C_0 + C_q}}} = f_s\sqrt{1 + \frac{C_q}{C_0}} \tag{2-2-20}$$

石英晶体谐振器有以下基本特点：

① 串联谐振频率与并联谐振频率很接近。由于 $C_0 >> C_q$，由式（2-2-20）知，f_s 与 f_p 很接近。

② 品质因数 Q 很高。由式（2-2-14）知，石英晶体谐振器固有的品质因数为

$$Q_q = \frac{1}{r_q}\sqrt{\frac{L_q}{C_q}}$$

由于 L_q 很大，C_q 很小，Q_q 可达数万，甚至数百万，远高于 LC 回路的品质因数。

③ 通频带窄。由于 f_s 与 f_p 很接近、Q 很高，所以其通频带很窄，选择性很好。

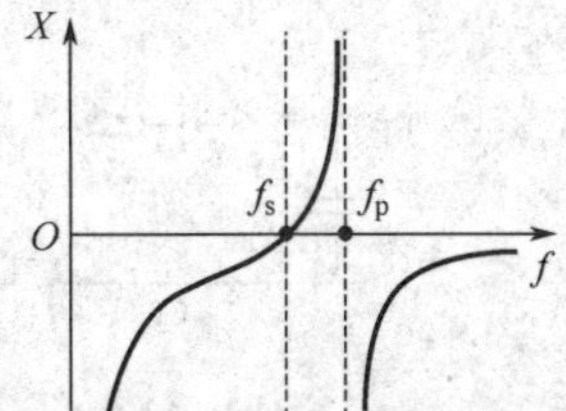

图 2-2-10　石英晶体谐振器的电抗特性

2．陶瓷滤波器

陶瓷滤波器是用具有压电效应的陶瓷（如锆酸铅或钛酸铅）制作的滤波器，其电性能与石英晶体滤波器相类似：当外加电压的频率等于陶瓷片的固有机械振动频率时，将产生压电谐振。利用陶瓷片的压电谐振特性，可用做滤波器以代替电路中的 LC 谐振回路。陶瓷滤波器的等效品质因数 Q_e 可达几百，比 LC 滤波器的高，但比晶体滤波器的低，故其选择性比 LC 滤波器好，比晶体滤波器差；其通频带比 LC 滤波器窄，比晶体滤波器宽。由于陶瓷片的物理化学性能十分稳定，所以其固有机械振动频率也十分稳定。此外，陶瓷滤波器还具有体积小、制造简便、稳定性高、无须调整等优点，被广泛应用于各类电子设备中。

常用的陶瓷滤波器有两端和三端两种类型。

（1）两端陶瓷滤波器

两端陶瓷滤波器的电路符号和等效电路如图 2-2-11 所示。其中，C_0 为陶瓷片两面的静态电容，L_1、C_1、r_1 分别为陶瓷滤波器的等效电感、等效电容和等效内阻。根据陶瓷片的物理尺寸不同，其参数也不相同。两端陶瓷滤波器的等效电路与石英晶体的相同，所以两端陶瓷滤波器的电抗特性也与石英晶体的相似，有两个谐振频率：串联谐振频率 f_s 和并联谐振频率 f_p。

$$f_s = \frac{1}{2\pi\sqrt{L_1C_1}} \tag{2-2-21}$$

$$f_p = f_s\sqrt{1+\frac{C_1}{C_0}} \tag{2-2-22}$$

串联谐振时，陶瓷滤波器的等效阻抗最小；并联谐振时，陶瓷滤波器的等效阻抗最大。

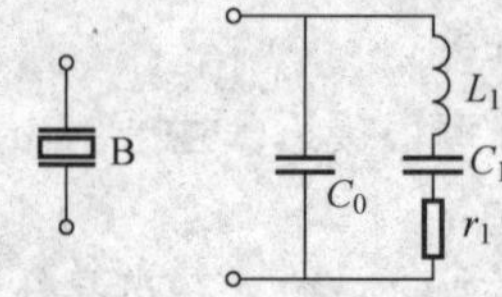

（a）电路符号　（b）等效电路

图 2-2-11　两端陶瓷滤波器

（2）三端陶瓷滤波器

三端陶瓷滤波器的电路符号和等效电路如图 2-2-12 所示，图中 1 端、3 端是输入端，2 端、3 端是输出端。

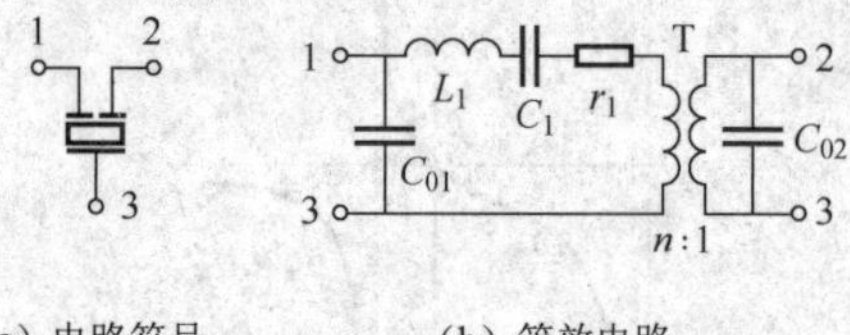

（a）电路符号　（b）等效电路

图 2-2-12　三端陶瓷滤波器

三端陶瓷滤波器的等效电路相当于一个双调谐耦合回路，输入信号经 1 端、3 端输入，若信号频率等于陶瓷滤波器的串联谐振频率，陶瓷片将产生与谐振频率相同的机械振动。由于压电效应，2 端、3 端将输出频率为谐振频率的输出电压。用它可以取代中频放大电路中的中频变压器，其优点是无须调整。

3．声表面波滤波器

声表面波滤波器是用具有压电效应的晶体（如石英晶体、铌酸锂、钛酸钡）为基片制成的滤波元件，具有体积小、中心频率高、接近理想的矩形选频特性、稳定性好、无须调整等优点，被广泛应用在高频接收设备中。

声表面波滤波器的电路符号和结构原理如图 2-2-13 所示。在压电材料基片上，左右各有一对叉指电极。当高频信号加到其输入端，叉指电极间会产生相应的高频电场。由于压电材料的反压电效应，在基片表面激起机械振动波，并沿基片表面传播。由于压电材料的正压电效应，输出端的叉指电极再将机械振动波转换成电信号输出。

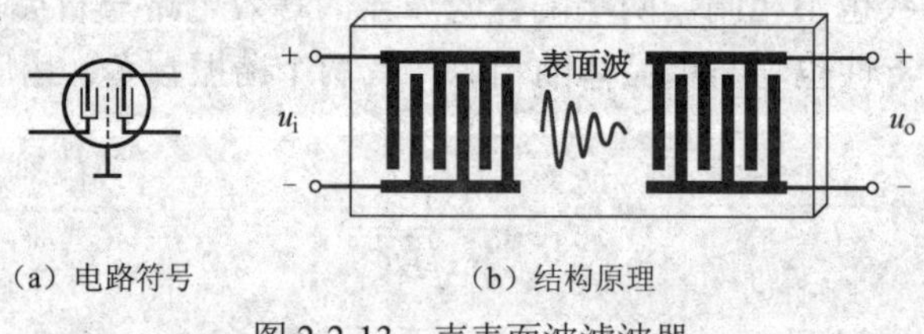

（a）电路符号　（b）结构原理

图 2-2-13　声表面波滤波器

声表面波滤波器的中心频率、通频带等性能指标与晶体的基片材料，以及叉指电极的形状、尺寸、数量、位置有关。只要设计合理，用光刻技术可以保证较高的制造精度。

图 2-2-14 所示为电视接收机中使用的中频声表面波滤波器的幅频特性，由图可见，它具有接近矩形的幅频特性，所以有比较理想的选择性和较宽的频带宽度。但由于信号

进行了电声转换和声电转换，信号的损耗比较大；另外，声表面波滤波器存在有回波干扰的缺点。

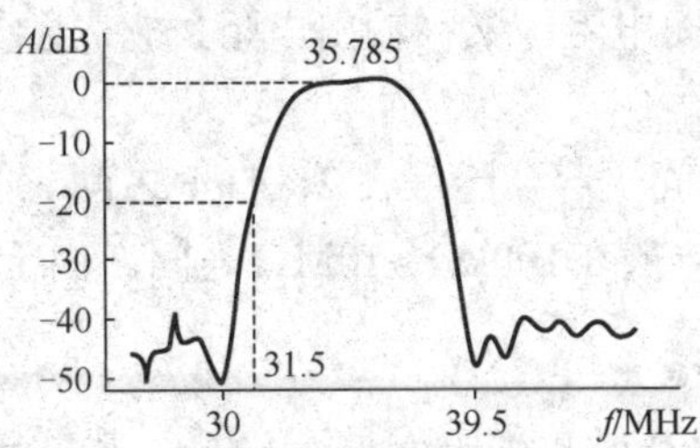

图 2-2-14　电视中频声表面波滤波器的幅频特性

2.3　晶体管的高频等效电路及频率参数

当工作频率升高时，晶体管极间电容的影响逐渐增大。因此，要用晶体管的高频等效电路分析放大器的性能。

2.3.1　高频等效电路

1. 共发射极混合π型等效电路

晶体管共发射极混合π型等效电路如图 2-3-1 所示，图中 b′ 点是为便于分析而虚拟的一个等效端点。各参数含义如下：

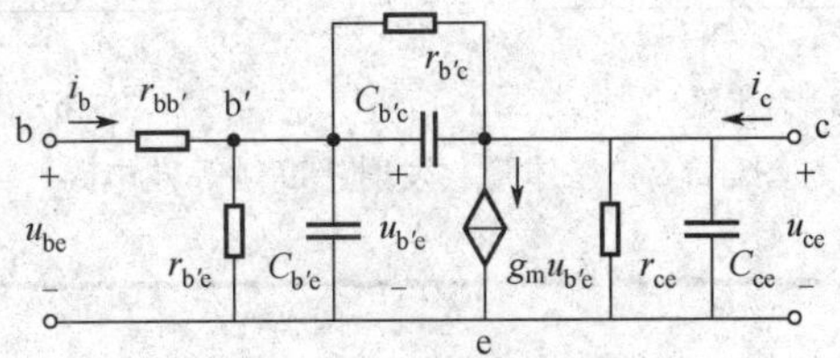

图 2-3-1　晶体管混合π型等效电路

$r_{bb'}$ 为基区体电阻，不同类型晶体管的 $r_{bb'}$ 值相差较大，一般在 50～300Ω之间。

$r_{b'e}$ 为发射结交流等效电阻

$$r_{b'e}=\left(1+\beta_0\right)\frac{U_T}{I_E} \tag{2-3-1}$$

式中，β_0 为低频时的 β 值，U_T 在室温下约为 26mV。

$C_{b'e}$ 为发射结结电容，由于发射结正偏，一般在 50～500pF 之间。

$C_{b'c}$ 为集电结结电容，由于集电结反偏，一般在 2~10pF 之间。

$g_m u_{b'e}$ 为受控电流源，模拟晶体管的放大作用。

g_m 为跨导，反映了晶体管的放大能力，即 $g_m=i_c/u_{b'e}$。g_m 的单位为 S（西门子），一般约为几十 mS。在低频时

$$g_m = \frac{\beta_0 i_b}{r_{b'e} i_b} = \frac{\beta_0}{r_{b'e}} \approx \frac{I_E}{U_T} \tag{2-3-2}$$

r_{ce}为集电极-发射极的极间电阻，又称输出电阻，它表示集电极电压 u_{ce} 对集电极电流 i_c 的影响，一般约为几十 kΩ以上。

C_{ce} 为集电极-发射极的极间电容，一般在 2～10pF 之间。

$r_{b'c}$ 为集电结反偏电阻，一般在100kΩ～10MΩ 之间。由于 $r_{b'c}$ 较大，通常忽略其影响。

2．共发射极高频等效电路

随着工作频率的上升，晶体管极间电容的容抗会降低，其分流作用将增强。因此要分析高频放大器的性能，首先要分析晶体管在高频运用时的等效电路。晶体管共发射极混合π型等效电路如图 2-3-1 所示（此时忽略 $r_{b'c}$），根据密勒定理，$C_{b'c}$ 可分别折合到 b′e 和 ce 两端，得到密勒等效电路如图 2-3-2（a）所示。

可以证明：

$$C_{M1} = \left(1 + g_m R_L'\right) C_{b'c} \tag{2-3-3}$$

$$C_{M2} \approx C_{b'c}$$

其中，R_L' 为晶体管的总负载。

忽略 $r_{bb'}$，可得到简化的共发射极高频等效电路，如图 2-3-2（b）所示，其中 $C_{ie} = C_{b'e} + C_{M1}$，$C_{oe} = C_{ce} + C_{M2}$。

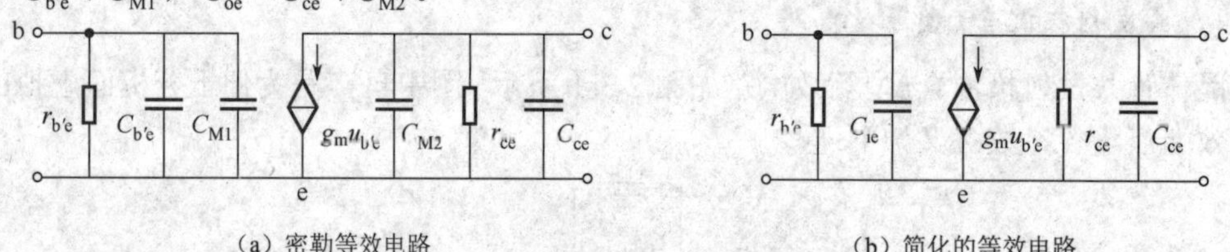

（a）密勒等效电路　　（b）简化的等效电路

图 2-3-2　晶体管共发射极高频等效电路

知识拓展

密勒定理与密勒效应简介

1920 年，美国工程师约翰·米尔顿·密勒在研究真空三极管时发现了密勒效应，但是这个效应也适用于现代的半导体晶体管。在进行电路分析时，应用密勒定理可以有效地简化电路。

1．密勒定理

在图 2-3-3（a）电路中，阻抗 Z_F 接在输入端与输出端之间，U_i 为输入电压，U_o 为输出电压，$A = U_o / U_i$ 为电压放大倍数。为方便分析，可将 Z_F 分别等效到输入端和输出端，得到密勒等效电路，如图 2-3-3（b）所示。

由图 2-3-3（a）、（b）知，$I_F = (U_i - U_o) / Z_F$，$I_1 = U_i / Z_1$，$I_2 = U_o / Z_2$

根据等效的原理：$I_1 = I_F$，$I_2 = -I_F$，有

$$Z_1=\frac{U_{\rm i}}{U_{\rm i}-U_{\rm o}}Z_{\rm F}=\frac{Z_{\rm F}}{1-A}\tag{2-3-4}$$

$$Z_2=-\frac{U_{\rm o}}{U_{\rm i}-U_{\rm o}}Z_{\rm F}=\frac{Z_{\rm F}}{1-\frac{1}{A}}\tag{2-3-5}$$

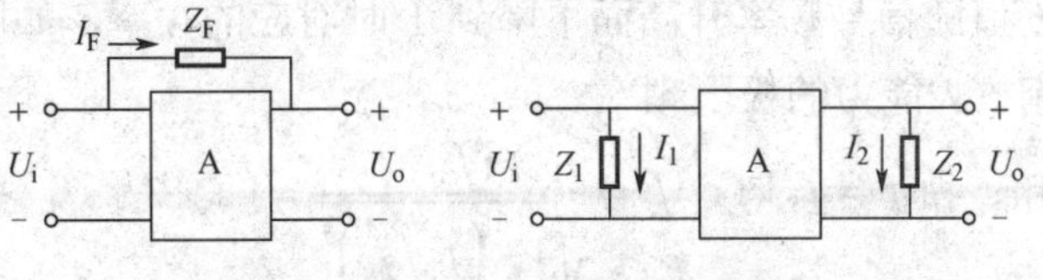

（a）实际电路　　（b）密勒等效电路

图 2-3-3　密勒定理原理电路

2．密勒效应

密勒效应是密勒定理的一个特例。在图 2-3-3（a）电路中，若 A 为反相放大器（即放大倍数 $A<0$），且 $Z_{\rm F}$ 为电容 C，由式（2-3-4）得

$$\frac{1}{{\rm j}\omega C_1}=\frac{1}{1-A}\frac{1}{{\rm j}\omega C}$$

$$C_1=(1-A)C\tag{2-3-6}$$

即 C 等效到输入端后，等效电容值增大（$1-A$）倍。

同理，由式（2-3-5）得

$$C_2=\left(1-\frac{1}{A}\right)C$$

若 $|A|>>1$，C 等效到输出端后，等效电容值近似相等。

2.3.2　晶体管的频率参数

频率参数表示了晶体管对不同频率信号的电流放大能力。由图 2-3-1 所示的晶体管混合π型等效电路知，当信号频率升高时，结电容 $C_{\rm b'e}$、$C_{\rm b'c}$ 和 $C_{\rm ce}$ 的容抗将减小，其分流作用将随信号频率升高而增大，对电流的放大能力将减小。常用的频率参数如下。

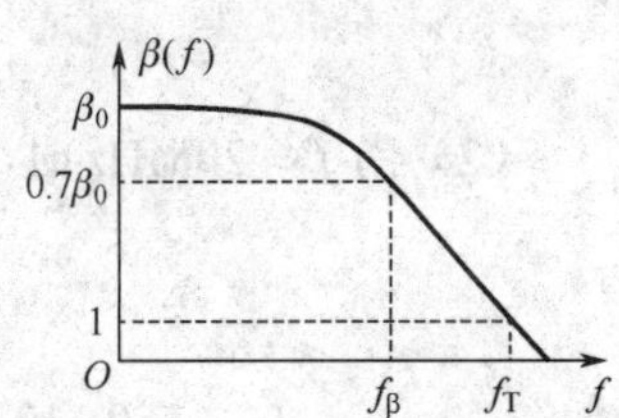

图 2-3-4　晶体管的频率参数

1．共发射极截止频率（f_β）

f_β 是晶体管的 β 值随信号频率升高而下降到低频值 β_0 的 0.7 倍（即 $1/\sqrt{2}$ 倍）时对应的频率，如图 2-3-4 所示。

可以证明

$$\beta=\frac{\beta_0}{\sqrt{1+\left(f/f_\beta\right)^2}}\tag{2-3-7}$$

$$f_\beta = \frac{1}{2\pi r_{b'e}\left(C_{b'e} + C_{b'c}\right)} \approx \frac{1}{2\pi r_{b'e} C_{b'e}} \tag{2-3-8}$$

2．**特征频率**（f_T）

f_T 是晶体管的 β 值随信号频率升高而下降到 1 时对应的频率，如图 2-3-4 所示，它表明了晶体管失去电流放大能力的极限频率。

由式（2-3-7）知：当 $f = f_T$ 时，$\beta = \dfrac{\beta_0}{\sqrt{1+\left(f_T/f_\beta\right)^2}} = 1$。由于 $f_T >> f_\beta$，故有

$$f_T = \beta_0 f_\beta \tag{2-3-9}$$

由式（2-3-8）、式（2-3-9）和式（2-3-2）可得

$$f_T = \frac{\beta_0}{2\pi r_{b'e} C_{b'e}} = \frac{g_m}{2\pi C_{b'e}} \tag{2-3-10}$$

f_T 和 f_β 是晶体管重要的频率参数。f_T、$C_{b'c}$ 一般可从手册中查到。

需要说明，图 2-3-1 所示晶体管等效电路适用的最高工作频率一般约为 $f_T/5$。如果工作频率再升高，引线电感、载流子渡越时间等因素就不能忽略，该等效电路也就不适用了。

例 2.3.1　已知某晶体管的 $f_T = 150\text{MHz}$，$\beta_0 = 100$。求该晶体管在 f=1MHz 和 f=20MHz 时的 β 值。

解　由式（2-3-9）得

$$f_\beta = \frac{f_T}{\beta_0} = \frac{150\times10^6}{100} = 1.5\text{MHz}$$

（1）当 $f = 1\text{MHz}$ 时，由式（2-3-7）得

$$\beta = \frac{\beta_0}{\sqrt{1+\left(f/f_\beta\right)^2}} = \frac{100}{\sqrt{1+(1/1.5)^2}} = 83.2$$

（2）当 $f = 20\text{MHz}$ 时，满足 $f >> f_\beta$，式（2-3-7）可简化为 $\beta \approx \dfrac{\beta_0}{f/f_\beta}$，于是有

$$\beta f = \beta_0 f_\beta = f_T \tag{2-3-11}$$

可得 $\beta \approx \dfrac{f_T}{f} = \dfrac{150\times10^6}{20\times10^6} = 7.5$。

2.4　高频小信号谐振放大电路

高频小信号谐振放大电路由线性放大器和选频器组成，工作频率一般在几十 kHz 到几百 MHz 之间，信号幅度在 1μV 到 1V 左右范围内。放大电路必须在增益、频率的选择性、通频带和稳定性等几个方面满足设计要求。

2.4.1　单调谐放大电路

单调谐放大电路的选频器一般是 LC 谐振回路，其特点是各级放大电路的 LC 谐振回路都调谐在一个频率上。

1．单级单调谐放大电路

单调谐放大电路是以单调谐回路作为负载的。图 2-4-1（a）为超外差式收音机中典型的中频放大器（简称中放），VT 构成共发射极放大电路，R_{B1}、R_{B2} 和 R_E 组成稳定工作点的分压式偏置电路，C_B、C_E 为中频旁路电容，Z_L 为负载阻抗（或下一级输入阻抗，一般可等效为负载电阻 R_L 和负载电容 C_L 的并联），T_1、T_2 为中频变压器（中周），其中 T_2 的初级电感 L 和电容 C 组成的并联谐振回路作为放大器的集电极负载，其谐振频率调谐在输入信号的中心频率上。图 2-4-1（b）为其交流通路，从图中可见，LC 并联谐振回路与晶体管之间采用部分接入法，与后级之间采用变压器耦合，以减小负载阻抗、晶体管输出阻抗对回路 Q 值和谐振频率的影响（其影响是使 Q 值减小、增益降低、谐振频率降低），从而提高了电路的稳定性。采用变压器耦合还能分开前后级的直流电路，以便于调整；同时可以实现前后级的阻抗匹配。

由图 2-4-1（b）可画出其交流等效电路，如图 2-4-1（c）所示，输入端忽略了 $r_{bb'}$，输入电容 $C_{ie}=C_{b'e}=C_{M1}$，输出电容 $C_{oe}=C_{ce}=C_{M2}$。将晶体管的输出端等效到回路两端时，接入系数为 $n_1=N_{12}/N_{13}$；将负载等效到回路两端时，接入系数为 $n_2=N_{45}/N_{13}$。得到简化的输出回路等效电路，如图 2-4-1（d）所示，图中 R_{e0} 为并联谐振回路的谐振电阻。由式（2-2-9）、式（2-2-6）、式（2-2-7）、式（2-2-13）和式（2-2-4）可得

$$i_o'=n_1 g_m u_i$$

$$r_{ce}'=\frac{1}{n_1^2}r_{ce}\text{（其电导形式为 }g_{ce}'=n_1^2 g_{ce}\text{）}$$

$$C_{ce}'=n_1^2 g_{oe}$$

$$R_{e0}=\frac{L}{Cr}\text{（其电导形式为 }g_{e0}=\frac{Cr}{L}\text{，其中 }r\text{ 为电感 }L\text{ 的内阻）}$$

$$R_L'=\frac{1}{n_2^2}R_L\text{（其电导形式为 }g_L'=n_2^2 g_L\text{）}$$

$$C_L'=n_2^2 C_L$$

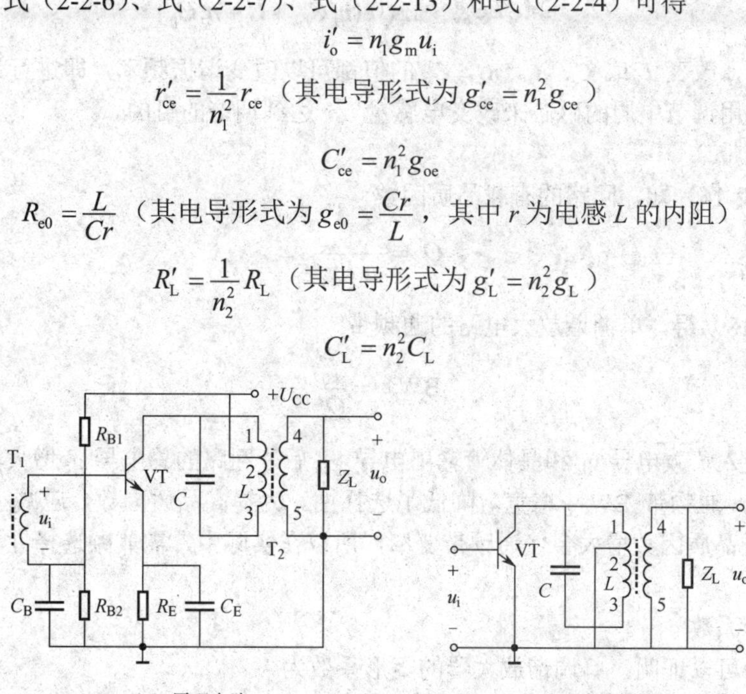

（a）原理电路　　（b）交流通路

图 2-4-1　单调谐放大电路

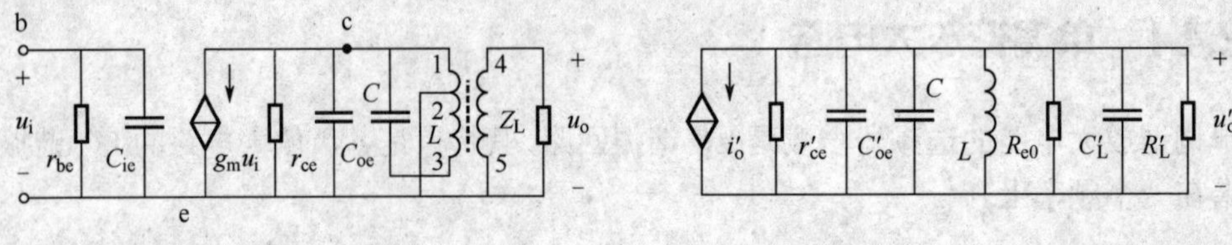

（c）交流等效电路　　　　（d）简化的交流等效电路

图 2-4-1　单调谐放大电路（续）

故输出回路的总电导和总电容分别为

$$g_e = g'_{ce} + g_{e0} + g'_L = n_1^2 g_{ce} + g_{e0} + n_2^2 g_L \tag{2-4-1}$$

$$C_e = C'_{oe} + C + C'_L = n_1^2 C_{oe} + C + n_2^2 C_L \tag{2-4-2}$$

（1）谐振时的电压放大倍数

谐振时的输出电压为

$$u_o = n_2 u'_o = \frac{-n_2 i'_o}{g_e} = -\frac{n_1 n_2 g_m u_i}{g_e}$$

故谐振时的电压放大倍数为

$$A_{u0} = \frac{u_o}{u_i} = -\frac{n_1 n_2 g_m}{g_e} = -\frac{n_1 n_2 g_m}{n_1^2 g_{ce} + g_{e0} + n_2^2 g_L} \tag{2-4-3}$$

（2）谐振频率

$$f_0 = \frac{1}{2\pi\sqrt{LC_e}} = \frac{1}{2\pi\sqrt{L(n_1^2 C_{oe} + C + n_2^2 C_L)}} \tag{2-4-4}$$

由上式知，改变 L 或 C、n_1、n_2、C_L 的值都可以改变谐振频率，即进行调谐。在实际电路中，常采用调节中周的磁芯来改变电感量 L，达到调谐的目的。

（3）通频带

由式（2-2-16）知，回路的有载品质因数

$$Q_e = \frac{1}{\omega_0 L g_e} \tag{2-4-5}$$

故由式（2-2-18）得，单调谐放大电路的通频带

$$\mathrm{BW}_{0.7} = \frac{f_0}{Q_e} \tag{2-4-6}$$

显然，接入负载电导 g_L 和晶体管输出电导 g_{ce} 后，回路的总电导 g_e 增大，回路的品质因数 Q_e 降低，通频带 $\mathrm{BW}_{0.7}$ 增宽，降低了选择性。为提高品质因数，应减小接入系数 n_1 和 n_2。但由于品质因数增大会使通频带变窄，所以在实际中，需兼顾选择性与通频带的要求来确定 Q_e。

（4）矩形系数

理论分析可以证明：单调谐放大器的矩形系数为

$$K_{r0.1}=\frac{\mathrm{BW}_{0.1}}{\mathrm{BW}_{0.7}}\approx 9.95 \tag{2-4-7}$$

单调谐放大器的幅频特性曲线与图 2-1-1 相似。由于单调谐放大器的矩形系数远大于 1，其幅频特性曲线与矩形相差甚远，故单调谐放大器的选择性较差。

例 2.4.1　超外差式收音机的中频放大器如图 2-4-1（a）所示。设工作频率为 465kHz，中周初级线圈匝数 N_{13}=150 匝，N_{12}=15 匝，次级线圈匝数 N_{45}=12 匝。回路的空载品质因数 Q_0=70，电感 L=1mH，两级中放采用的晶体管相同，跨导 g_m=60mS，输入电导 g_{be}=0.4mS，输出电导 g_{ce}=0.01mS。试求谐振时的电压放大倍数和通频带。

解　接入系数

$$n_1=N_{12}/N_{13}=15/150=0.1$$
$$n_2=N_{45}/N_{13}=12/150=0.08$$

由式（2-2-13）和式（2-2-14）得

$$g_{e0}=\frac{r}{(\omega_0 L)^2}=\frac{1}{Q_0\omega_0 L}=\frac{1}{70\times 2\pi\times 465\times 10^3\times 1\times 10^{-3}}=4.89\ \mu\mathrm{S}$$

由式（2-4-1）得

$$\begin{aligned}g_e&=n_1^2 g_{ce}+g_{e0}+n_2^2 g_{be}\\&=0.1^2\times 0.01\times 10^{-3}+4.89\times 10^{-6}+0.08^2\times 0.4\times 10^{-3}=7.46\ \mu\mathrm{S}\end{aligned}$$

由式（2-4-3）得

$$A_{u0}=-\frac{n_1 n_2 g_m}{g_e}=-\frac{0.1\times 0.08\times 60\times 10^{-3}}{7.46\times 10^{-6}}=-64.3$$

由式（2-4-5）得

$$Q_e=\frac{1}{\omega_0 L g_e}=\frac{1}{2\pi\times 465\times 10^3\times 1\times 10^{-3}\times 7.46\times 10^{-6}}=45.9$$

由式（2-4-6）得

$$\mathrm{BW}_{0.7}=\frac{f_0}{Q_e}=\frac{465\times 10^3}{45.9}=10.1\mathrm{kHz}$$

2．多级单调谐放大电路

在实际运用中，为了满足较高电压增益的要求，需要用多级放大器来实现。

（1）多级单调谐放大器的电压增益

设有 n 级单调谐放大器相互级联，则级联后放大器的总电压增益为

$$A_u=A_{u1}A_{u2}A_{u3}\cdots A_{un}$$

若各级电压增益相同，则有

$$A_u=A_{u1}A_{u2}A_{u3}\cdots A_{un}=\left(A_{u1}\right)^n$$

（2）通频带

多级放大器级联后的谐振曲线如图 2-4-2 所示。由图可见，级联的级数越多，总通频带就越窄。理论分析可以证明，n 级相同的单调谐放大器级联后的总通频带为

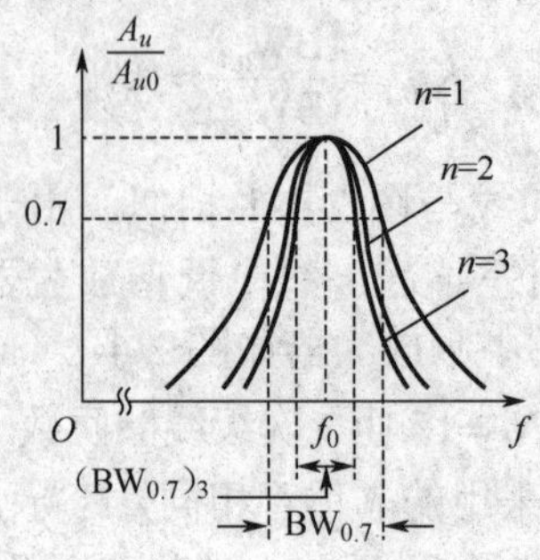

图 2-4-2　多级放大器的谐振曲线

$$(BW_{0.7})_n = \sqrt{2^{1/n}-1}\frac{f_0}{Q_e} \tag{2-4-8}$$

式中，$\sqrt{2^{1/n}-1}$ 是频带缩小因子。表 2-4-1 列举了几种不同 n 值对应的缩小因子值。

（3）选择性

由图 2-4-2 还可看出，放大器级联的级数越多，幅频特性曲线的形状就越接近矩形，即矩形系数越接近 1，选择性越好。理论分析可以证明，n 级相同的单调谐放大器级联后的矩形系数为

$$\left(K_{r0.1}\right)_n = \frac{\left(BW_{0.1}\right)_n}{\left(BW_{0.7}\right)_n} = \sqrt{\frac{100^{1/n}-1}{2^{1/n}-1}} \tag{2-4-9}$$

表 2-4-1　缩小因子、矩形系数与级数 n 的关系

n	1	2	3	4	5	6	…	∞
$\sqrt{2^{1/n}-1}$	1	0.64	0.51	0.43	0.39	0.35		0
$(K_{r0.1})_n$	9.95	4.66	3.74	3.38	3.19	3.07	…	2.56

由表 2-4-1 可见，增加单调谐放大电路的级数后，明显增加了电压放大倍数，改善了矩形系数，提高了选择性，但减小了通频带。所以，在单调谐放大电路中，不仅放大倍数与通频带之间存在矛盾，且选择性改善的程度不明显，即使级数为无限大，矩形系数也只能达到 2.56，与理想矩形仍有较大的差距。例如，在电视接收机中，中频为 38MHz，信号带宽为 8MHz，电压增益为 80dB 左右，是典型的高增益、宽频带放大电路。在这类电路中，增益与带宽的矛盾更加突出，仅用多级单调谐放大电路是无法实现的。

2.4.2　参差调谐放大电路

为克服多级单调谐放大电路因级数增加而使通频带变窄的问题，可采用参差调谐的方式，即将前后级单调谐放大电路的谐振频率错开，分别调到略高于和略低于中心频率上。常用的有双参差调谐和三参差调谐。如在超外差式收音机中，三个中周分别调谐在 465kHz、462 kHz、468kHz 上，构成了三参差调谐放大电路。

图 2-4-3（a）为双参差调谐放大电路的交流通路。图中，放大器 A_1、A_2 与各自的 LC 回路选频器组成两级单调谐放大电路。第一级的谐振频率为 f_{01}，第二级的谐振频率为 f_{02}，

两个单级电路的谐振曲线如图 2-4-3（b）中的虚线所示。当两个 LC 回路的谐振频率与中心频率 f_0 的偏调值 Δf_d 为 $\pm0.5BW_{0.7}$ 时，称为临界偏调，此时合成后的谐振曲线如图 2-4-3（b）中的实线所示。偏调值不同，合成后谐振曲线的形状也不同。

从图 2-4-3（b）中可看出，在 $f_{01}\sim f_{02}$ 频率段内，第一级的电压放大倍数随频率的增加而减小，第二级的电压放大倍数随频率的增加而增大，两者的变化趋势相互抵消。而在小于 f_{01} 和大于 f_{02} 的频率范围内，当频率降低或升高时，两级的电压放大倍数都随着远离中心频率 f_0 而减小，两者的变化趋势相互加强。所以，合成的谐振曲线在 $f_{01}\sim f_{02}$ 频率范围内比较平坦，频带加宽；而在此范围外，曲线更陡峭，矩形系数变小，选择性提高。

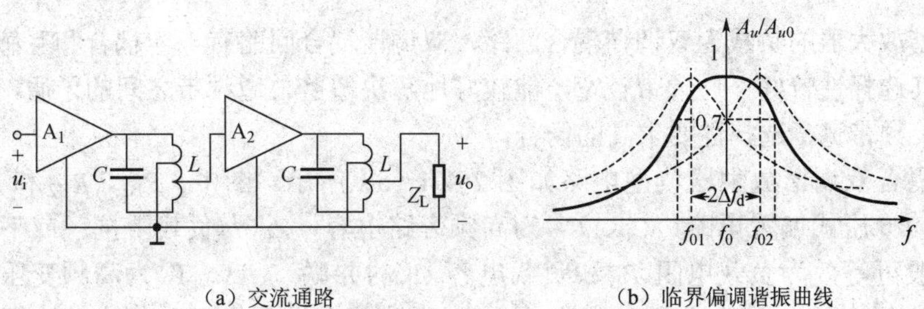

（a）交流通路　　（b）临界偏调谐振曲线

图 2-4-3　双参差谐放大电路

下面简要分析临界偏调时双参差调谐放大电路的主要特性。

1．电压增益

设第一、第二级谐振时的电压放大倍数分别为 A_{01} 和 A_{02}，带宽均为$(BW_{0.7})_1$。在临界偏调时，第一、第二级的谐振频率分别为

$$f_{01}=f_0-0.5(BW_{0.7})_1$$

$$f_{02}=f_0+0.5(BW_{0.7})_1$$

则在中心频率 f_0 处两级的电压放大倍数分别为

$$A_1=\frac{1}{\sqrt{2}}A_{01}$$

$$A_2=\frac{1}{\sqrt{2}}A_{02}$$

所以，在中心频率 f_0 处的电压放大倍数为

$$A_0=A_1A_2=\frac{1}{2}A_{01}A_{02} \tag{2-4-10}$$

2．通频带

理论分析可以求出：电路的通频带为

$$BW_{0.7}=\sqrt{2}\frac{f_0}{Q_e}=1.4\frac{f_0}{Q_e} \tag{2-4-12}$$

3．矩形系数

理论分析可以求出：电路的矩形系数为

$$K_{r0.1}=\frac{BW_{0.1}}{BW_{0.7}}=3.15 \qquad (2\text{-}4\text{-}13)$$

与两级单调谐放大电路相比较，临界偏调的双参差调谐放大电路的电压放大倍数为其1/2，通频带由$0.64\dfrac{f_0}{Q_e}$变为$1.4\dfrac{f_0}{Q_e}$，矩形系数由 4.66 变为 3.15。通过牺牲一定的增益，改善了电路的频率特性。

2.4.3 双调谐放大电路

双调谐放大器的负载为双调谐耦合回路，双调谐耦合回路有电容耦合和互感耦合两种类型。因其选择性较好、通频带较宽，能较好地解决增益与通频带之间的矛盾，因而常用于增益高、频带宽、选择性要求高的场合。

互感耦合双调谐放大器典型电路如图 2-4-4（a）所示。图中，R_{B1}、R_{B2}和R_E组成稳定工作点的分压式偏置电路，C_B、C_E为高频旁路电容，Z_L为负载阻抗（或下一级输入阻抗，一般可等效为负载电阻R_L和负载电容C_L的并联），T_1、T_2为高频变压器，其中T_2的初、次级电感L_1、L_2分别与电容C_1、C_2组成双调谐耦合回路作为放大器的集电极负载，晶体管的输出端与初级回路采用了部分接入的方法，负载与次级回路也采用了部分接入的方法。图 2-4-4（b）为其交流通路。其中，M为互感系数。为了说明回路间耦合的紧密程度，可用耦合系数k表示，其定义为

$$k=\frac{M}{\sqrt{L_1L_2}}$$

双调谐放大电路的分析方法与前述单调谐放大电路的分析方法相似，这里仅简要介绍几个重要结论。

为简化分析，设初、次级回路元件的参数相同，即

$$L_1=L_2=L$$

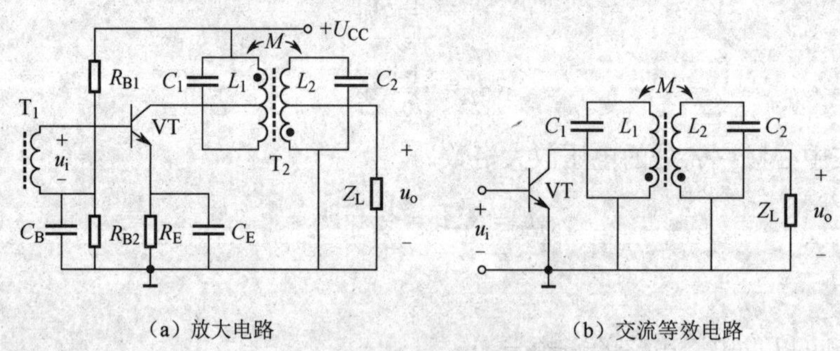

图 2-4-4 互感耦合双调谐放大电路

折合到初、次级回路总电容和电导分别为

$$C_1+n_1^2C_{oe}=C_2+n_2^2C_L=C$$

$$g_{e1}+n_1^2g_{ce}=g_{e2}+n_2^2g_L=g_e$$

所以，初、次级回路的谐振频率和有载品质因数分别为

$$f_{01}=f_{02}=f_0=\frac{1}{2\pi\sqrt{LC}}$$

$$Q_{e1}=Q_{e2}=Q_e=\frac{1}{g_e\omega_0 L}=\frac{\omega_0 C}{g_e}$$

则耦合因数为

$$\eta=kQ_e$$

当$\eta=1$时，称为临界耦合。

1．电压增益

理论分析可以求出：在中心频率f_0处的电压放大倍数为

$$A_{u0}=-\frac{\eta}{1+\eta^2}\frac{n_1 n_2 g_m}{g_e} \tag{2-4-14}$$

（1）当$\eta=1$时，为临界耦合，电压放大倍数达到最大值

$$A_{u0\max}=-\frac{n_1 n_2 g_m}{2g_e} \tag{2-4-15}$$

正好为单调谐放大电路的一半。

（2）当$\eta>1$时，为强耦合，谐振曲线出现等高的双峰，两个峰的峰点位置为

$$f_0\pm\sqrt{\eta^2-1}\frac{f_0}{2Q_e}$$

在峰点处的电压放大倍数与临界耦合时的相同。

在中心频率f_0处出现谷点，在谷点处的电压放大倍数可由式（2-4-14）求得。

（3）当$\eta<1$时，为弱耦合，谐振曲线与单调谐回路相似，为单峰曲线。在中心频率f_0处的电压放大倍数可由式（2-4-14）求得。

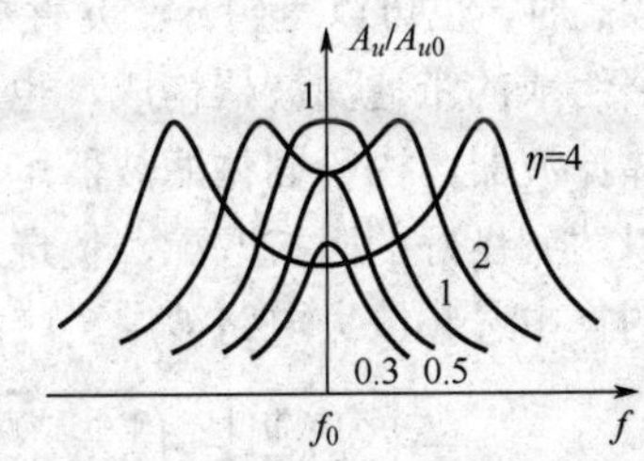

图 2-4-5　双调谐回路放大器的谐振曲线

2．通频带

理论分析可以求出：

（1）临界耦合时，电路的通频带为

$$BW_{0.7}=\sqrt{2}\frac{f_0}{Q_e}=1.4\frac{f_0}{Q_e} \tag{2-4-16}$$

与单调谐放大电路相比，在Q值相同的情况下，通带宽为其 1.4 倍。

（2）强耦合时，当η=2.41 时，由式（2-4-14）知，谷点处的电压放大倍数为最大值的$1/\sqrt{2}$倍，此时电路的通频带为

$$BW_{0.7}=3.1\frac{f_0}{Q_e} \tag{2-4-17}$$

与单调谐放大电路相比，在Q值相同的情况下，通带宽为其 3.1 倍。

3. **矩形系数**

理论分析可以求出：临界耦合时，电路的矩形系数为

$$K_{r0.1}=\frac{BW_{0.1}}{BW_{0.7}}=3.15 \tag{2-4-18}$$

与单调谐放大电路相比，矩形系数从 9.95 降为 3.15。

2.5 集中选频放大电路

当调谐放大器组成多级放大电路时，由于每一级都包含有调谐回路，因此，其线路复杂、调试不方便，频率特性的稳定性不高，可靠性较差，尤其是不能很好地满足某些特殊频率特性的要求。随着电子技术的发展，新型元器件不断诞生，出现了采用集中滤波与集中放大相结合的高频小信号放大器，即集中选频式放大电路。

2.5.1 集中选频放大电路的组成

集中选频放大电路由宽频带放大器和集中选频滤波器组成，它有两种基本形式，如图 2-5-1 所示。其中，图 2-5-1（a）的集中选频滤波器接在宽频带放大器的后面，图 2-5-1（b）的集中选频滤波器则置于宽频带放大器的前面。宽频带放大器一般由线性集成放大器组成，当工作频率较高时，也可以是由分立元件构成的宽频带放大器。集中选频滤波器可由多组串并联 LC 回路组成的带通滤波器构成，也可以是石英晶体滤波器、陶瓷滤波器或声表面波滤波器等固体滤波器。由于固体滤波器可以根据电路的性能要求进行精确设计，在与放大器连接时可以达到良好的阻抗匹配，使选频特性能够达到近似理想的要求。因此，由固体滤波器组成的集中选频放大电路被广泛应用。

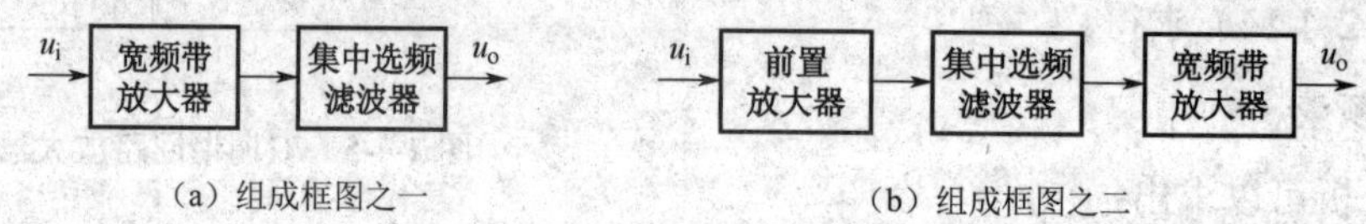

图 2-5-1　集中选频放大电路的组成

2.5.2 宽带放大器

1. **宽带放大器的基本概念**

（1）主要特点

采用特征频率 f_T 高的高频管。虽然宽带放大器的下限频率低，但由于其上限频率很高，所以必须采用高频管，分析电路时也必须考虑晶体管的高频特性。

技术要求高。这不仅是因为它的频带宽，还由于它常用于放大视频信号，而人的视觉比听觉更敏感。所以，在低频放大器中忽略的一些问题，如相位失真等，在宽带放大器中就必须予以考虑。

采用非谐振负载。不同用途的宽带放大器，其电路形式也有所不同，一般有两种形式：一是直接耦合放大器，用于放大从直流到高频范围的信号；二是阻容耦合放大器，用于放大从低频到高频范围的信号。无论哪种形式的宽带放大器，由于要求的频带宽，其负载总是非谐振的。

（2）宽带放大器的主要技术指标

通频带：通频带是宽带放大器的基本指标。在宽带放大器中，由于上限频率 f_H 很高，下限频率 f_L 很低，常用上限频率表示频带的宽度，即 $BW = f_H - f_L \approx f_H$。

增益：宽带放大器应有足够的增益，但提高增益与增加带宽是相互矛盾的，有时不得不通过牺牲增益来满足带宽的要求，因此一般用增益带宽积（GB）全面衡量放大器的性能。

输入阻抗：输入阻抗反映了宽带放大器接收前一级信号的能力，输入阻抗越高，接收信号的能力越强，对前一级的影响越小。

输出阻抗：输出阻抗反映了宽带放大器带负载的能力，输出阻抗越小，带负载的能力越强。

失真：失真包括非线性失真和线性失真，由于宽带放大器常用于放大视频信号，所以对失真提出了更严格的要求。为了减小非线性失真，宽带放大器和低频放大器一样，都应工作在器件特性曲线的直线段，而且应工作在甲类状态。线性失真包括频率失真和相位失真，产生的原因是由于晶体管的电容效应，以及外电路存在电抗元件。例如，在电视接收机中，相位失真会使显示的图像出现色调失真、出现双重轮廓、画面亮度不均匀等故障。

2．扩展放大器通频带的方法

宽带放大器的通频带主要取决于放大器的上限频率。为了提高放大器的上限频率，除选用 f_T 较高的晶体管，还应在电路中采取一些改进措施，以达到展宽频带的目的。扩展通频带的方法通常有负反馈法、组合电路法和补偿法。

（1）负反馈法

在宽带放大器中广泛采用负反馈增宽放大器的通频带。引入负反馈不仅可以抑制外界因素引起的增益变化，还能抑制由信号频率变化引起的增益变化。图 2-5-2 是无负反馈和有负反馈时的放大器幅频特性曲线。由图可见，引入负反馈后中频段的电压增益降低了，但通频带展宽了，所以负反馈法是以降低增益为代价来展宽频带的，而且反馈越深，通频带扩展得越宽。

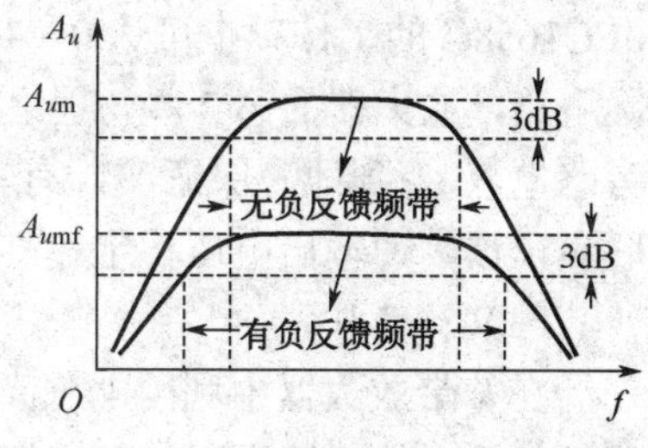

图 2-5-2　负反馈展宽频带

（2）组合电路法

晶体管放大电路有三种不同的组态，特点各不相同。共发射极电路（CE）的电压增益最高，但上限频率最低，输入、输出阻抗适中；共基极电路（CB）的电流增益最低，有一定的电压增益，但上限频率较高，输入阻抗低、输出阻抗高；共集电极电路（CC）的电压增益最低，有一定的电流增益，由于它是全电压负反馈，所以其上限频率最高，输入阻抗高、输出阻抗低。如果将不同组态的电路合理组合，就可以取长补短，以提高放大器的上限频率，扩展通频带。图 2-5-3 为常用的几种组合电路。

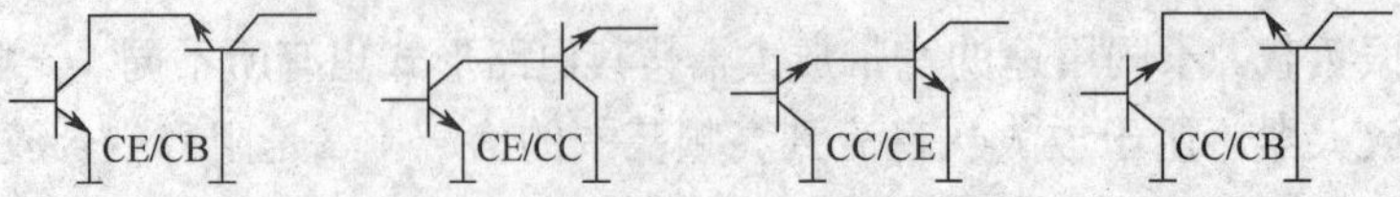

图 2-5-3　几种组合电路的连接方式

在“共射-共基”组合电路中，由于共基电路的上限频率远高于共射电路，所以组合电路的上限频率取决于共射电路。又由于共基电路的输入阻抗很小，其作为共射电路的负载，则共射电路中晶体管的密勒等效电容（由 $C_{b'c}$ 引起）大大减小，从而提高了共射电路的上限频率，因此也提高了组合电路的上限频率。同时，由于负载减小会使共射电路的电压增益下降，但后级共基电路的电压增益会给予补偿，使组合电路的总电压增益与单独的共射电路的电压增益基本相同。由于共基电路的输出阻抗较大，负载（含负载电容）对组合电路的影响较大，所以“共射-共基”组合电路适用于负载电容较小的场合。

在“共射-共集”组合电路中，由于共集电路的输出阻抗很小，减小了负载电容对电路高频特性的影响，使组合电路的频带得到展宽。“共射-共集”组合电路适用于负载电容较大的场合。

在“共集-共射”组合电路中，由于共集电路的输出阻抗很小，其作为共射电路的等效信号源内阻，不仅提高了共射电路的电压增益，也提高了其上限频率。

在“共集-共基”组合电路中，由于共集电路和共基电路的上限频率都较高，故组合电路的通频带较宽。又由于共集电路的输出阻抗和共基电路的输入阻抗都很小，可以实现阻抗匹配，组合电路的电流增益由共集电路提供，电压增益由共基电路提供。

在实际电路中，频带的展宽往往是几种方法综合运用的结果。如图 2-5-4 所示为集成宽带放大器μPC1658C 及其应用电路。图 2-5-4（a）为其内部电路，由 VT_1、VT_2 及 VT_3 组成直接耦合放大电路，信号从第 6 脚输入，经 VT_1 组成的共射电路放大后，再通过 VT_2、VT_3 组成的射极跟随器后，从第 3 脚输出。整个放大电路的增益可通过第 2、第 5 和第 7 脚来设定。由于电路中采用了负反馈以及“共射-共集”组合电路等展宽频带的措施，μPC1658C 的工作频带可达 0～1GHz。图 2-5-4（b）是用μPC1658C 做电视天线放大器的实际电路，放大器的第 2 脚与地之间接电阻 R_1，减小了 VT_3 发射极的负反馈作用；第 7 脚接旁路电容 C_5 到地，保证 VT_1 有较高的电压增益；输出与输入之间接 R_2 和 C_3，形成电压并联负反馈，使输出电压稳定。

（3）补偿法

在宽带放大器中利用电抗元件进行补偿以展宽频带，是一种简便易行的方法。根据补偿元件接入的电路不同，有基极回路补偿、发射极回路补偿及集电极回路补偿。

① 基极回路补偿

基极回路补偿原理电路如图 2-5-5 所示，图中 R_B 和 C_B 是补偿元件。在低、中频段，C_B 的容抗较大，R_B、C_B 对输入信号有分压作用，减小了放大电路的输出电压；在高频段，C_B 的容抗减小，R_B、C_B 对输入信号的分压作用减弱，即提高了晶体管的净输入电压，使高频段的输出电压得到了补偿，展宽了频带。基极回路补偿是用减小放大器中、低频段的电压增益为代价，换取高频段特性的改善，它要求信号源为电压源性质。

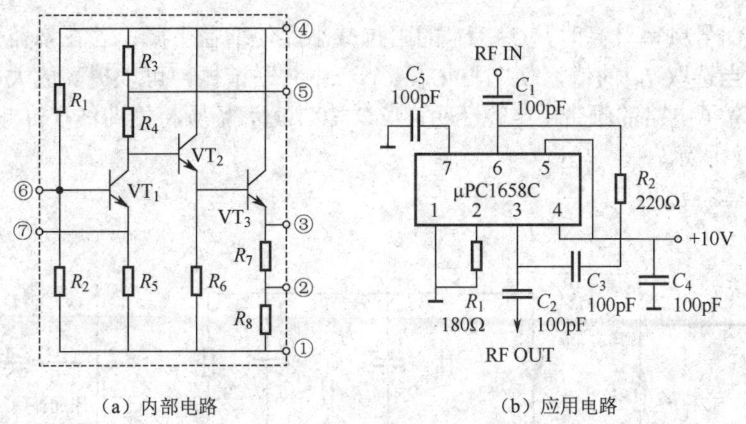

（a）内部电路　　（b）应用电路

图 2-5-4　μPC1658C 及其应用电路

② 发射极回路补偿

发射极回路补偿电路如图 2-5-6 所示，图中 R_f 和 C_f 是补偿元件。为了不影响放大电路的增益，改善低频特性，C_E 的取值比较大，一般在 50～200μF，此时称 C_E 为旁路电容。在补偿电路中，C_f 的取值比较小，一般只有几至几百皮法。在中、低频段，小电容 C_f 的容抗较大，可视为开路；在高频段，C_f 容抗减小，减弱了 R_f 对高频信号的负反馈作用，相当于增加了高频段的电压增益，提高了上限频率，即展宽了通频带。发射极回路补偿也是用减小放大器中、低频段的电压增益为代价，换取高频段特性的改善，它要求信号源为电压源性质。

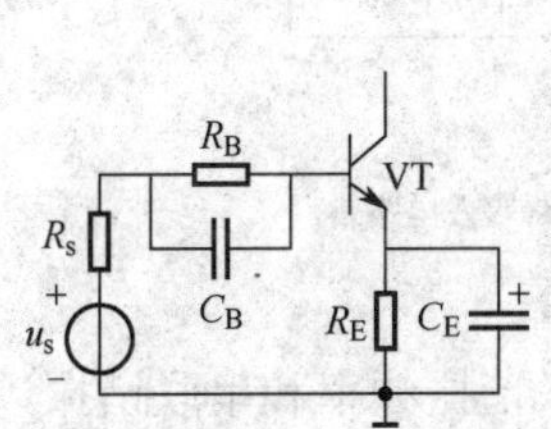

图 2-5-5　基极回路补偿电路

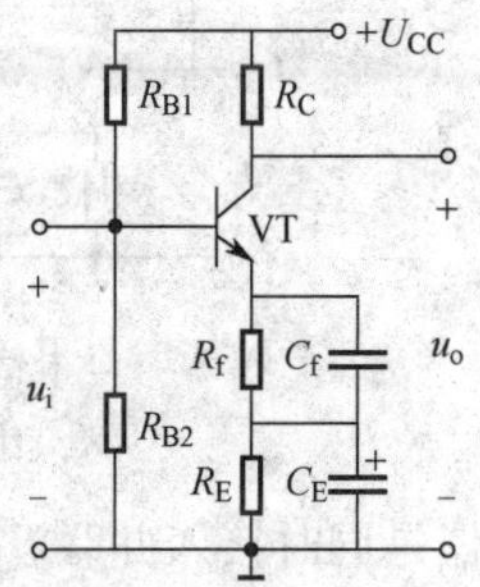

图 2-5-6　发射极补偿电路

③ 集电极回路补偿

为了提高放大电路的上限频率，必须减小密勒等效电容 C_{M1}，为减小 C_{M1} 又需要降低总负载 R'_L [参阅式（2-3-3）]，而减小 R'_L 又会降低放大器的增益，所以展宽频带和提高增益是相互矛盾的。另外，由于输出电容和负载电容的影响，在高频时等效负载阻抗将下降，使放大器的增益下降。集电极回路补偿的思路是在集电极回路接入电抗元件，使电路在高频端产生 LC 谐振，以提升高频端的增益，从而展宽频带。根据集电极回路 LC 元件的连接方式，可分为并联补偿、串联补偿和混合补偿。

集电极并联补偿电路如图 2-5-7（a）所示，L_C 为补偿元件。图 2-5-7（b）为集电极回路等效电路，其中 C_o 为输出电容（包括等效到输出端的密勒电容和分布电容），C_L 为负载电容（包括下一级的输入电容）。当信号频率较低时，L_C 的感抗较小，C_o、C_L 的容抗较大，可以忽略；当信号频率升高时，C_o、C_L的阻抗减小，使增益下降；若在增益开始下降的频率范围内，适当选取 L_C 的值，使之与 C_o、C_L 产生并联谐振，可以提高放大电路高频段的增益，从而展宽了电路的频带。实验证明，当$Q = 0.7$时，幅频特性曲线在高频段比较平滑，如图 2-5-7（c）所示。

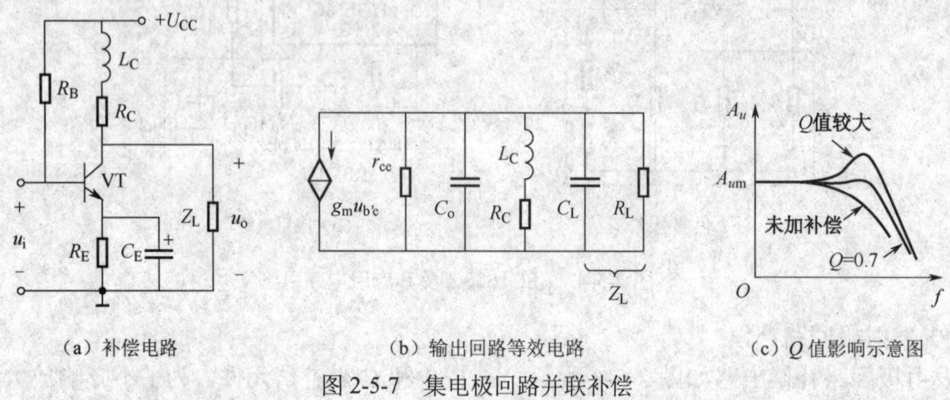

（a）补偿电路　（b）输出回路等效电路　（c）Q 值影响示意图

图 2-5-7　集电极回路并联补偿

集电极串联补偿电路如图 2-5-8（a）所示，图 2-5-8（b）为其集电极回路等效电路。串联补偿回路的工作原理是：在增益开始下降的频率范围内，使 L_C、C_L发生串联谐振，则 C_L上的电压（输出电压 u_o）增大，从而展宽频带；另外，利用 L_C把 C_o和 C_L分开，也减小了电容的分流作用。

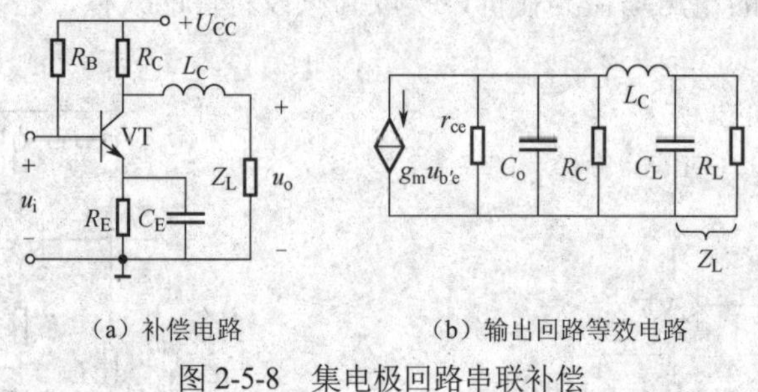

（a）补偿电路　（b）输出回路等效电路

图 2-5-8　集电极回路串联补偿

混合补偿是同时接入并联补偿和串联补偿，并使并联谐振频率和串联谐振频率处于高频端的两个不同频率点，进一步拓展通频带。

上述各种补偿法一般可通过实验法进行调试，以达到最佳补偿效果。需要指出的是，补偿法不能大幅度提高上限频率。

2.5.3　集中选频放大电路应用举例

1．陶瓷滤波器应用电路

（1）两端陶瓷滤波器应用电路

两端陶瓷滤波器在串联谐振时，陶瓷滤波器的等效阻抗最小；并联谐振时，陶瓷滤波器的等效阻抗最大。两端陶瓷滤波器相当于一个单调谐回路。因其频率稳定、选择性好、带宽合适，常把它做成固定的中频滤波器使用。在图 2-5-9 所示的中频放大器中，用陶瓷滤波器取代发射极的旁路电容 C_E。若陶瓷滤波器的振荡频率为 465kHz，则对于 465kHz 的中频信号，滤波器的阻抗 X_E 极小，此时引入的负反馈最小，放大器的增益最高；对于偏离 465kHz 较远的信号，陶瓷滤波器呈现的阻抗增大，引入的负反馈较强，使放大器的增益减小，从而提高了中频放大器的选择性。

（2）三端陶瓷滤波器应用电路

三端陶瓷滤波器的等效电路相当于一个双调谐耦合回路，用它可以取代中频放大电路中的中频变压器。其优点是无须调整，故三端陶瓷滤波器在集成电路接收机中被广泛使用。图 2-5-10 所示电路为三端陶瓷滤波器代替中频变压器的实际电路。

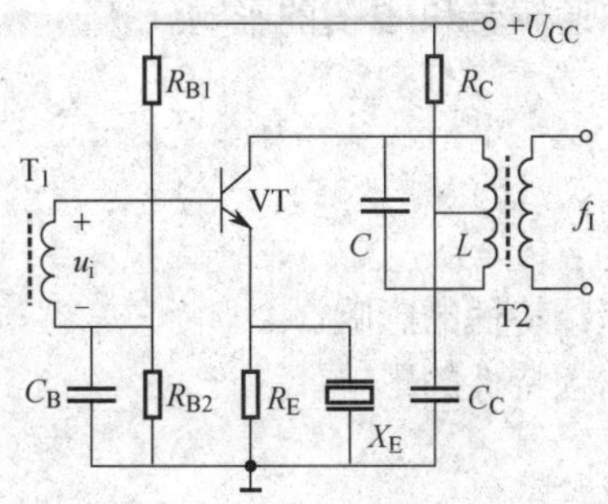

图 2-5-9　两端陶瓷滤波器应用电路

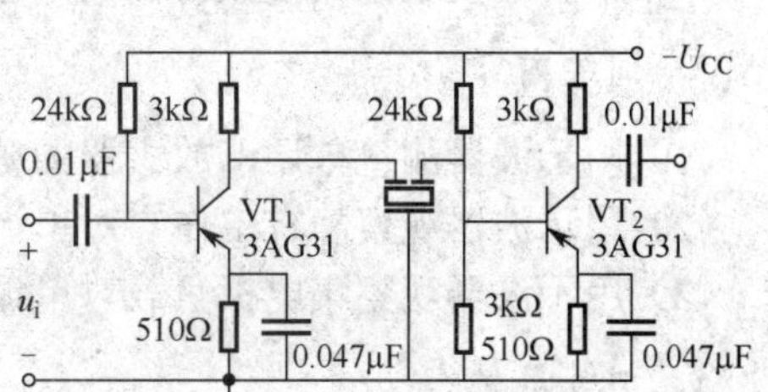

图 2-5-10　三端陶瓷滤波器应用电路

2．声表面波滤波器应用电路

图 2-5-11 所示为彩色电视机中的图像中频放大器应用电路。它由 VT 组成预中放级；Z_1 为声表面波滤波器组成的集中选频滤波器；TA7680AP 为图像中频放大集成电路，内部包括图像中放和伴音中放两部分，其中图像中放为三级直接耦合差分放大器，具有自动增益控制功能和高增益、宽频带特性。高频调谐器 IF OUT 端输出的图像中频信号经 C_1 加至预中放管 VT 的基极。R_2、R_3 为 VT 的偏置电路，R_6 为 VT 发射极负反馈电阻。L_2 为高频扼流圈，R_5 为阻尼电阻，它们与 VT 的输出电容和 Z_1 的输入分布电容共同组成中频宽带并联谐振回路。中频图像信号经预放大后，由 VT 的集电极输出，经 C_3 加至声表面波滤波器 Z_1。R_4、C_2 为电源去耦电路。L_3 为声表面波滤波器 Z_1 的输出匹配电感，它与 Z_1 的输出分布电容组成中频谐振回路，可以减小插入损耗，提高图像的清晰度。声表面波滤波器 Z_1 输出的中频信号，经 C_4 加到 TA7680AP 的输入端，经中频放大、视频检波、视频放大后，可输出彩色全电视图像信号。

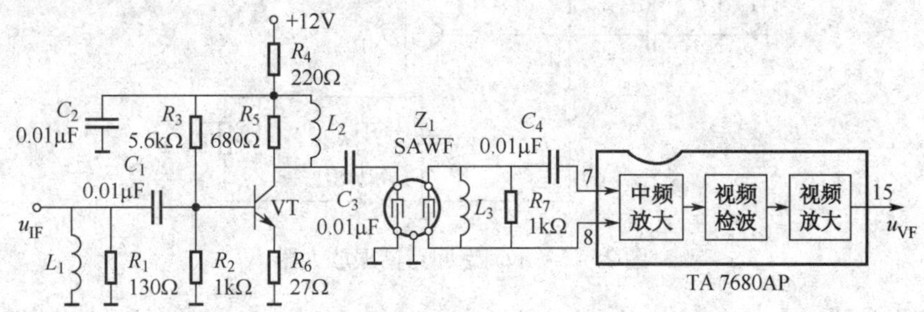

图 2-5-11　图像中频放大器的应用电路

2.6 技能训练——高频单调谐放大器

1．训练目的

（1）熟悉高频电子线路实验系统和相关电子元器件。

（2）理解单调谐放大器的基本工作原理。

（3）熟悉集电极负载对单调谐放大器电压增益、通频带和 Q 值的影响。

（4）掌握测量放大器幅频特性的方法。

2．训练内容

（1）用示波器测量单调谐放大器的幅频特性。

（2）用示波器观察静态工作点对单调谐放大器幅频特性的影响。

（3）用示波器观察集电极负载对单调谐放大器幅频特性的影响。

3．训练器材

（1）①号实验板："单调谐谐振放大器电路"

（2）⑥号实验板："元件库"

（3）双踪示波器

（4）高频信号源

（5）万用表

4．实验电路

单调谐回路谐振放大器实验电路如图 2-6-1 所示。图中，C_{M11}、L_{M11} 组成谐振回路，R_{M11} 用以改变集电极电阻，以观察集电极负载变化对电压增益、通频带和 Q 值的影响。W_{11} 用以改变基极偏置电压，以观察放大器静态工作点变化对电压增益、通频带和 Q 值的影响。

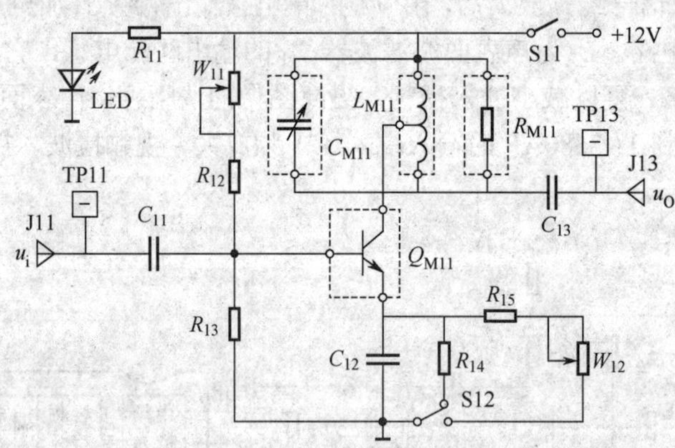

图 2-6-1　单调谐回路谐振放大器

5．实验步骤

（1）实验准备

① 把"元件库"板中的双联电容元件插入到"C_{M11}"位置上；把"0.33μH 1μH"电感

对元件插入到“L_{M11}”位置上；把“9018”晶体管元件插入到“Q_{M11}”位置上；用“元件库”板上的短路块连接 R_{14} 电阻（1kΩ）对地。

② 接通稳压电源，点亮 VD_{13}，上电成功。

（2）调整静态工作点

用万用表测量三极管基极电压，调整 W_{11} 使 Q_{M11} 的基极直流电压为 2.5V 左右。

（3）调谐

① 用高频信号源产生 10.7MHz、100mV 的正弦波信号，加到信号输入端（TP11）上。

② 示波器连接到输出端（TP13）上，正确调整示波器，观察输出波形。

③ 调节 C_{M11} 双联可调电容，使示波器上得到的波形幅度最大。(此时回路谐振在 10.7MHz)

（4）测量幅频特性

① 保持输入信号幅度为 100mV，改变信号频率，将不同频率点对应的输出电压幅值填入表 2-6-1 中。

表 2-6-1

f (MHz)	8.2	8.4	8.6	8.8	9	9.2	9.4	9.6	9.8	10	10.2	10.4	10.5	10.6
U_{om}(V)														
f (MHz)	10.7	1.08	10.9	11	11.2	11.4	11.6	11.8	12	12.2	12.4	12.6	12.8	13
U_{om}(V)														

② 根据上述表格中的数据，X 轴为频率，Y 轴为电压，作幅频特性曲线图填入表 2-6-5 中。

③ 计算中心频率处的电压放大倍数，计算最大幅度下降至 $0.707(1/\sqrt{2})$ 倍时的数值，找出其所对应的两个频率，计算回路的带宽，填表 2-6-2 中。

例如，若谐振点处输出电压的幅度为 2V，则在下限频率(f_L)和上限频率(f_H)处对应的输出电压幅度为 2V×0.707=1.414V，即在谐振点前后有两个频率点对应的输出电压幅度为 1.414V。找到输出电压幅度为 1.414V 的前点频率为 f_L，后点频率为 f_H。

表 2-6-2

测试点	f_L	f_0	f_H
频率(MHz)		10.7	
输出电压幅度(V)			
电压放大倍数 A_u	$A_{uL}=$	$A_{u0}=$	$A_{uH}=$
带宽 $BW_{0.7}$(kHz)	$BW_{0.7}=f_H-f_L=$		

（5）观察静态工作点对单调谐放大器幅频特性的影响

① 降低静态工作点。顺时针调整 W_{11}(增大 W_{11} 阻值)，使 Q_{M11} 的基极直流电压为 1.2V。按照上述幅频特性的测量方法，将不同频率点对应的输出电压幅值填入表 2-6-3 中，作幅

频特性曲线图填入表 2-6-5 中。

表 2-6-3

f(MHz)	8.2	8.4	8.6	8.8	9	9.2	9.4	9.6	9.8	10	10.2	10.4	10.5	10.6
U_{om}(V)														
f(MHz)	10.7	1.08	10.9	11	11.2	11.4	11.6	11.8	12	12.2	12.4	12.6	12.8	13
U_{om}(V)														

② 升高静态工作点。逆时针调整 W_{11}（减小 W_{11} 阻值），使 Q_{M11} 的基极直流电压为 4.5V。按照上述幅频特性的测量方法，将不同频率点对应的输出电压幅值填入表 2-6-4 中，作幅频特性曲线图填入表 2-6-5 中。

表 2-6-4

f(MHz)	8.2	8.4	8.6	8.8	9	9.2	9.4	9.6	9.8	10	10.2	10.4	10.5	10.6
U_{om}(V)														
f(MHz)	10.7	1.08	10.9	11	11.2	11.4	11.6	11.8	12	12.2	12.4	12.6	12.8	13
U_{om}(V)														

表 2-6-5

	幅频特性曲线
V_B=1.2V	
V_B=2.5V	
V_B=4.5V	

可以发现：当 W_{11} 加大时，由于 V_B 降低，I_{CQ} 减小，输出电压减小，曲线变“瘦”（带宽变窄）；而当 W_{11} 减小时，由于 V_B 升高，I_{CQ} 增大，输出电压增大，曲线变“胖”（带宽增宽）。

（6）观察集电极负载对单调谐放大器幅频特性的影响

① 调整 W_{11} 把 Q_{M11} 的基极直流电压为 2.5V。

② 把“元件库”板中的可调电位器模块插到实验板 R_{M11} 处

③ 将可调电位器顺时针调到头（R_{M11} 最大），将不同频率点对应的输出电压幅值填入表 2-6-6 中，作幅频特性曲线图填入表 2-6-7 中。

④ 将可调电位器逆时针调到头（R_{M11} 最小），将不同频率点对应的输出电压幅值填入表 2-6-6 中，作幅频特性曲线图填入表 2-6-7 中。

表 2-6-6

f (MHz)		8.2	8.4	8.6	8.8	9	9.2	9.4	9.6	9.8	10	10.2	10.4	10.5	10.6
U_{om} (V)	R_{M11} 最大														
	R_{M11} 最小														
f (MHz)		10.7	1.08	10.9	11	11.2	11.4	11.6	11.8	12	12.2	12.4	12.6	12.8	13
U_{om} (V)	R_{M11} 最大														
	R_{M11} 最小														

表 2-6-7

	幅频特性曲线
R_{M11} 最大	
R_{M11} 最小	

可以发现：电位器阻值增大时，集电极负载增大，Q 值增高，输出电压增大，曲线变“瘦”（带宽变窄）。而当电位器阻值减小时，集电极负载减小，Q 值降低，输出电压减小，曲线变“胖”（带宽增宽）。

6．实验报告要求

（1）对实验数据进行分析，并画出相应的幅频特性。

（2）分别说明静态工作点变化、集电极负载变化对单调谐放大器幅频特性的影响，写出实验结论。

（3）总结由本实验所获得的体会。

本章小结

影响放大电路在高频段工作的主要因素是晶体管极间电容的分流作用。窄带高频小信号放大电路由放大器和选频器组成，工作在线性范围，具有选频、滤波能力强和通频带窄的特点。按选频器不同，可分为谐振小信号放大器和集中选频式小信号放大器。

谐振小信号放大电路由基本放大电路和谐振回路组成。单级单调谐放大电路是谐振小信号放大器的基本电路。为了提高回路的有载品质因数、提高电压增益、减小对回路频率特性的影响，谐振回路与信号源和负载的连接大都采用部分接入的方式。

集中选频小信号放大电路由宽带放大器和固体滤波器组成。其性能优于多级谐振放大电路，且调试简便。展宽放大器频带的主要方法有负反馈法和组合电路法。

练习与提高（二）

2-1 填空题

1．高频小信号放大电路的主要技术指标有：________、________、________、选择性、稳定性和噪声系数。

2．高频小信号放大电路通常以 LC 并联谐振回路作负载，其主要作用是________和________。

3．已知某谐振回路的 f_0 和 Q_e，则该谐振回路的通频带 $BW_{0.7}$=________。

4．随着工作频率的升高，晶体管的β值将会________。

5．晶体管的主要频率参数有 f_β和 f_T。f_β是β下降到________时对应的频率，f_T 是 β 下降到________时对应的频率。

6．若相同谐振放大器组成多级放大器，其电压增益将________，通频带将________。

7．并联谐振回路作为放大器负载时，常采用部分接入的方式，目的是避免________回路的 Q 值。

8．LC 并联谐振回路作为放大器负载时，回路的 Q 值越高，选择性越________，通频带越________。

9．固体滤波器主要有________滤波器、________滤波器、________滤波器。

10．石英晶体滤波器有串联谐振频率 f_s 和并联谐振频率 f_p，且 f_s________f_p。

11．在宽带放大电路中，扩展通频带的方法主要有：__________法、__________法和补偿法。

2-2 单选题

1．LC 并联谐振回路中，当 $f=f_0$（即谐振）时，回路的阻抗值（　　）；当 $f<f_0$ 时，回路的阻抗值（　　）；当 $f>f_0$ 时，回路的阻抗值（　　）。

A．最小，呈阻性　　B．减小，呈容性

C．减小，呈感性　　D．最大，呈阻性

2．在调谐放大器的 LC 回路两端并联一个电阻 R，可以（　　）。

A．提高 Q 值　　B．增大谐振电阻

C．减小谐振频率 f_0　　D．加宽通频带 $BW_{0.7}$

3．某晶体管的β_0=100，f_T=200MHz，则 f_β为（　　）MHz。

A．0.5　　B．2　　C．100　　D．300

4．高频小信号放大电路一般工作在（　　）类状态。

A．甲　　B．乙　　C．甲乙　　D．丙

5．临界耦合时的双调谐回路的通频带是单调谐回路的通频带的（　　）倍。

A．$1/\sqrt{2}$　　B．1　　C．$\sqrt{2}$　　D．2

2-3 计算题

1．某晶体管的 f_T=100MHz，β_0=50。当工作频率在 1MHz 和 20MHz 时，求该管的 β 值。

2．并联谐振回路如图 T2-1 所示。已知 C＝200pF，$r_s=R_L$＝320kΩ，若要求回路的谐振频率 f_0＝465kHz，带宽 $BW_{0.7}$＝10kHz，试确定谐振回路的 L、有载品质因数 Q_e、空载品质因数 Q_0 和回路的总电阻 R_Σ 的值。

图 T2-1　　　　图 T2-2

3．已知电视伴音的中频并联谐振回路的 f_0＝6.5kHz，$BW_{0.7}$＝150kHz，C＝47pF。试求回路的电感 L 和有载品质因数 Q_e。若将带宽增大一倍，回路需并接多大的电阻？

4．FM 收音机中频谐振回路的等效电路如图 T2-2 所示，已知 f_0＝10.7kHz，Q_0＝100，$C_1=C_2$＝15pF，r_s＝400kΩ，R_L＝100kΩ。试求回路的电感 L、谐振阻抗 R_{e0}、有载品质因数 Q_e 和通频带 $BW_{0.7}$。

5．AM 收音机中频谐振回路的等效电路如图 T2-3 所示。已知 f_0＝455kHz，Q_0＝100，N_{13}＝160 匝，N_{23}＝40 匝，N_{45}＝10 匝，C＝200pF，r_s＝16 kΩ，R_L＝1kΩ。试求回路的电感 L、有载品质因数 Q_e 和通频带 $BW_{0.7}$。

图 T2-3　　　　图 T2-4

6．AM 收音机本振的谐振回路如图 T2-4 所示。已知 MW 波段的频率范围为 526.5～1606.5kHz，采用的中频为 455kHz，电路中可变电容 C 的变化范围为 8～120pF，C_0＝150pF。试求电感 L 与微调电容 C_t 的值。

7. 某高频小信号放大电路的交流等效电路如图 T2-5 所示。已知谐振频率 f_0＝10.7MHz，Q_0＝100，初级线圈的电感 L＝4μH，接入系数 $n_1=n_2$＝0.25，负载电导 g_L＝1mS，放大器的参数为 g_m＝50mS，g_o＝0.1mS。试求放大电路的电压放大倍数 A_{u0} 和通频带 $BW_{0.7}$。

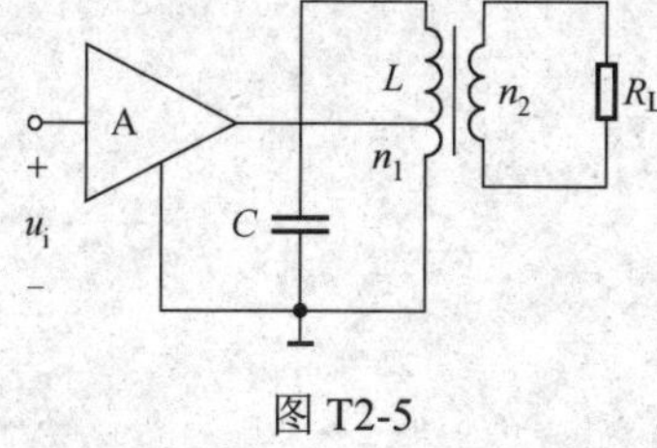

图 T2-5

8．采用完全相同的三级单调谐放大电路组成的中放电路，其总电压增益为 66dB，3dB 带宽为 5kHz，工作频率为 455kHz。试求各级的电压增益、3dB 带宽及各回路的有载品质因数 Q_e。

2-4 简答题

1．在高频小信号放大电路中，如何理解电压放大倍数、通频带与选择性的关系？

2．简述扩展放大器通频带的方法。

3．固体滤波器有哪些特点？

4．参差调谐放大电路与多级单调谐放大电路的区别是什么？

5．集中选频放大电路与多级调谐放大电路比较有什么优点？

第 3 章　高频功率放大器

内容提要： 高频功率放大器是各类发射机重要组成部分。本章首先介绍了丙类谐振功率放大器的工作原理，在此基础上分析了影响高频功率放大器工作状态的各种因素、实际的电路构成及调谐方法，最后介绍了功率管的安全使用。

学习目标

1．知识目标

（1）了解高频功率放大器的工作原理。

（2）理解丙类谐振功率放大器提高效率的原理。

（3）熟悉欠压、过压、临界三种工作状态的电路特点。

（4）熟悉丙类谐振功率放大器的性能特点。

（5）了解功率管的安全使用方法。

2．能力目标

（1）能读懂谐振功率放大器电路的原理图，知道各元器件的作用。

（2）能熟练运用示波器、信号发生器等仪器。

（3）能完成谐振回路、高频功率放大电路的调谐与测量。

3．职业目标

（1）具有敬业精神，培养认真的学习态度和科学的学习方法。

（2）具有职业道德，培养严谨的工作作风，遵守纪律和安全操作规范。

（3）具有团队精神，培养相互配合、协同合作的能力，建立良好的人际关系。

（4）具有创新意识，培养发现问题和解决问题的能力。

3.1　概　　述

在无线通信系统中，高频功率放大器位于发射机中的最后一级，用于放大输出功率。发射机发射功率越大，电磁波传输距离越远。功率放大的实质是晶体管在输入信号的控制下将电源供给的直流功率转换为信号功率，由于集电结反偏，在转换过程中必然会消耗一部分能量使电路发热，若消耗功率过大，会使放大器件过热而损坏，所以如何减少消耗、提高效率是功率放大器的首要问题。

为了高效率输出大功率，放大器件需要工作在乙类、丙类或丁类（开关）状态，在这些工作状态下，晶体管输出的电流存在很严重的非线性失真。工作在乙类的低频功率放大器利用互补管轮流推挽工作的方法，结合深度负反馈解决非线性失真；高频功率放大器常采用谐振方法来滤除非线性失真。这主要是因为一方面放大器件的特性在高频区远比低频区复杂，很难用深度负反馈解决非线性失真；另一方面低频信号是“宽带信号”，高频信号是“窄带信号”，高频功率放大器可以通过谐振回路负载的选频作用来解决非线性失真。

窄带信号是指带宽远远小于其中心频率的信号。例如，带宽为 6MHz 的电视信号调制到 450MHz 的频率上，其带宽远小于中心频率，所以该已调信号为高频窄带信号。而频率范围 300～3400Hz 的语音信号属于低频宽带信号。高频窄带信号具有类似于单一频率正弦波的特性，可以用谐振电路来处理它，这也是高频小信号放大、调制解调和混频等高频电路中采用谐振电路滤波的依据。

高频功率放大器常工作在丙类状态，以谐振回路作负载，所以又称为丙类谐振功率放大器。其主要性能指标是：输出功率 P_o、效率 η_c 和功率增益 A_P。若直流电源提供的功率为 P_D，则效率 η_c 为

$$\eta_c = \frac{P_o}{P_D} \tag{3-1-1}$$

功率管的集电极耗散功率为

$$P_C = P_D - P_o \tag{3-1-2}$$

若输入信号功率为 P_i，则功率增益为

$$A_P = \frac{P_o}{P_i} \tag{3-1-3}$$

3.2 丙类谐振功率放大器的工作原理

3.2.1 原理电路

丙类谐振功率放大器的原理电路如图 3-2-1 所示，图中 U_{CC} 和 U_{BB} 分别为集电极和基极的直流电源。为了使放大器工作在丙类，U_{BB} 应设在功率管的截止区内，即 $V_{BB}<U_{BE(on)}$。在实际应用中，为确保放大器工作在丙类工作状态，常使 U_{BB} 为负压或不加基极电源。LC 并联谐振回路为集电极负载，它调谐在激励信号的频率上，电阻 r 是电感 L 的等效损耗电阻。

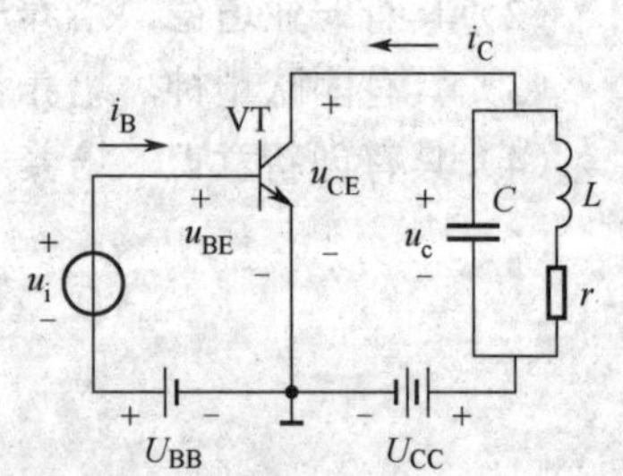

图 3-2-1 丙类谐振功率放大器原理电路

静态时，没有激励信号，$u_i = 0$，此时 $u_{BE} = U_{BB} < U_{BE(on)}$，VT 处于截止状态，则 $i_C = 0$。

动态时，当基极输入一高频余弦激励信号后，功放管的输入电压为

$$u_{BE} = U_{BB} + u_i = U_{BB} + U_{im}\cos\omega_s t$$

在 u_i 作用下，当 $u_{BE} > U_{BE(on)}$ 时，功率管导通，在静态转移特性曲线（i_C～u_{BE}）上画出集电极电流的波形，如图 3-2-2 所示，为一串周期重复的脉冲电流，脉冲电流的最大值

为 $i_{\rm Cmax}$ ，导通角为 θ，宽度小于半个周期，即 $\theta < 90°$。

将 $i_{\rm C}$ 用傅里叶级数分解为平均分量、基波、二次谐波和高次谐波分量之和，即

$$i_{\rm C} = I_{\rm C0} + i_{\rm c1} + i_{\rm c2} + \cdots = I_{\rm C0} + I_{\rm c1m}\cos\omega_{\rm s}t + I_{\rm c2m}\cos2\omega_{\rm s}t + \cdots \tag{3-2-1}$$

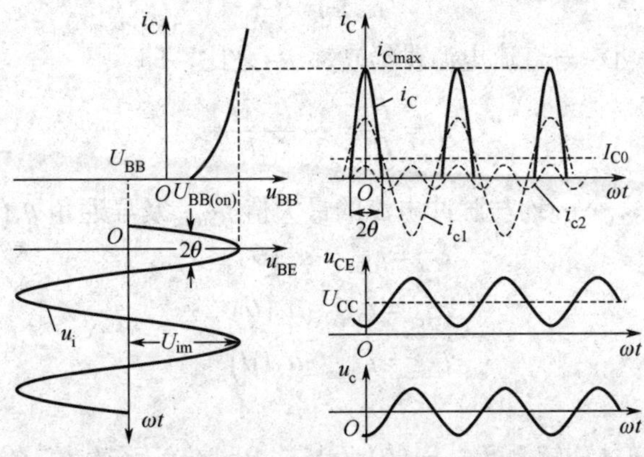

图 3-2-2　丙类谐振功率放大器集电极电流和电压波形

由于集电极谐振回路调谐在输入信号频率上，因而它对 $i_{\rm C}$ 中的基波分量呈现的阻抗最大，且为纯电阻；对各次谐波而言，呈现的阻抗都很小。这样，就可以近似认为回路上仅有基波分量产生的电压 $u_{\rm c}$ ，而平均分量和各次谐波分量产生的电压均可忽略，因而在负载上得到了所需要的不失真信号功率。

若回路谐振电阻为 $R_{\rm e}$ ，则可得到 $u_{\rm c}$ 为

$$u_{\rm c} = -i_{\rm c1}R_{\rm e} = -I_{\rm c1m}R_{\rm e}\cos\omega_{\rm s}t = -U_{\rm cm}\cos\omega_{\rm s}t \tag{3-2-2}$$

式中，$U_{\rm cm} = I_{\rm c1m}R_{\rm e}$ 为基波电压振幅，即

$$R_{\rm e} = \frac{U_{\rm cm}}{I_{\rm c1m}} \tag{3-2-3}$$

此时，功放管输出电压为

$$u_{\rm CE} = U_{\rm CC} + u_{\rm c} = U_{\rm CC} - i_{\rm c1}R_{\rm e} = U_{\rm CC} - U_{\rm cm}\cos\omega_{\rm s}t \tag{3-2-4}$$

由上述分析可知，在余弦信号激励下，虽然丙类功率放大器的导通时间小于半个周期，其输出电流为余弦脉冲电流，但由于 LC 回路的选频作用，集电极的输出电压仍是不失真的余弦波。集电极输出电压 $u_{\rm CE}$ 与基极激励电压 $u_{\rm i}$ 相位相反，即 $u_{\rm i}$ 为最大值时，集电极电流 $i_{\rm C}$ 功放管为最大值 $i_{\rm Cmax}$、集电极电压 $u_{\rm CE}$ 为最小值 $u_{\rm CEmin}$ 。正是因为 $i_{\rm C}$ 只在 $u_{\rm CE}$ 很低的时间内通过，所以集电极功耗较小，效率自然就比较高，而且 $u_{\rm CE}$ 越低，效率越高。

3.2.2　输出功率和效率

由于输出回路调谐在基波频率上，所以输出回路中的高次谐波电压很小，因此，在谐振功率放大器中，我们只需研究直流分量和基波分量的功率。谐振功率放大器的输出功率 $P_{\rm o}$ 等于集电极电流基波分量在负载 $R_{\rm e}$ 上的平均功率，即

$$P_o = \frac{1}{2} I_{c1m} U_{cm} = \frac{1}{2} I_{c1m}^2 R_e \tag{3-2-5}$$

集电极直流电源供给功率 P_D 等于集电极电流直流分量 I_{C0} 与电源电压 U_{CC} 的乘积，即

$$P_D = I_{C0} U_{CC} \tag{3-2-6}$$

效率 η_c 等于输出功率与直流电源供给功率 P_D 之比，即

$$\eta_c = \frac{P_o}{P_D} = \frac{1}{2} \cdot \frac{I_{c1m} U_{cm}}{I_{C0} U_{CC}} \tag{3-2-7}$$

由于 I_{C0}、I_{c1m}、I_{c2m}……均与脉冲电流的最大值 $i_{C\max}$ 及导通角 θ 有关，故有以下结论

$$I_{C0} = i_{C\max} \cdot \alpha_0(\theta)$$

$$I_{c1m} = i_{C\max} \cdot \alpha_1(\theta)$$

$$I_{c2m} = i_{C\max} \cdot \alpha_2(\theta)$$

……

式中，$\alpha_0(\theta)$ 为直流分量分解系数，$\alpha_1(\theta)$ 为基波分量分解系数；$\alpha_n(\theta)$ 为次谐波分量分解系数。效率 η_c 可以表示为

$$\eta_c = \frac{1}{2} \cdot \frac{\alpha_1(\theta) U_{cm}}{\alpha_0(\theta) U_{CC}} = \frac{1}{2} g_1(\theta) \xi \tag{3-2-8}$$

其中，$\xi = U_{cm}/U_{CC}$ 称为集电极电压利用系数；$g_1(\theta) = \alpha_1(\theta)/\alpha_0(\theta)$ 称为集电极电流利用系数或波形系数，它是导通角 θ 的函数。不同导通角对应的各分量分解系数可参见图 3-2-3 所示的曲线。

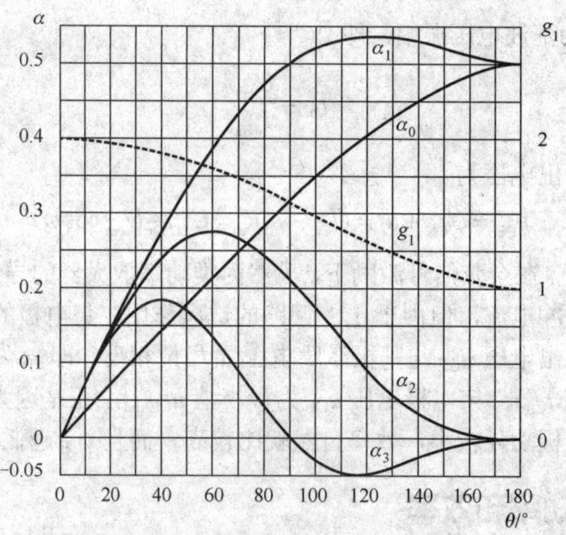

图 3-2-3 余弦脉冲分解系数

由图 3-2-3 可以清楚地看到各次谐波分量的变化趋势，谐波次数越高，振幅就越小。当 $\theta = 120°$ 时，$\alpha_1(\theta)$ 有最大值，可得到最大的基波分量，但此时效率太低。所以，为了兼顾输出功率和效率，谐振功率放大器的导通角一般取 60°～70°。

当 $U_{cm}=U_{CC}$ 时，由式（3-2-8）可求得不同工作状态下放大器的效率分别为：

甲类工作状态，$\theta=180°$，$g_1(180°)=1$，$\eta_c=50\%$；

乙类工作状态，$\theta=90°$，$g_1(90°)=1.57$，$\eta_c=78.5\%$；

丙类工作状态，$\theta=60°$，$g_1(60°)=1.8$，$\eta_c=90\%$。

可见，丙类工作状态效率最高。随着 θ 的减小，效率还会进一步提高，但输出功率也将会减小。

余弦脉冲分解系数见表 3-2-1。

表 3-2-1　余弦脉冲分解系数

θ/°	$\cos\theta$	α_0	α_1	α_2	g_1	θ/°	$\cos\theta$	α_0	α_1	α_2	g_1
0	1.000	0.000	0.000	0.000	2.000	100	−0.174	0.349	0.520	0.173	1.488
10	0.985	0.037	0.074	0.073	1.994	110	−0.342	0.379	0.532	0.131	1.404
20	0.940	0.0.74	0.146	0.141	1.976	120	−0.500	0.406	0.536	0.092	1.321
30	0.866	0.111	0.215	0.198	1.946	130	−0.643	0.431	0.535	0.058	1.241
40	0.766	0.147	0.280	0.241	1.905	140	−0.766	0.453	0.529	0.032	1.168
50	0.643	0.183	0.339	0.267	1.854	150	−0.866	0.472	0.520	0.014	1.103
60	0.500	0.218	0.391	0.276	1.794	160	−0.940	0.487	0.511	0.004	1.050
70	0.342	0.252	0.436	0.268	1.725	170	−0.985	0.496	0.503	0.001	1.014
80	0.174	0.286	0.472	0.245	1.651	180	−1.000	0.500	0.500	0.000	1.000
90	0.000	0.318	0.500	0.212	1.571						

例 3.2.1　在图 3-2-1 所示谐振功率放大电路中，集电极电源电压 $U_{CC}=18V$，输入信号电压 $u_i=2\cos\omega_s t$（V），谐振回路调谐在输入信号频率上，谐振电阻 R_e=500Ω，晶体管的转移特性曲线如图 3-2-4 所示。试求：

（1）画出 $U_{BB}=-0.5V$ 时的集电极电流 i_C 的波形，并求导通角θ;

（2）写出集电极电流中基波分量表达式和回路两端电压的表达式；

（3）计算该放大器的 P_O、P_D、P_C 和η_C。

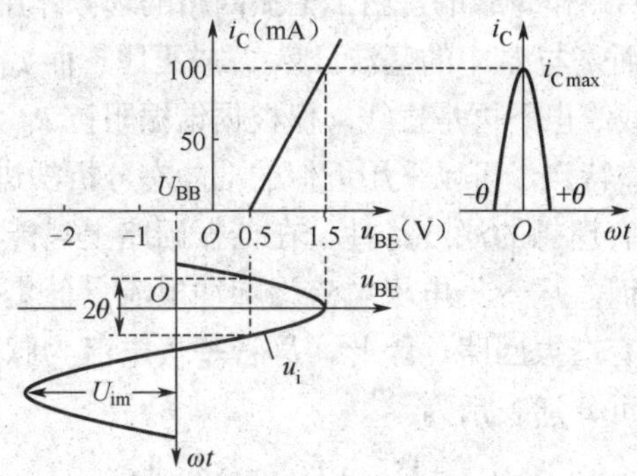

图 3-2-4　例 3.2.1 谐振功率放大器电流、电压波形

解（1）由图 3-2-4 所示晶体管转移特性曲线可得 $U_{BE(on)}$=0.5V。在图中可作出输入电压 u_{BE} 的波形。再由 u_{BE} 的波形和转移特性曲线可画出 i_C 的波形，如图所示，由图可得

i_{Cmax}=100mA。

根据余弦函数的定义可以求得

$$\cos\theta=\frac{U_{BE(on)}-U_{BB}}{U}=\frac{0.5-(-0.5)}{2}=0.5$$

所以$\theta=60°$。可见，导通角主要取决于 U_{BB} 和 U_{im} 的大小。

（2）由图 3-2-3 知，$\alpha_1(60°)\approx0.39$，则

$$I_{c1m}=i_{Cmax}\cdot\alpha_1(60°)=100\times0.39=39(\text{mA})$$

$$U_{cm}=I_{c1m}R_e=39\times0.4=15.6(\text{V})$$

故　$i_{c1}=39\cos\omega_s t(\text{mA})$

$$u_c=-15.6\cos\omega_s t(\text{V})$$

（3）由图 3-2-3 知，$\alpha_1(60°)\approx0.22$，则

$$I_{C0}=i_{Cmax}\cdot\alpha_0(60°)=100\times0.22=22(\text{mA})$$

所以　$P_o=\frac{1}{2}I_{c1m}U_{cm}=\frac{1}{2}\times39\times15.6=304.2(\text{mW})$

$$P_D=I_{C0}U_{CC}=22\times18=396(\text{mW})$$

$$P_C=P_D-P_o=396-304.2=91.8(\text{mW})$$

$$\eta_c=\frac{P_o}{P_D}=\frac{304.2}{396}=76.8\%$$

3.3　丙类谐振功率放大器的性能分析

3.3.1　近似分析方法

在低频放大电路中，负载为纯电阻，负载上的电压与流过它的电流 i_C 成正比。因此，只要知道交流负载，就可以在输出特性曲线（$i_C\sim u_{CE}$）上绘出其动态线——交流负载线。但是，高频功率放大器是以谐振回路作负载的，由于谐振回路的选频作用，回路两端的电压不是与流过它的电流 i_C 成正比，而是与 i_C 中的基波分量 i_{c1} 成正比。而 i_{c1} 的大小又与导通角 θ 等因素有关，所以，其交流负载线也不再是直线，仅根据谐振阻抗 R_e 不能绘出动态线。实践中，根据谐振功率放大器的工作特点，可以采用近似的准静态分析法进行分析。

假设一：谐振回路具有理想的滤波特性，在谐振回路上只能产生基波电压，其他谐波分量的电压均可忽略。因而，尽管集电极电流为脉冲电流，但集电极电压却是余弦波。同理，放大器的输入端也接有谐振回路，因此，尽管基极电流为脉冲电流，但是加到基极上的电压也是余弦波。它们可分别表示为

$$\left.\begin{aligned}u_{BE}&=U_{BB}+U_{im}\cos\omega t\\u_{CE}&=U_{CC}-U_{cm}\cos\omega t\end{aligned}\right\}\qquad(3\text{-}3\text{-}1)$$

假设二：功率管的特性用输入和输出静态特性曲线表示，忽略其高频效应。为了便于

分析，在输出特性曲线中，用 u_{BE} 作参变量，而不是通常的 i_B（根据输入特性曲线 i_B 与 u_{BE} 的对应关系，可将 i_B 转换为 u_{BE}）。

在上述两个假设下，动态线可根据式（3-3-1）逐点描出。

作动态线时，先确定 U_{BB}、U_{im}、U_{CC} 和 U_{cm} 四个电量的数值，并将 ωt 按等间隔设定不同的数值（例如，ωt 为 0°, ±15°, ±30°, ±45°……），则可得到 u_{BE} 和 u_{CE} 的值，如图 3-3-1（a）所示。再根据不同间隔上 u_{BE} 和 u_{CE} 的值，在以 u_{BE} 为参变量的输出特性曲线上找出对应的动态点和由此确定的 i_C 值。连接这些动态点便可得到谐振功率放大器的动态线，并由此可画出 i_C 的波形，如图 3-3-1（b）所示。

由上述讨论可知，设定不同数值的 U_{BB}、U_{im}、U_{CC} 和 U_{cm}，画出的集电极电流脉冲波形就不同。由此得到的主要技术指标也就不同。

3.3.2　三种工作状态

由图 3-3-1 可知，当 U_{BB} 和 U_{im} 一定时，集电极电流脉冲宽度也就近似一定，几乎不随 U_{cm} 的大小而变化。

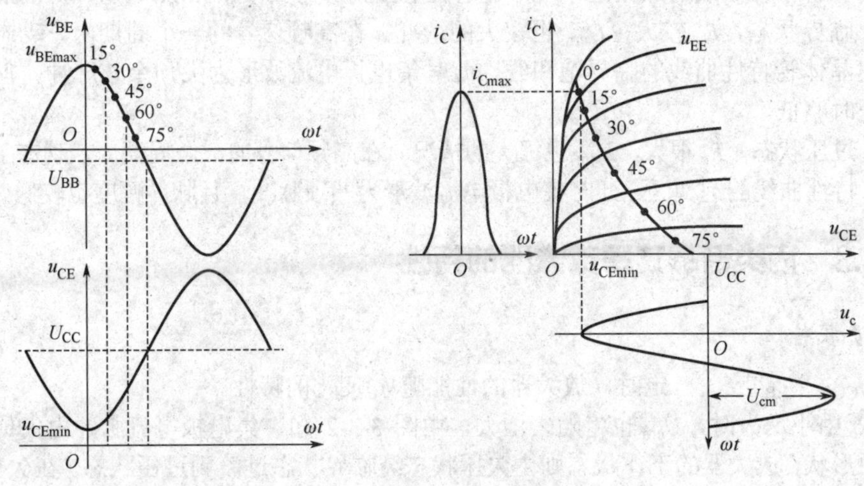

（a）确定 u_{BE} 和 u_{CE} 的值　　（b）谐振功率放大器的动态线

图 3-3-1　谐振功率放大器的近似分析方法

再考察集电极电流脉冲在 $\omega t=0$ 时的数值随 U_{cm} 变化的情况，如图 3-3-2 所示。当 $\omega t=0$ 时，$u_{BE}=u_{BE\max}=U_{BB}+U_{im}$，$u_{CE}=u_{CE\min}=U_{CC}-U_{cm}$。当 U_{BB}、U_{im} 和 U_{CC} 为定值时，即 $u_{BE\max}$ 不变时，随着 U_{cm} 由小增大，$u_{CE\min}$ 则将由大减小，对应的动态点 A 将沿 $u_{BE}=u_{BE\max}$ 的那条特性曲线向左移动（由 A 点向 C 点移动）。其中，B 点为由放大区进入饱和区的临界点。通常，若动态点仅在放大区内，称为欠压状态；若动态点达到临界点 B，称为临界状态；若动态点进入饱和区，称为过压状态。可见，若能判断动态线的顶点所处的位置，就可以判断谐振功率放大器的工作状态。

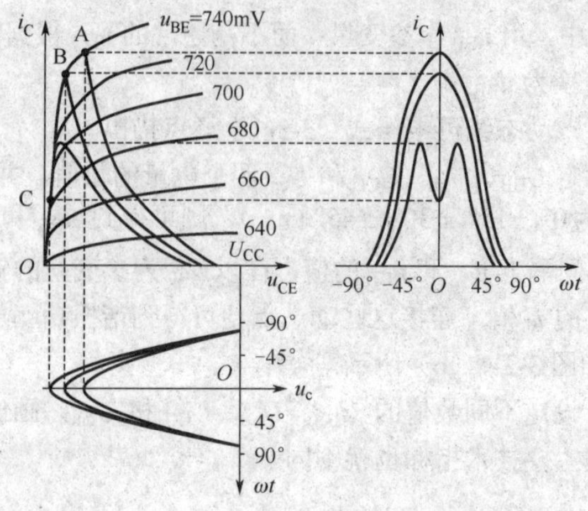

图 3-3-2　改变 U_{cm} 对 i_C 脉冲电流波的影响

由图 3-3-2 还可以看出：

（1）欠压状态，R_e 较小，U_{cm} 也较小的情况。在高频信号的一个周期内，动态工作点始终在晶体管特性曲线的放大区，此时集电极电流波形为尖顶余弦脉冲，且脉冲幅度较高。

（2）临界状态，R_e 较大，U_{cm} 也较大的情况。在高频信号的一个周期内，动态工作点恰好到达晶体管特性曲线的临界饱和线，此时集电极电流波形为尖顶余弦脉冲，但脉冲幅度比欠压时略低。

（3）过压状态，R_e 很大，U_{cm} 也很大的情况。在高频信号的一个周期内，动态工作点进入晶体管特性曲线的饱和区，此时集电极电流波形为凹顶脉冲，且脉冲幅度也较低。

3.3.3　丙类谐振功率放大器的特性

1. 负载特性

当 U_{CC}、U_{BB}、U_{im} 一定时，放大器的性能随 R_e 变化的特性。

当 R_e 由小增大时，U_{cm} 也将随之增大，由图 3-3-2 知，集电极电流脉冲由尖顶形状过渡到凹顶形状，放大器的工作状态则由欠压状态经临界状态过渡到过压状态。在欠压区内，R_e 逐渐增大时，集电极电流波形变化不大，只是高度 i_{Cmax} 略有下降。因此，在欠压区内 I_{C0} 和 I_{c1m} 随 R_e 的增大而略有下降。进入过压区后，集电极电流脉冲的顶部开始下凹，下凹的程度随 R_e 的增大而加剧，从而导致 I_{C0} 和 I_{c1m} 迅速下降。R_e 变化时对 i_C 波形的影响如图 3-3-3（a）所示。由 $U_{cm} = I_{c1m}R_e$ 的关系知，在欠压区内 U_{cm} 随 R_e 的增大而迅速增大，在过压区 U_{cm} 随 R_e 的增大而略有增大。I_{C0}、I_{c1m} 和 V_{cm} 随 R_e 变化的曲线如图 3-3-3（b）所示。由此可以定性画出放大器功率和效率随 R_e 变化的曲线，如图 3-3-3（c）所示。其中，输入直流功率 $P_D = I_{C0}U_{CC}$，由于 U_{CC} 不变，P_D 的曲线和 I_{C0} 的变化规律相同。交流输出功率，$P_o = I_{c1m}^2 R_e/2$，在欠压区，I_{c1m} 基本不变，P_o 随 R_e 增大而增大；到达临界状态时 P_o 达最大值；在过压区，因 I_{c1m} 迅速下降，使 P_o 随 R_e 的增大而逐渐下降。集电极功率 $P_C = P_D - P_o$，P_C 曲线为 P_D 曲线与 P_o 曲线相减的结果。在欠压状态，集电极效率 $\eta_C = P_o/P_D$，在欠压区，η_C 随 R_e 变化规律与 P_o 变化规律相似，逐渐增大；在过压区，P_o、P_D 都将下降，η_C 还是随

R_e 的增大而增大，但幅度比较缓慢。可见在过压区效率最高，但是由于在临界状态时 P_o 最大，η_C 也比较高，可以认为是高频功率放大器的最佳工作状态，相应的负载 R_e 称为最佳负载，用 R_{eopt} 表示，这种工作状态主要用于发射机末级。过压状态的特点是效率高、损耗小，并且输出电压受负载 R_e 的影响小；在弱过压时，效率可达最高值，但输出功率有所下降，这种工作状态常用于需要维持输出电压比较平稳的场合，如发射机的中间放大级。欠压状态的输出功率和效率都比较低，而且集电极耗散功率大，输出电压又不稳定，因此一般不采用这种工作状态。

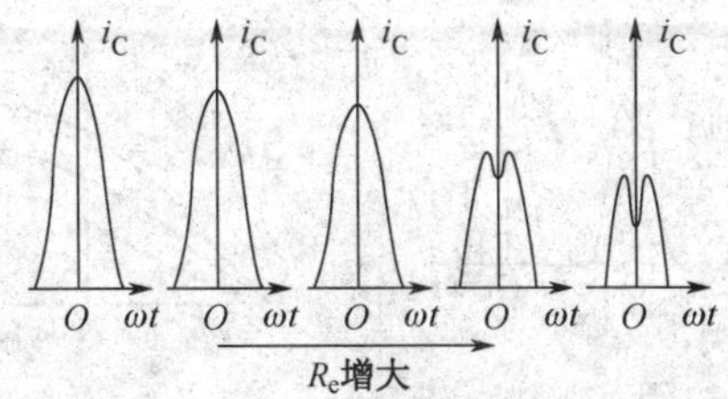

（a）R_e 变化时 i_C 的波形

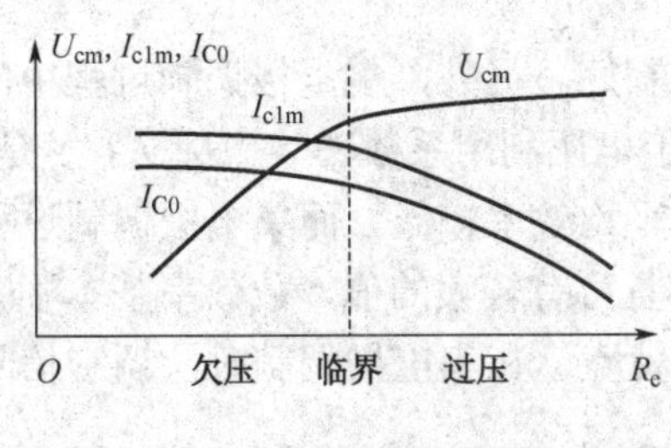

（b）R_e 对 I_{C0}、I_{c1m} 和 U_{cm} 的影响

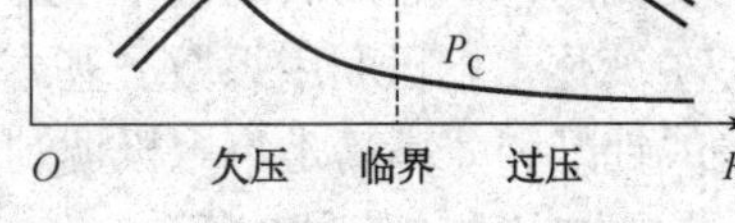

（c）R_e 对 P_o、P_D、P_C 和 η_c 的影响

图 3-3-3　负载特性

2．调制特性

调制特性分为集电极调制特性和基极调制特性。

集电极调制特性：当 V_{BB}、U_{im}、R_e 一定时，放大器的性能随 U_{CC} 变化而变化的特性。由于 U_{BB} 和 U_{im} 一定，则 u_{BEmax} 和 i_C 的脉冲宽度一定，当 U_{CC} 增大时，动态工作点的顶点将沿 u_{BEmax} 那条曲线由饱和区向放大区移动，放大器的工作状态将由过压状态向欠压状态过渡，i_C 的波形也将由中间凹顶状脉冲变为接近余弦的脉冲波，如图 3-3-4（a）所示。相应得到的 I_{C0}、I_{c1m} 和 U_{cm} 随 U_{CC} 变化的特性如图 3-3-4（b）所示。由图可见，放大器只有工作在过压状态，U_{CC} 才能有效地控制 I_{c1m}（或 U_{cm}）的变化。

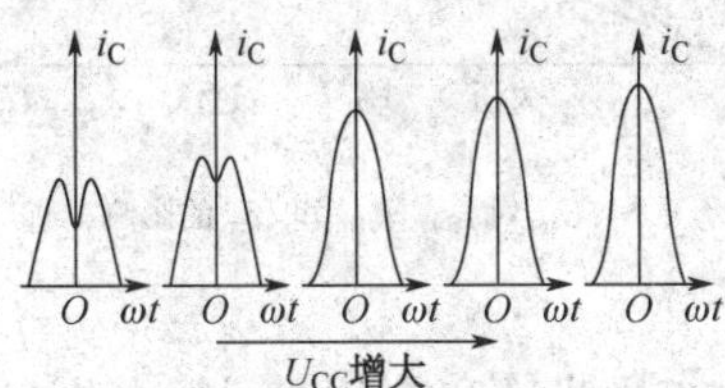

（a）U_{CC} 对 i_C 的影响

（b）U_{CC} 对 I_{C0}、I_{c1m} 和 U_{cm} 的影响

图 3-3-4　集电极调制特性

基极调制特性：当 U_{CC}、U_{im}、R_e 一定时，放大器的性能随 U_{BB} 变化的特性。由于 U_{im} 一定，当 U_{BB} 由负值向正值方向增大时，i_C 的脉冲不仅宽度增大，而且还因 u_{BEmax} 增大而使其高度增加，放大器的工作状态将由欠压状态向过压状态过渡，i_C 的波形也将由余弦的脉冲波变为中间凹顶状脉冲，如图 3-3-5（a）所示。相应得到的 I_{C0}、I_{c1m} 和 U_{cm} 随 U_{BB} 变化的特性如图 3-3-5（b）所示，在欠压状态，I_{C0} 和 I_{c1m} 随 U_{BB} 的增大而增大；在过压状态，由于 i_C 的凹陷加深，I_{C0} 和 I_{c1m} 增大缓慢，可认为近似不变。由图可见，放大器只有工作在欠压状态，U_{BB} 才能有效地控制 I_{c1m}（或 U_{cm}）的变化。

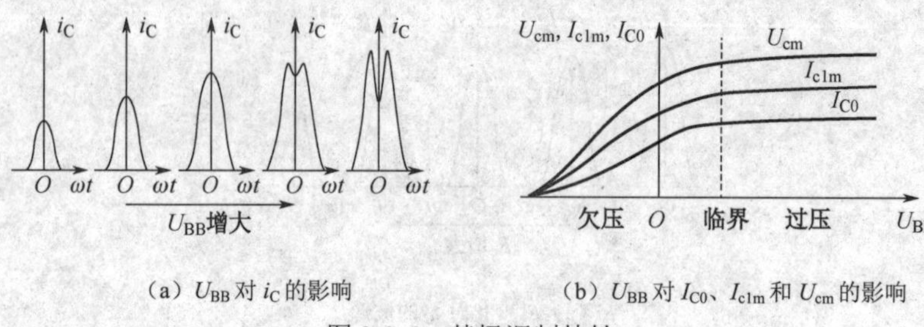

（a）U_{BB} 对 i_C 的影响　　（b）U_{BB} 对 I_{C0}、I_{c1m} 和 U_{cm} 的影响

图 3-3-5　基极调制特性

通常情况下，集电极调制的线性度比基极调制好。另外，集电极调制过程中的功率、效率关系与基极调制不同。基极调制过程中，由于电压利用系数 $\xi = U_{cm} / U_{CC}$ 是变化的，故效率也是变化的。因此，调制信号一周期内的平均效率较低。而集电极调制过程中，由于 U_{cm} 随 U_{CC} 变化，电压利用系数 ξ 基本不变，且可有较大的值，故效率基本不变，平均效率较高。线性好和效率高是集电极调制的重要特点。在集电极调制时，调制信号源（与 U_{CC} 串联）要提供较大的信号功率。

3．放大特性

当 U_{CC}、U_{BB}、R_e 一定时，放大器的性能随 U_{im} 变化的特性。放大特性与基极调制特性的情况相类似，即随 U_{im} 的增大，放大器的工作状态也是由欠压状态向过压状态变化。丙类谐振功率放大器的放大特性如图 3-3-6 所示。由图可见，在欠压区，U_{im} 变化时能引起 U_{cm} 有较大的变化，因此电路可作为放大器；而在过压区，U_{im} 变化时 U_{cm} 几乎不变，此时电路具有振幅限幅作用，可作为振幅限幅器。

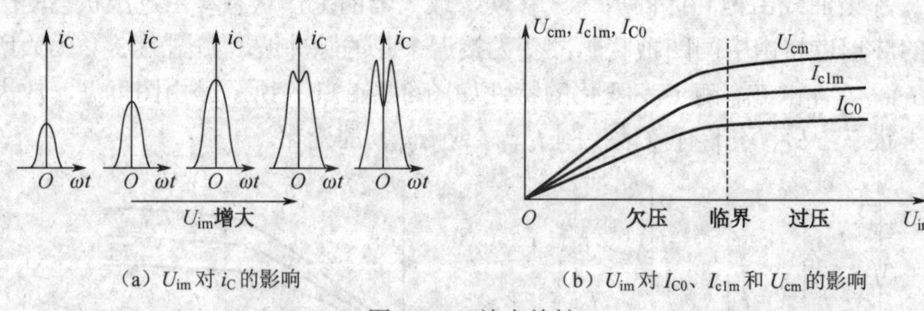

（a）U_{im} 对 i_C 的影响　　（b）U_{im} 对 I_{C0}、I_{c1m} 和 U_{cm} 的影响

图 3-3-6　放大特性

掌握谐振功率放大器的上述四个特性，对指导工程设计和实验调试都十分有用。例如，一个丙类工作的谐振功放，若其输出功率 P_o 和集电极效率 η_c 均不能达到设计的要求时，可以按如下方式进行调整：如果增大 R_e 能使放大器的输出功率增大，则可判断该放大器原先

工作在欠压区。在这种情况下，分别或同时增大 R_e、U_{im} 或 U_{BB}，都可以使放大器的工作状态由欠压进入临界，从而使 P_o 和 η_c 同时增大。如果增大 R_e 反而使放大器的输出功率减小，则可判断放大器原先工作在过压区。这时，增大 U_{CC}，即可达到增大 P_o 和 η_c 的目的。但必须注意，增大 U_{CC} 时应确保功放管的安全工作。

例 3.3.1　已知某高频功率放大器 U_{CC}=12V，R_e=100Ω，η_c=68.5%，P_o=500mW。为进一步提高效率，在保持 U_{CC}、R_e、P_o 不变的条件下，将 θ 减小到 60°，使放大器工作在临界状态。

（1）该放大器原来工作在什么状态？

（2）效率 η_c 提高到了多少？

（3）如何调整放大器才能使 θ 减小到 60°？

解（1）虽然减小 θ 但因为保持 U_{CC}、R_e、P_o 不变，所以由 $P_o=\dfrac{U_{cm}I_{c1m}}{2}=\dfrac{I_{c1m}^2R_e}{2}$ 知，U_{cm} 和 I_{c1m} 均不变。又由 $\xi=\dfrac{U_{cm}}{U_{CC}}$ 知，ξ 也不变。

因为 θ 减小且要保持 I_{c1m} 不变，由谐振功放的原理知，应该增大集电极脉冲电流的高度 i_{Cmax}，即应该增大激励信号瞬时电压的最大值 u_{BEmax}。

因减小导通角 θ 后工作于临界状态，故原来工作于欠压状态。

（2）由 $P_o=\dfrac{U_{cm}I_{c1m}}{2}=\dfrac{U_{cm}^2}{2R_e}$ 得 $U_{cm}=\sqrt{2P_oR_e}=\sqrt{2\times0.5\times110}=10.5\text{V}$，所以

$$\xi=\frac{U_{cm}}{U_{CC}}=\frac{10.5}{12}=0.875$$

当 θ=60° 时，由图 3-2-3 查得 g_1（60°）=1.8，所以

$$\eta_c(60^\circ)=\frac{1}{2}\xi g_1(60^\circ)=\frac{1}{2}\times0.875\times1.8=78.75\%$$

（3）调整前 $g_1(\theta)=\dfrac{2\eta_c}{\xi}=\dfrac{2\times0.685}{0.875}=1.57$，由图 3-2-3 查得 θ=90°。

根据 $\cos\theta=\dfrac{U_{BE(on)}-U_{BB}}{U_{im}}$ 知，当 θ=90° 时 $U_{BE(on)}=U_{BB}$。

所以，当 θ 减小、又要求 i_{Cmax} 增大时，需要减小 U_{BB}，同时增大激励信号的幅度 U_{im}。

3.4　丙类谐振功率放大器电路

谐振功率放大器电路包括基极馈电电路、集电极馈电电路和匹配网络。

3.4.1　基极馈电电路

基极馈电电路的作用是为功放管的基极提供适当的偏置电压，同时又不损失基极的高频电流或电压。基极馈电电路可分为串联馈电电路和并联馈电电路两种。在图 3-4-1（a）电路中，

输入信号 u_{i}、基极直流电源 U_{BB} 和晶体管相串联，称为串联馈电电路，常用于工作频率较低或信号带宽较宽的功率放大器。在图 3-4-1（b）电路中，u_{i}、U_{BB} 和晶体管相并联，称为并联馈电电路，常用于工作频率较高的功率放大器。图中，C_{B} 为高频旁路电容，L_{B} 为高频扼流圈。

要使放大器工作在丙类状态，晶体管基极应加反向偏压或加小于导通电压 $U_{\mathrm{BE(on)}}$ 的正向偏压。反向偏压常采用自给偏置的方法获得。

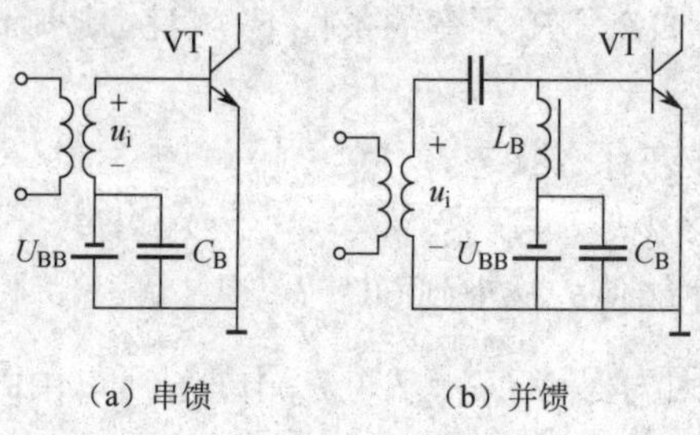

（a）串馈　　（b）并馈

图 3-4-1　基极馈电电路

图 3-4-2 所示为几种常见的自给偏置电路。图 3-4-2（a）所示电路是利用基极脉冲电流 i_{B} 的直流成分 I_{B0} 流经 R_{B} 来产生反向直流偏压的，为有效短路基波及各次谐波电流，C_{B} 的容量要大。图 3-4-2（b）所示电路是利用发射极脉冲电流 i_{E} 的直流成分 I_{E0} 流经 R_{E} 来产生反向直流偏压的，其优点是能够自动维持放大器的工作稳定。同理，C_{E} 的容量要大。图 3-4-2（c）所示电路是利用 I_{B0} 流经晶体管基区体电阻 $r_{\mathrm{bb'}}$ 来产生反向直流偏压的，由于 $r_{\mathrm{bb'}}$ 很小，所得到的 U_{BB} 也很小，且不够稳定，一般只在需要小的 U_{BB}（接近乙类工作）时才采用这种电路。应该注意，由自给偏压电路产生的自给直流偏压与静态偏置电压是不同的，上述电路的静态偏置电压均为零，但自给偏压为不同的负电压。自给偏压是随输入信号幅度的大小变化而变化的，这样有利于稳定输出电压。

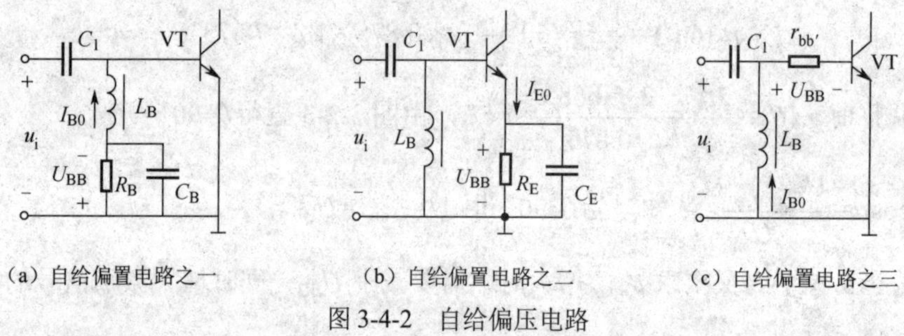

（a）自给偏置电路之一　　（b）自给偏置电路之二　　（c）自给偏置电路之三

图 3-4-2　自给偏压电路

3.4.2　集电极馈电电路

集电极馈电电路的作用是将电源提供的直流电压无损耗地加在功放管的集电极上。集电极馈电电路也分为串联馈电电路和并联馈电电路两种。在图 3-4-3（a）电路为串联馈电电路，图 3-4-3（b）电路为并联馈电电路。图中，C_{C1} 为高频旁路电容，C_{C2} 为隔直电容，L_{C} 为高频扼流圈。应该注意，串馈和并馈仅仅是电路的结构形式不同，对于电压关系，无论是串馈还是并馈，交流电压和直流电压总是串联叠加的，它们都满足 $u_{\mathrm{CE}}=U_{\mathrm{CC}}-U_{\mathrm{cm}}\cos\omega t$ 的关系。

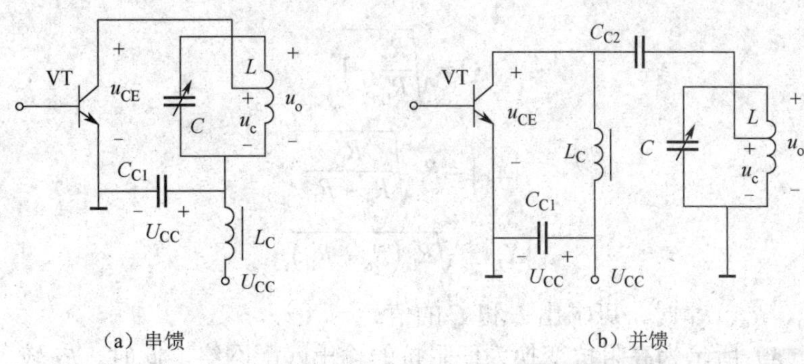

（a）串馈　　　　（b）并馈

图 3-4-3　集电极馈电电路

3.4.3　滤波匹配网络

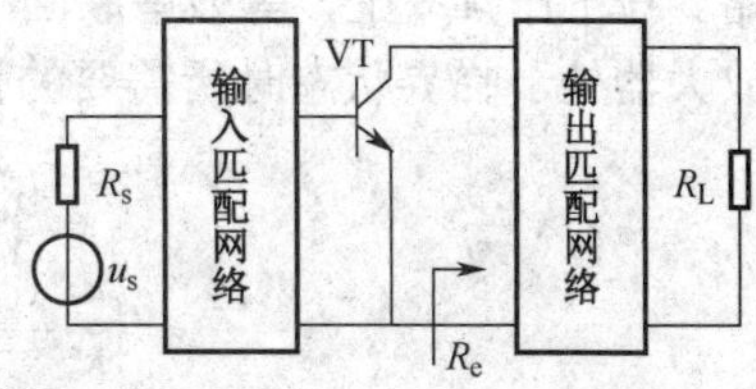

图 3-4-4　输入和输出滤波匹配网络的连接

滤波匹配网络就是谐振功率放大器输入和输出端所接的耦合电路，如图 3-4-4 所示，其作用有两个：一是进行阻抗变换，使各级放大器获得所需要的“最佳负载”；二是滤波选频。

输出匹配网络接在末级功放与发射天线或其他负载之间。由于末级负载（通常是发射天线）在正常情况下是不变的，故可以使其与集电极回路匹配，使末级工作于临界状态，以获得最大的功率输出。这时希望匹配网络的传输效率越高越好。

输入匹配网络接在功放级与激励级（或其他中间级）之间，故又称为级间耦合网络。对于输入匹配网络来说，负载是下一级放大器的输入阻抗，其值随激励信号的大小和管子工作状态的变化而变化，从而引起前级放大器工作状态发生变化。对于前级放大器，总是希望它工作在输出电压比较稳定的过压状态，此时它可等效为一个恒压源，其输出电压几乎不随负载变化。因此，为了减小后级对前级工作状态的影响，往往采用降低输入匹配网络传输效率的办法，故后级输入端的损耗功率相对来说不那么重要。

根据滤波匹配网络的电路结构，可分为 L 形滤波匹配网络、Π 形滤波匹配网络和 T 形滤波匹配网络。

1．L 形匹配网络

图 3-4-5（a）所示为低阻抗变换为高阻抗的输出匹配网络。R_L 为外接负载，且较小；C 为高频损耗很小的电容；L 为 Q 值很高的电感线圈。根据式（2-2-1），可将 L、R_L 串联电路用并联电路来等效，则可得如图 3-4-5（b）所示的等效网络。在工作频率上，等效并联回路发生谐振，此时，L 形匹配网络可把实际负载 R_L 变换为放大器处于临界状态时所需要的较大的谐振电阻 R_e，理论分析可以求得等效品质因数 Q、X_C、X_L 分别为

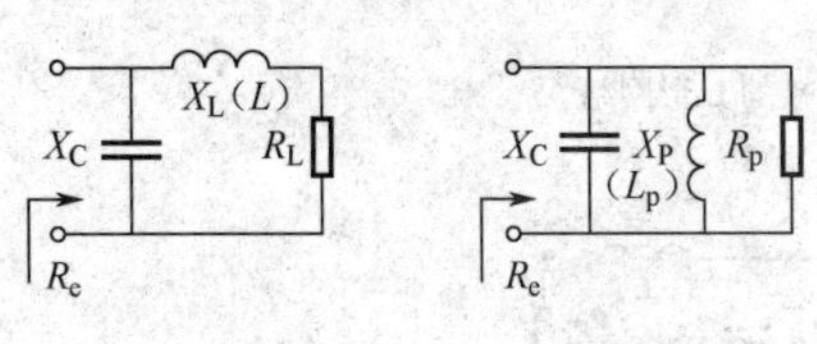

（a）L 形匹配网络　　（b）等效网络

图 3-4-5　低阻变高阻 L 形匹配网络

$$Q=\sqrt{\frac{R_e}{R_L}-1} \tag{3-4-1}$$

$$\left|X_C\right|=R_e\sqrt{\frac{R_L}{R_e-R_L}} \tag{3-4-2}$$

$$\left|X_L\right|=\sqrt{R_L\left(R_e-R_L\right)} \tag{3-4-3}$$

当已知ω_o、R_e、R_L时，可求出L和C的值。

图 3-4-6（a）所示为高阻抗变换为低阻抗的输出匹配网络。此时，R_L较大，R_e较小。根据式（2-2-3)，可将C、R_L并联电路用串联电路来等效，可得如图 3-4-6（b）所示的等效电路。在工作频率上，等效串联回路发生谐振，此时，L 形匹配网络可把实际负载R_L变换为放大器处于临界状态时所需要的较小的谐振电阻R_e，而等效品质因数Q、X_C、X_L分别为

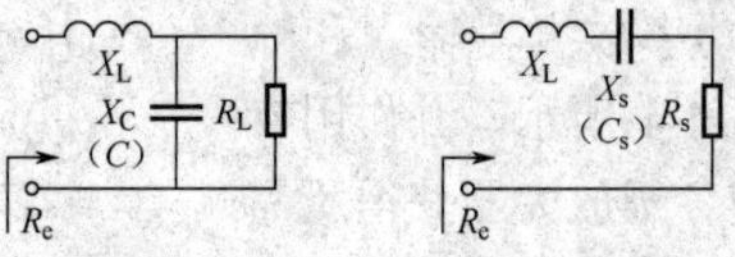

（a）L 形匹配网络　　（b）等效网络

图 3-4-6　高阻变低阻 L 形匹配网络

$$Q=\sqrt{\frac{R_L}{R_e}-1} \tag{3-4-4}$$

$$\left|X_C\right|=R_L\sqrt{\frac{R_e}{R_L-R_e}} \tag{3-4-5}$$

$$\left|X_L\right|=\sqrt{R_e\left(R_L-R_e\right)} \tag{3-4-6}$$

2．Π 形和 T 形匹配网络

图 3-4-7（a）所示为Π形匹配网络的一种形式，它可以分解成为两个串接的 L 形网络，如图 3-4-7（b）所示。图 3-4-8（a）所示为 T 形匹配网络的一种形式，它可以分解成为两个串接的 L 形网络，如图 3-4-8（b）所示。其阻抗变换关系可查阅相关资料。

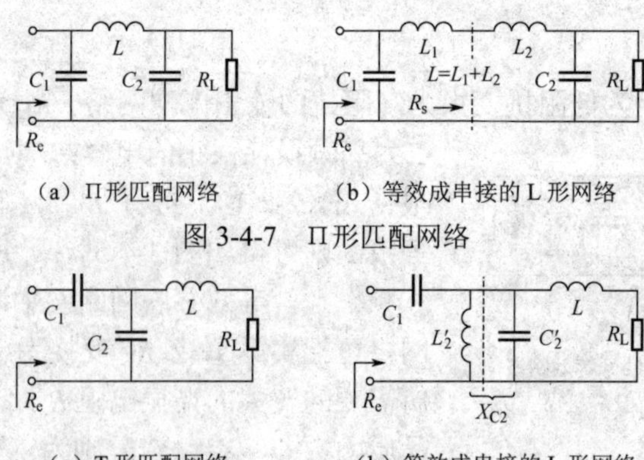

（a）Π形匹配网络　　（b）等效成串接的 L 形网络

图 3-4-7　Π形匹配网络

（a）T 形匹配网络　　（b）等效成串接的 L 形网络

图 3-4-8　T 形匹配网络

3.4.4 谐振功率放大器电路应用举例

图 3-4-9 所示是工作频率为 50MHz 的谐振功率放大电路，它向 50Ω 的外接负载提供 70W 的功率，功率增益达 11dB。电路中，基极采用自给偏置电路，由高频扼流圈 L_B 中的直流电阻和功率管基区体电阻产生很小的负偏压。C_1、C_2、C_3 和 L_1 组成 T 形和 L 形两级输入滤波匹配网络，调节 C_1 和 C_2 使功率管的输入阻抗在工作频率上变换为前级要求的 50Ω 匹配电阻。

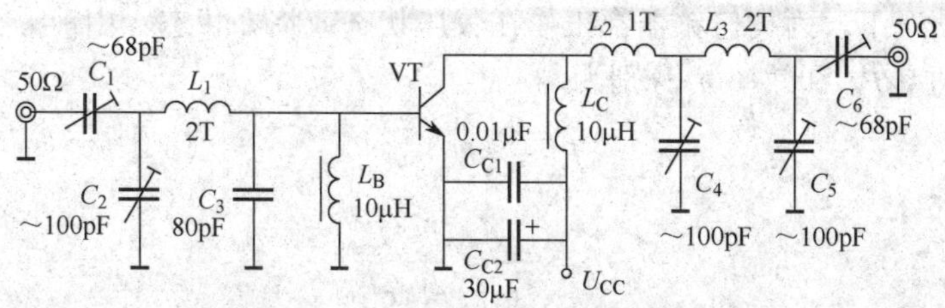

图 3-4-9　50MHz 谐振功率放大电路

集电极电路采用并馈电路，L_C 为高频扼流圈，C_{C1} 和 C_{C2} 为电源滤波电容，C_4、C_5、C_6、L_2 和 L_3 组成 L 形和 T 形两级输出滤波匹配网络，调节 C_4、C_5 和 C_6 使 50Ω 外接负载在工作频率上变换为功放管所要求的匹配电阻。

图 3-4-10 所示是工作频率为 150MHz 的谐振功率放大电路，它向 50Ω 的外接负载提供 3W 的功率，功率增益达 10dB。电路中，基极采用由 R_B 产生负偏压的自给偏置电路，L_B 为高频扼流圈，C_B 为滤波电容。C_1、C_2、C_3 和 L_1 组成 T 形输入滤波匹配网络。集电极电路采用串馈电路，L_C 和 R_C、C_{C1}、C_{C2} 和 C_{C3} 组成电源滤波网络。输出端 C_4～C_8 和 L_2～L_5 组成 Π 形和 L 形三级输出滤波匹配网络。

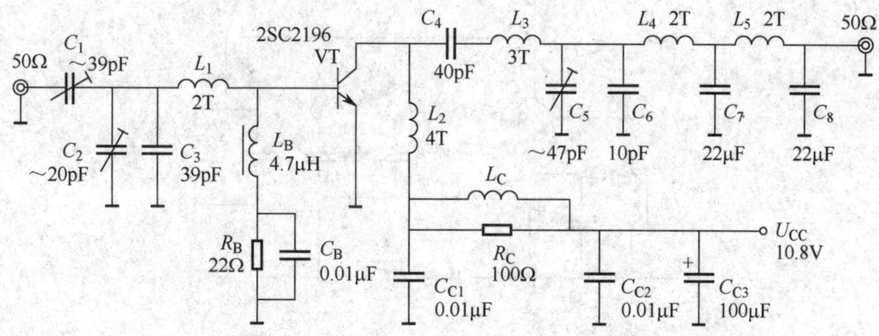

图 3-4-10　150MHz 谐振功率放大电路

3.5 倍频器

输出信号的频率为输入信号频率 n（n 为正整数）倍的电路称为倍频器。倍频器按其工作原理可分为两大类：一类是工作于丙类的谐振功率放大器，称为丙类倍频器，主要用于工作频率低于 100MHz 的场合；另一类是利用 PN 结电容的非线性变化来实现倍频作用的，称为参量倍频器，主要用于工作频率高于 100MHz 的场合。不论哪种倍频器，它们都是利用器件的非线性对输入信号进行非线性变换，再从谐振系统中取出 n 次谐波分量而实现倍频作用的。采用倍频器可以降低主振荡器的频率，这有利于稳频；应用倍频器还可以在不扩展主振荡器波段的情况下，扩展发射机的波段。下面主要介绍丙类倍频器的工作原理。

由谐振功率放大器的分析可知，谐振功率放大器工作在丙类时，晶体管集电极电流脉冲中含有基波和各次谐波分量，如果把集电极谐振回路调谐在二次或三次谐波频率上，这时放大器就只有二次谐波电压或三次谐波电压输出，谐振功率放大器就成为二次或三次倍频器。在一般情况下，丙类倍频器都工作在欠压状态或临界状态。由前面分析可知，n 次倍频器的输出功率 P_{on} 和效率 η_n 分别为

$$P_{on}=\frac{1}{2}U_{cnm}I_{cnm} \tag{3-5-1}$$

$$\eta_n=\frac{P_{on}}{P_D}=\frac{U_{cnm}I_{cnm}}{2V_{CC}I_{c0}} \tag{3-5-2}$$

由于 I_{cnm} 总是小于 I_{c1m}，所以 n 次倍频器的输出功率和效率总是低于基波放大器，并且 n 越大，相应的谐波分量幅度就越小，P_{on} 和 η_n 降低就越多。另外，考虑到输出回路需要滤除高于和低于 n 的各次谐波分量，其中低于 n 的各次谐波分量的幅度比有用分量的大，要将它们滤除较为困难。显然，倍频次数越高，就会因其对输出回路的要求越高而难以实现，所以一般单级丙类倍频器取 $n=2\sim3$。若要提高倍频次数，可将倍频器级联起来使用。

当 $n>2$ 时，为了有效抑制低于 n 的各次谐波分量，实际丙类倍频器输出回路常采用陷波电路。图 3-5-1 所示为三倍频器，其输出回路 L_3C_3 为并联回路调谐在三次谐波频率上，可获得三倍频输出电压，而串联谐振回路 L_1C_1、L_2C_2 与并联回路 L_3C_3 相并联，它们分别调谐在基波和二次谐波频率上，从而可以有效地抑制它们的输出，故 L_1C_1 和 L_2C_2 回路称为串联陷波电路。

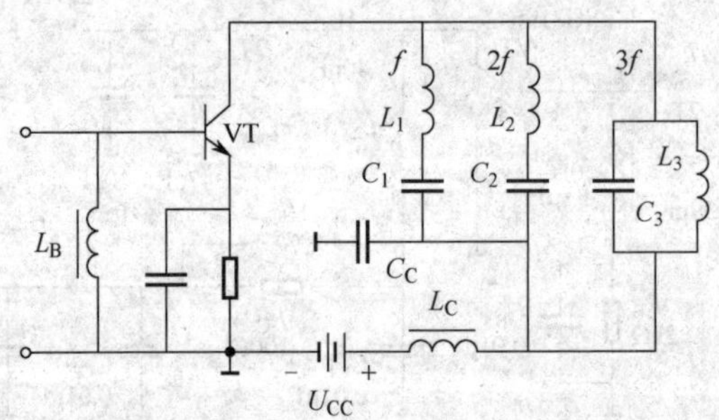

图 3-5-1　带有陷波电路的三倍频器

3.6　高频功率放大器的调谐与调整

高频功率放大器在设计、安装之后，还必须进行调谐和调整，才能获得预期的性能要求。调谐是把负载回路调到谐振状态；调整则是把已调谐的放大器负载阻抗调到预期的数

值，使放大器工作在要求的状态，以获得所需要的输出功率和效率。因此，首先是对放大器进行调谐，然后在调谐的基础上再对放大器的工作状态进行调整。

下面以图 3-6-1 所示电路为例说明调谐、调整的原理及步骤。图中的输出匹配网络采用的是双调谐耦合回路。它的初级回路（又称中介回路）由 L_1、C_1 组成，次级回路（又称天线回路）由 L_2、C_2 及天线组成。初、次级回路通过互感 M 耦合。I_{C0} 是用来测量集电极平均电流的直流电流表，I_A 是测量天线回路电流的高频电流表。测量电表的接入必须注意接在高频“地”电位，以避免电表的分布电容影响放大器的正常工作。另外为了尽量避免高频电流通过直流电表，应在直流电表上并联一个旁路电容。

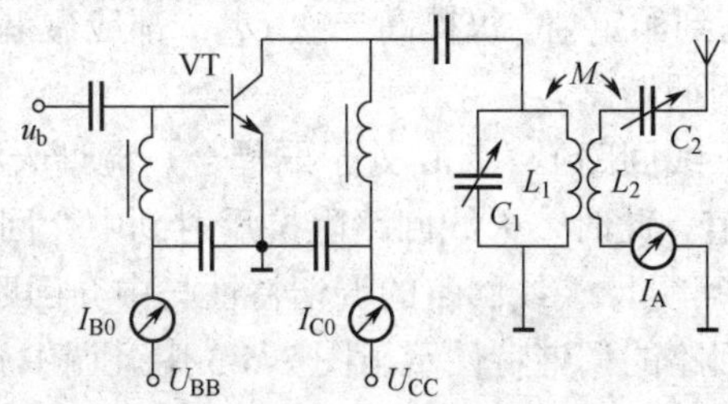

图 3-6-1　高频谐振功率放大器的调谐和调整

1．调谐

高频功率放大器的负载回路是否谐振，对放大器的工作状态和性能有很大的影响。因为回路谐振时阻抗最大，且呈纯阻性；失谐时，阻抗将减小，并且有电抗分量出现。由前述放大器的负载特性可知，失谐后，由于负载阻抗的变化，将导致放大器的工作状态发生变化。而且，由于回路失谐后电抗分量的出现，将引起回路电压的移相，使 u_{CEmin} 和 u_{BEmax} 不在同一时刻出现，如图 3-6-2 所示。由于集电极电流 i_C 主要受基极电压的控制，因此 i_C 脉冲的位置仍决定于 u_{BEmax} 的位置。

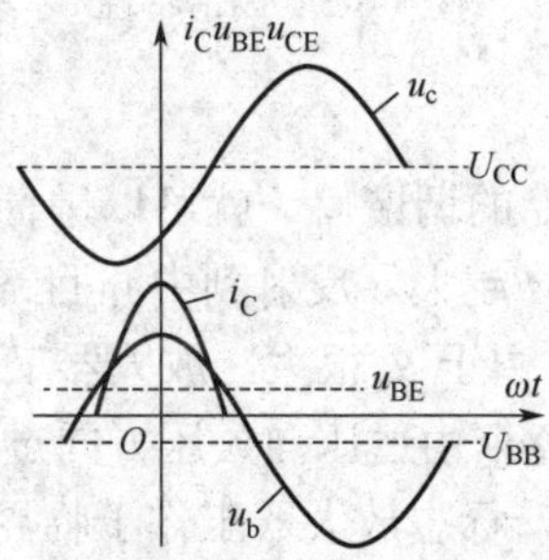

图 3-6-2　谐振功率放大器失谐时的电压波形

由图可见，在 i_C 达到 i_{Cmax} 的瞬间，集电极电压 u_{CE} 比谐振时高，这会导致集电极耗散功率上升，输出功率下降，集电极效率降低。而且失谐量越大，这种变化越剧烈，严重时甚至烧毁管子。由此可见，要想使高频功率放大器安全而有效地工作，负载回路必须谐振于工作频率。

下面介绍调谐的具体方法和步骤。在开始调谐之前，为确保放大器的安全，应做如下准备工作：

（1）适当减弱与前级的耦合、使激励信号电压 u_i 小一些，以免在失谐严重时由于 P_C 过大而烧毁晶体管。

（2）减弱负载（天线）回路与中介回路的耦合，最好是先断开负载回路。目的是使中介回路的 Q_e 值尽可能高，以取得尖锐的谐振曲线，从而得到准确的调谐。

做好上述准备后，即可按下列步骤进行调谐：

（1）接入集电极电源 U_{CC}。为了避免在集电极负载回路未调到谐振状态时 I_{C0} 过大，管子受损，初调时可只加 U_{CC} 额定值的 1/2～1/3。

（2）U_{CC} 接通后，立刻就有 I_{C0} 出现。此时应迅速调谐 C_1，观察 I_{C0}，使 I_{C0} 的读数达最小值。然后将 U_{CC} 逐步升高到额定值。每提高一次 U_{CC}，都应微调 C_1，使 I_{C0} 始终在最小值。到此，即完成了中介回路的调谐。

（3）调谐负载回路（天线回路）。使 M 处于弱耦合，调谐天线回路电容 C_2。当天线回路谐振时，I_A 应达到最大值。此时，天线回路阻抗反射到中介回路，使中介回路的等效阻抗下降，因而使 I_{C0} 上升。可见，天线回路的调谐特性与中介回路的调谐特性是不一样的，为了避免混淆，将这两个回路的调谐特性示于图 3-6-3 中。调中介回路时，永远保持 I_{C0} 最小，调天线回路时，应使 I_{C0} 达到最大。

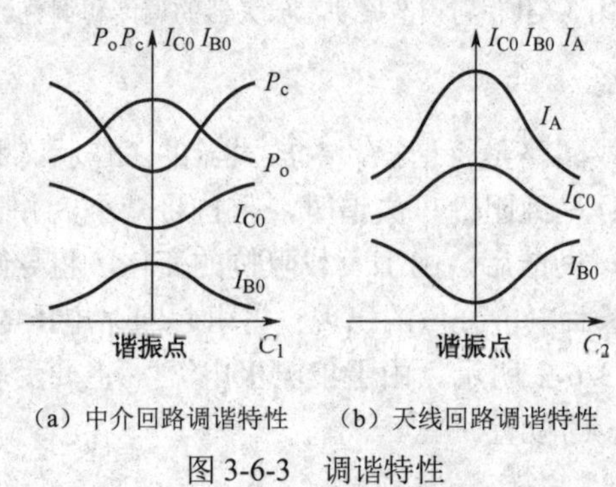

（a）中介回路调谐特性　（b）天线回路调谐特性

图 3-6-3　调谐特性

2．**调整**

在完成了中介回路和天线回路的调谐后，就可以进行工作状态的调整了。其方法是逐步改变两个回路之间的互感 M，M 越大，反射到中介回路的电阻越大，中介回路的谐振阻抗 R_e 越小。这样，当 M 很小时，由于 R_e 很大，放大器工作在过压状态。随着 M 的增大，R_e 逐渐下降，放大器的工作状态逐渐由过压向欠压方向过渡，相应的 I_A 和 I_{C0} 也逐渐上升。当 I_A 达到最大时，输出功率最大，标志放大器工作于临界状态。

3.7　功率管的安全使用

在功率放大电路中，功率管是关键器件。因此，首先要正确选择功率管并保证它们安全工作。以双极型功率晶体管为例，它的安全工作区受到三个极限参数限定：集电极最大允许管耗 P_{CM}，集电极击穿电压 $U_{(BR)CEO}$ 和集电极最大允许电流 I_{CM}。它们的大小均与功率管的结构、工艺参数、封装形式有关。为了充分发挥管子的作用，功率管经常在接近极限参数的条件下工作。由于设计或使用不当，或工作条件变化，很容易使工作状态超过极限参数，甚至导致功率管损坏。所以在功率放大电路中如何保证功率管的安全工作是一个重要问题。

由于功率管工作在大信号、高电压、大电流条件下，其损坏原因不外乎是过热、过压和过流。

1．功率管的散热

功率放大电路在给负载输送功率的同时，功率管本身也要消耗一部分功率，并转化为热量。当管子产生的热量不能及时地散发出去，温度超过手册所规定的容许值 T_{jM}（锗管为 70～100℃，硅管为 150～200℃）时，就会使管子损伤，缩短管子的寿命，甚至将管子烧毁。功率管的 P_{CM} 还与散热条件密切相关，散热条件好，P_{CM} 就大。为了改善散热条件，提高 P_{CM}，大功率管一般都外装散热器。

发生过热有两种情况：一是管子的散热不合理或使用不当（如环境温度过高），因而使功率管温度过高。正常工作时，晶体管的集电结处于反偏，其电阻比正偏的发射结大得多，所以，管子所耗散的功率主要是在集电结上转换成热量，使集电结和整个管子的温度上升。只要合理设计并注意工作条件，就可以避免这种过热情况的发生。将功率管装在散热片上，是保证管子安全工作的常用方法。为了提高散热片的热辐射功率，常把散热片表面经氧化处理后呈黑色，同时应尽量增大功率管和散热片的接触面积，提高接触面的光洁度，使它们紧密接触。

另一种过热是由热不稳定性造成的。如果在设计功放电路时考虑欠周，当温度上升时将引起集电极电流增大，管耗也增大。这将导致温度进一步升高，集电极电流进一步增大。这种温度与电流互相影响、循环增长的结果，有可能导致管子发生热击穿。防止热击穿的常见方法是采用稳定工作点的电路，同时在满足所需输出功率的前提下，尽量采用低电压电源。因为在同样大的电流增量下，电源电压低则管耗增量小，有利于防止热击穿。

2．二次击穿

要保证功率管安全工作，除满足由 P_{CM}、I_{CM} 和 $U_{(BR)CEO}$ 所规定的安全工作条件外，还必须要求不发生二次击穿。

对于集电极电压超过 $U_{(BR)CEO}$ 而引起的击穿，只要外电路限制击穿后的电流，管子就不会损坏，待集电极电压减小到小于 $U_{(BR)CEO}$ 后，管子也就恢复到正常工作，因此这种击穿是可逆的，不是破坏性的。如果上述击穿后，电流不加限制。就会出现集电极电压迅速减小，集电极电流迅速增大的现象，通常将这种现象称为二次击穿。

产生二次击穿的原因主要是管内结面不均匀、晶格缺陷等。发生二次击穿的过程是：结面某些薄弱点上电流密度增大，引起这些局部点的温度升高，从而使局部点上电流密度更大，温度更高，如此反复作用，最后导致过热点的晶体熔化，相应在集射极间形成低阻通道，导致 u_{CE} 下降，i_C 剧增，结果是功率管尚未发烫就已损坏。因此二次击穿是不可逆的，是破坏性的。可见，二次击穿是在高压低电流时发生的，相应的功率称为二次击穿耐量，

用 P_{SB} 表示。

考虑二次击穿耐量，功率管的安全工作区将由四个极限量限定，如图 3-7-1 所示。需要指出，如前所述，P_{CM} 由最高集电结结温决定，由于热惰性，结温取决于平均管耗 P_{CM}，因此实际使用时可以允许瞬时管耗大于 P_{CM}。而二次击穿耐量由过热点温度决定，过热点面积小，其温度将受瞬时功耗变化，因此，要避免二次击穿。功率管的动态点必须受到 P_{SB} 极限线的限制。

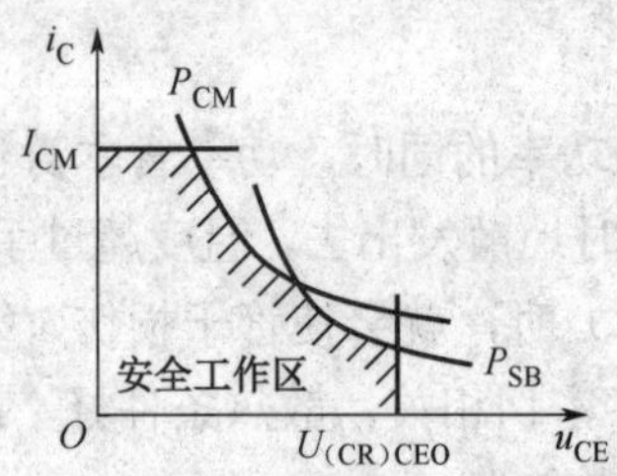

图 3-7-1　功率管安全工作区

3．过压和过流保护电路

为了保证功率管安全工作，应采取下列措施：

（1）在选择功率管时，耐压和功率都应留有适当的余量；

（2）不宜选 β 值太高的管子；

（3）改善散热条件，减小电源波动；

（4）避免负载开路或短路，不突然加强信号或使信号过大。

（5）增加保护电路。由于实际工作情况比较复杂，即使采取了上述措施仍很难保证不出意外情况，所以必要时还要在设备中加入保护电路，进一步起保护作用。

3.8　技能训练——丙类功率放大器

1．训练目的

（1）理解丙类功率放大器的基本工作原理。

（2）掌握丙类功率放大器的调谐特性。

（3）掌握输入激励电压，集电极电源电压及负载变化对放大器工作状态的影响。

2．训练内容

（1）测试负载变化时三种状态（欠压、临界、过压）的余弦电流波形。

（2）观察激励电压、集电极电压变化时余弦电流脉冲的变化过程。

（3）用示波器观察平衡调幅波（抑制载波的双边带波形 DSB）波形。

（4）用示波器观察调制信号为方波、三角波的调幅波。

3．训练器材

（1）③号实验板："丙类功率放大电路"

（2）⑥号实验板："元件库"

（3）双踪示波器

（4）高频信号源

4．实验电路

高频功率放大器实验电路如图 3-8-1 所示，该实验模块包含了丙类高频功率放大器实验和基极调幅实验。本节仅进行丙类功率放大器实验。

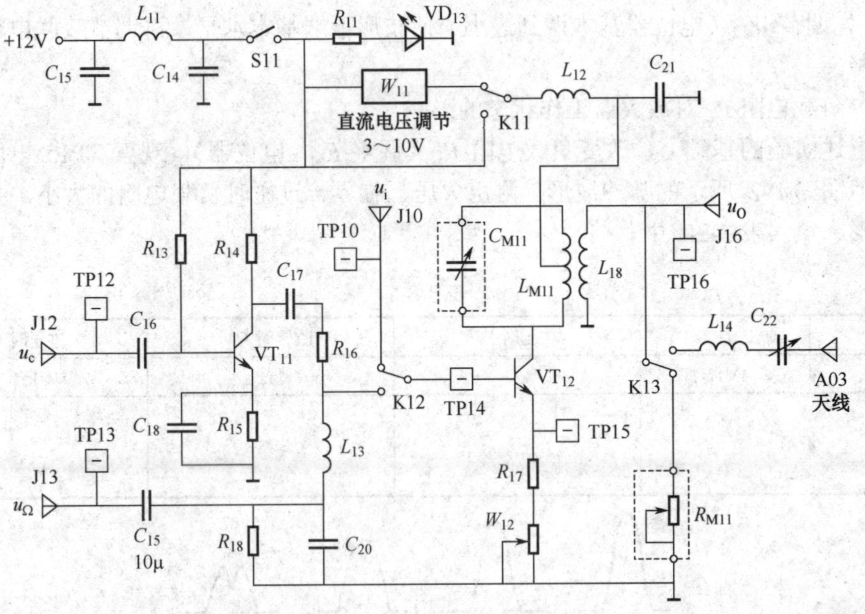

图 3-8-1　丙类功率放大电路

电路由两级放大器组成。晶体管 VT_{11} 是前置放大级，工作在甲类状态，以适应较小的输入信号电平。TP12、TP14 为该级输入、输出测量点。该级负载为电阻，对输入信号没有滤波和调谐作用。晶体管 VT_{12} 为丙类高频功率放大电路，其基极偏置电压为零，通过发射极上的电压构成反向偏压。因此，只有在输入信号的正半周且幅度足够大时才能使功率管导通。其集电极负载为 LC 谐振回路（C_{M11}、L_{M11}），谐振在输入信号频率上，以选出基波，因此可获得较大的功率输出。

当进行高频功率放大器实验时，输入信号频率和谐振回路的谐振频率选择 4MHz（频率较低时测量效果较好），可用于测量三种状态（欠压、临界、过压）下的电流脉冲波形。输入信号由 TP12 加入，经前置放大后加到 VT_{12} 的基极；若输入信号的幅度足够大，也可直接由 TP10 加到 VT_{12} 的基极。K13 控制负载电阻的接通与否，电位器 R_{M11} 用来改变负载电阻的大小。TP16 为功放集电极测试点。TP15 为发射极测试点，可在该点测量电流脉冲波形。

当进行基极调幅实验时，载波信号频率和谐振回路的谐振频率选择 10.7MHz。音频信号由 J13 加入，载波信号由 TP12 加入，由 VT_{12} 组成的高功放进行基极调幅。

5．实验步骤

（1）实验准备

① K11 接 12V 直流电源。K12 接 TP10，把“元件库”板中的双联电容元件插入到“C_{M11}”位置上。K13 接 R_{M11}，把“元件库”板中的电位器元件调节为 10kΩ，插入到“R_{M11}”处。按下实验板上“S11”开关，点亮 VD_{13} 上电成功。

② 用高频信号源产生频率为 4MHz、峰峰值为 3V、偏移为–200mV 的正弦波，由 TP10 加入。示波器接于 TP15 处。

③ 先调节 W_{12}（电位器基本调到最小）使波形下端基本水平，再调节双联电容使波形出现双峰。

（2）负载电阻 R_L 对放大器工作状态的影响

在上述实验的基础上，改变负载电阻 R_L（调整 R_{M11} 电位器），观察 TP15 电压波形，应有类似图 3-8-2 所示的脉冲波形。测出欠压、临界、过压时负载电阻的大小，并记录相应的波形，填入表 3-8-1 中。

表 3-8-1

U_{im}	f_0	欠压时 R_L	临界时 R_L	过压时 R_L
1.5V	4MHz	kΩ	kΩ	kΩ
波形				

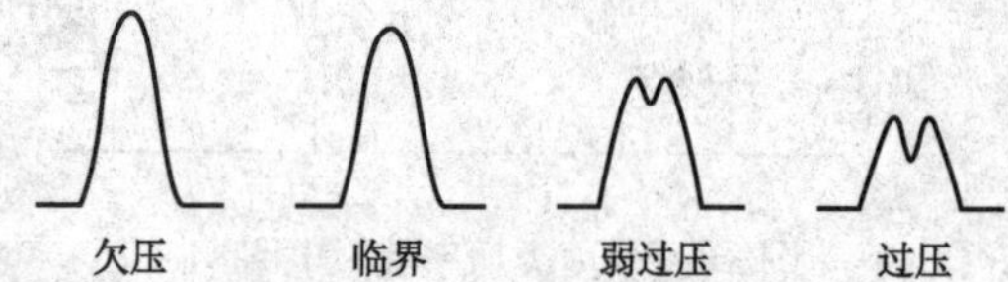

图 3-8-2　负载电阻不同时三种状态下的电流脉冲波形

（3）激励电压 U_{im} 对放大器工作状态的影响

调整负载电阻 R_L 使放大器工作在临界状态。改变信号源幅度，即改变激励电压幅度 U_{im}，观察 TP15 电压波形，应有类似图 3-8-3 所示的脉冲波形。记录欠压、临界、过压时的 U_{im}，并记录相应的波形，填入表 3-8-2 中。

表 3-8-2

f_0	欠压时 U_{im}	临界时 U_{im}	过压时 U_{im}
4MHz	V	V	V
波形			

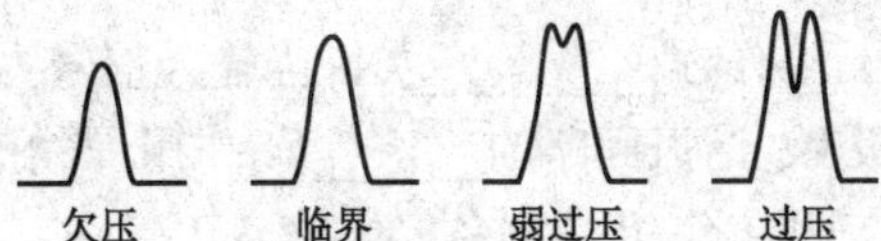

图 3-8-3　激励信号电压不同时三种状态下的电流脉冲波形

（4）电源电压 U_{CC} 对放大器工作状态的影响

调整激励电压幅度 U_{im} 使放大器工作在临界状态。K11 接可调直流电源。调整直流电源电压 U_{CC}（调整 W_{11} 电位器），观察 TP15 电压波形，应有类似图 3-8-2 所示的脉冲波形。记录欠压、临界、过压时的 U_{CC}，并记录相应的波形，填入表 3-8-3 中。

表 3-8-3

f_0	欠压时 U_{CC}	临界时 U_{CC}	过压时 U_{CC}
4MHz	V	V	V
波形			

6．实验报告要求

（1）整理实验数据，绘制记录的波形。

（2）对实验参数和波形进行分析，说明输入激励电压、集电极电源电压，负载电阻对放大器工作状态的影响。

（3）总结由本实验所获得的体会。

本 章 小 结

高频功率放大器工作于丙类状态，以调谐回路为负载。利用高功放的负载特性、调制特性、放大特性可以组成各种不同应用电路。高功放电路的馈电、匹配电路十分重要，实际应用时要注意电路的调谐与调整。

功率器件的安全应用是非常重要的问题，要注意选择合适的功率器件，在实际使用中尤其要注意散热和二次击穿的问题。

练习与提高（三）

3-1　填空题

1．丙类高频功率放大器的最佳工作状态是________状态，这种工作状态的特点是输出功率________、效率________。该电路中的谐振回路谐振时，等效阻抗呈________性质，其作用为________和________。

2．谐振功率放大器通常工作在________类，当输入信号为余弦波时，其集电极电流为________波，由于集电极 LC 谐振回路的________作用，输出电压为________余弦波。

3．谐振功率放大器的三种工作状态为________、________、________。

4．谐振功率放大器的集电极调制特性是指保持________、________、________一定，放大器的性能随________变化的特性，此时放大器通常工作在________状态。

5．某丙类功率放大器工作于过压状态，在电源电压 U_{CC} 和负载电阻 R_L 不变的条件下，欲将其调整到临界状态，可以采取的措施有________，________。

6．利用高频功率放大器进行基极调幅时，放大器应工作在________状态。

7．对高频功率放大器馈电电路的要求之一是：馈电电路不能损耗______信号的能量。

8．对高频功率放大器馈电电路的要求之一是：直流________要无损耗地加在功放管的电极上。

3-2 判断题

1．高频功率放大器主要关心的技术指标是功率增益，对效率没有特殊要求。

2．工作在丙类的高频功率放大器因导通时间小于半个周期，所以效率一定很高。

3．在丙类高频功率放大器中，当电源电压和输入信号电压固定时，随着谐振回路等效电阻 R_e 由小到大，工作状态将由欠压过渡到过压。

4．利用高频功率放大器进行基极调幅时，放大器应工作在欠压状态。

5．某倍频器输入信号的频率为 1.07MHz，为获得 10.7MHz 的信号，可将倍频器输出谐振回路调谐在输入信号频率的 10 次倍频上。

6．高频功率放大器的调谐是指把负载回路调到最佳负载状态。

7．在对高频功率放大器进行调试时，应该先调谐、后调整。

8．高频功率放大器工作时，只要功率管不烫，说明功率管没有损坏。

3-3 单选题

1．丙类谐振功率放大器的输出功率是指（　　）。

A．输出信号的总功率　　B．直流信号的输出功率
C．基波的输出功率　　D．二次谐波的输出功率

2．丙类谐振功率放大器的输出功率为 6W，当集电极效率为 60%时，晶体管的集电极损耗为（　　）W。

A．3.6　　B．4　　C．6　　D．10

3．丁类谐振功率放大器的功放管工作在（　　）状态。

A．开关　　B．全周期导通　　C．半周期导通　　D．小于半周期导通

4．根据功放管在信号一个周期导通时间的长短，可将其工作状态分为（　　）。

A．放大、饱和和截止　　B．甲类、乙类和丙类
C．欠压、临界和过压　　D．线性、非线性和线性时变

5．丙类高频功率放大器与甲乙类低频功率放大器相比，在输出功率相同的条件下，效率可能会（　　）。

A．不同　　B．相同　　C．提高　　D．降低

6．丙类谐振功放效率高是因为（　　）。

A．谐振回路作负载　　B．解决了失真问题

C．管子导通时间短　　D．高频工作

7．已知某高频功率放大器工作在过压状态，欲将其调整到临界状态，可以采取的措施有（　　）。

A．增大负载电阻 R_L　　B．增大基极偏置电压 U_{BB}

C．增大集电极偏置电压 U_{CC}　　D．增大激励信号的振幅 U_{bm}

8．根据谐振功放的负载调制特性，当 R_e 减小时功放从临界状态向欠压状态变化，则（　　）。

A．P_o、η_c 均增大　　B．P_o 增大，η_c 减小

C．P_o 减小，η_c 增大　　D．P_o、η_c 均减小

9．在二倍频器中，应使输出谐振回路调谐在输入信号频率的（　　）次倍频上。

A．1；　　B．2；　　C．3；　　D．4

10．谐振功率放大器工作于欠压区，若基极电源 U_{CC} 中混入 50Hz 市电干扰，当输入为等幅正弦波时，其输出电压将成为（　　）。

A．调频波　　B．等幅正弦波　　C．50Hz 正弦波　　D．调幅波

3-4　分析计算题

1．高频功率放大器如图 T3-1 所示。已知 U_{CC}=30V，P_o=9W。

（1）当 η_c＝60%时，试计算 P_C 和 I_{C0}。

（2）说明基极馈电电路和集电极馈电电路的类型。

（3）说明 L_B 和 L_2 、C_3 、C_4 的作用。

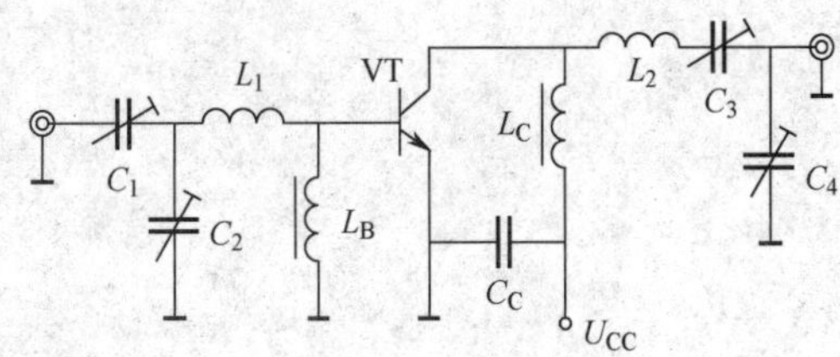

图 T3-1

2．已知某谐振功率放大器的集电极电流脉冲高度 i_{Cmax}=100mA，当导通角 θ 分别为 70°和 120°时，试求集电极电流的直流分量 I_{C0} 和基波分量 I_{c1m}；若集电极电压利用系数 ξ =0.95，效率分别为多少？

3．已知某谐振功率放大器的 U_{CC}＝24V，I_{C0}＝250mA，P_o=5W，ξ =0.9。试求该放大器的 P_D、P_C、η_c、I_{c1m}、i_{Cmax} 和 θ。

4．已知某谐振功率放大器的 U_{CC}=30V，测得 I_{C0}＝100mA，U_{cm}=28V，θ=70°。试求该放大器的谐振电阻 R_e、输出功率 P_o 和效率 η_c。

5．谐振功放设计工作在临界状态，经测试输出功率 P_o 仅为设计值的 60%，而 I_{C0} 却略大于设计值。若是负载变化引起的，试问：

（1）试指出功放的工作状态？

（2）分析产生这种现象的原因。

第 4 章　正弦波振荡器

内容提要：振荡器是一种能自动产生某种交流波形的电路，本质上是一种能将直流电源能量转换为交流振荡信号能量的换能器。本章先介绍正弦波振荡器的工作原理、工作条件；进而介绍 RC 振荡器、LC 三点式振荡器、晶体振荡器的特点和应用。

学习目标

1．知识目标

（1）了解正弦波振荡器的组成。

（2）了解 RC 正弦波振荡器的特点。

（3）熟悉三点式振荡器的组成法则。

（4）熟悉电容三点式和电感三点式振荡器的特性。

（5）了解克拉泼振荡器、西勒振荡器的特点。

（6）了解石英晶体振荡器的组成和特性。

2．能力目标

（1）能读懂各类振荡器原理图，知道各元器件的作用。

（2）能熟练运用示波器、信号发生器等仪器。

（3）能完成振荡电路的调整与检测。

3．职业目标

（1）具有敬业精神，培养认真的学习态度和科学的学习方法。

（2）具有职业道德，培养严谨的工作作风，遵守纪律和安全操作规范。

（3）具有团队精神，培养相互配合、协同合作的能力，建立良好的人际关系。

（4）具有创新意识，培养发现问题和解决问题的能力。

4.1　概　　述

振荡器是一种能自动地将直流电源能量转换为一定波形的交变信号能量的转换电路。它与放大器的区别在于，无需外加激励信号，就能产生具有一定频率、一定波形和一定振幅的交流信号。

根据所产生的波形不同，可将振荡器分成正弦波振荡器和非正弦波振荡器两大类。前者能产生正弦波，后者能产生矩形波、三角波、锯齿波等。本章仅介绍正弦波振荡器。

正弦波振荡器广泛应用于各类电子设备。例如，无线通信、广播、电视等设备中用于产生所需的载波和本地振荡信号，在电子测量和自动控制系统中用于产生基准信号。

正弦波振荡器可分为两大类：一类是利用正反馈原理构成的反馈型振荡器，它是目前应用最多的一类振荡器；另一类是负阻振荡器，它将负阻器件直接接到谐振回路中，利用负阻器件的负电阻效应去抵消回路中的损耗，从而产生等幅的自由振荡，这类振荡器主要工作在微波频段，本书不做介绍。正弦波振荡器的主要性能指标是频率稳定度。具有较高频率稳定度的晶体振荡器应用最为广泛。

4.2 正弦波振荡器的基本概念与原理

4.2.1 工作原理

反馈型正弦波振荡器是利用正反馈来产生振荡的。反馈放大器的组成原理如图 4-2-1（a）所示，图中 A 为基本放大器的增益，F 为反馈网络的反馈系数，x_i、x_{id}、x_o 和 x_f 分别为输入信号、基本放大器的净输入信号、输出信号和反馈信号，⊕为比较环节。根据反馈放大器的概念，有：$A=x_o/x_{id}$，$F=x_f/x_o$。

当 $x_{id}=x_i-x_f<x_i$ 时，为负反馈。

当 $x_{id}=x_i+x_f>x_i$ 时，为正反馈。此时输出信号为

$$x_o=Ax_{id}=A（x_i+x_f）=Ax_i+AFx_o$$

当 $AFx_o\geqslant x_o$ 时，即使 $x_i=0$，即无输入信号时，电路中也有输出信号存在，此时电路产生了自激振荡，由放大器变为自激振荡器。

利用正反馈来获得等幅的正弦振荡，就是反馈振荡器的基本原理。反馈振荡器是由基本放大器和反馈网络组成的一个闭合环路，如图 4-2-1（b）所示。其中，反馈网络一般由无源器件组成。

综上所述，正弦波振荡器之所以能产生自激振荡，是因为电路在一定的条件下能用反馈信号去代替输入信号。如果缺乏必要的条件，反馈信号和输入信号之间就不能维持平衡地相互转换，也就不能产生和维持自激振荡。

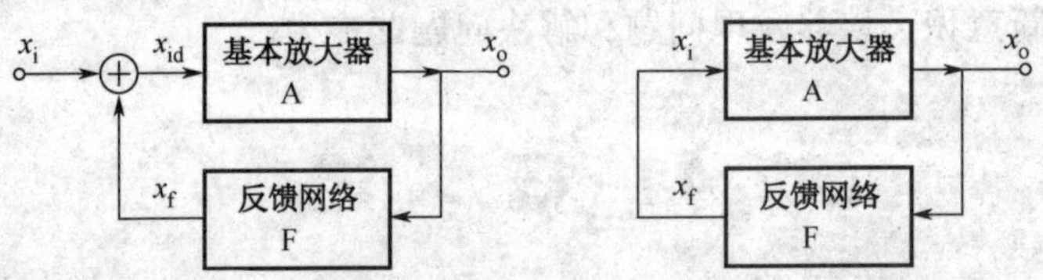

（a）反馈放大器的组成原理框图　　（b）反馈振荡器的组成原理框图

图 4-2-1　反馈放大器与反馈振荡器组成原理

4.2.2　振荡条件

1. 起振过程和起振条件

在实际应用中，当振荡器上电后即产生输出，那么初始的激励是从哪里来的呢？

在刚接通电源的瞬间，振荡器电路中没有振荡信号。但是通电后，电路中存在各种电扰动，都是起振的原始信号源。这些扰动一般很微弱，需要放大器对扰动中相应频率的信号放大，再由正反馈电路反馈到放大器的输入端，作为新的输入信号。如此不断地经过放大、反馈、再放大的循环，输出信号的振幅将由小逐渐地增大起来。只要每次反馈得到的电压都比原来大，即满足 $x_f > x_i$，这时 $AFx_o > x_o$，振荡器因振荡的幅度逐渐增大而起振。

由此可见，要使振荡能从小到大建立起来，必须满足的起振条件是：

$$\begin{cases} AF > 1 & \text{(4-2-1a)} \\ \varphi_A + \varphi_F = 2n\pi \ (n=0,\ 1,\ 2,\ \cdots) & \text{(4-2-1b)} \end{cases}$$

式中，φ_A 和 φ_F 分别是基本放大器和反馈网络产生的移相，$\varphi_A + \varphi_F = 2n\pi$表明振荡器的反馈网络接成正反馈网络。式（4-2-1a）称为振荡器的振幅起振条件，式（4-2-1b）称为和相位起振条件。

2. 平衡过程和平衡条件

所谓平衡条件，是指振荡一旦建立，维持等幅振荡所必须满足的条件。

振荡幅值的增长过程不可能无止境地延续下去，因为放大器的线性范围是有限的。随着振幅的增大，放大器逐渐由放大区进入饱和区或截止区，工作于非线性状态，其增益逐渐下降。当放大器增益下降而导致 $AF=1$ 时，即 $x_f = x_i$，振幅的增长过程将停止，振荡器达到平衡，进入等幅振荡状态。

所以，反馈振荡器的平衡条件为：

$$\begin{cases} AF = 1 & \text{(4-2-2a)} \\ \varphi_A + \varphi_F = 2n\pi \ (n=0,\ 1,\ 2,\ \cdots) & \text{(4-2-2b)} \end{cases}$$

式（4-2-2a）称为振荡器的振幅平衡条件，式（4-2-2b）称为相位平衡条件。

此外，由于电扰动信号具有很宽的频谱，而正弦波振荡器的输出信号应该是频率单一且稳定的正弦波。所以在振荡器电路中包含有选频网络，以选择出特定频率的信号进行放大和反馈。选频网络一般包含于基本放大器，有时也可在反馈网络中。

通常根据组成选频网络的元件不同，正弦波振荡器可分为 RC 振荡器、LC 振荡器和石英振荡器。

4.3　RC 正弦波振荡器

RC 正弦波振荡器主要工作在几十 kHz 以下的低频段，常用的选频电路有 RC 导前移相电路、RC 滞后移相电路和 RC 串并联选频电路，它们的电路结构和频率特性曲线如表 4-3-1 所示。前两种移相电路均具有单调变化的幅频特性，由它们构成的振荡器称为 RC 移相振荡器；由第三种电路构成的振荡器称为串并联 RC 振荡器。

表 4-3-1　RC 移相电路结构和频率特性曲线

	导前移相电路	滞后移相电路	串并联选频电路
电路			
幅频特性	$A(\omega)=\frac{\omega/\omega_0}{\sqrt{1+(\omega/\omega_0)^2}}$	$A(\omega)=\frac{1}{\sqrt{1+(\omega/\omega_0)^2}}$	$A(\omega)=\frac{1}{\sqrt{9+(\omega/\omega_0)^2}}$
相频特性	$\varphi(\omega)=\frac{\pi}{2}-\arctan\frac{\omega}{\omega_0}$	$\varphi(\omega)=-\arctan\frac{\omega}{\omega_0}$	$\varphi(\omega)=-\arctan\frac{\frac{\omega}{\omega_0}-\frac{\omega_0}{\omega}}{3}$

图 4-3-1 所示为采用导前移相电路构成的 RC 移相振荡器电路。由图可知，集成运放提供-180° 的移相，当 RC 导前移相电路再提供 180° 移相时，环路满足相位平衡条件。由表 4-3-1 得知，当移相趋近于 90° 时，增益趋近于 0，实际上一节 RC 电路能提供的最大移相小于 90°，所以至少需要三节 RC 电路才能提供 180° 移相。

由理论分析可得：该电路的振荡频率和起振条件分别为

$$\omega_0=\frac{1}{\sqrt{6}RC} \tag{4-3-1}$$

$$\frac{R_f}{R}>29 \tag{4-3-2}$$

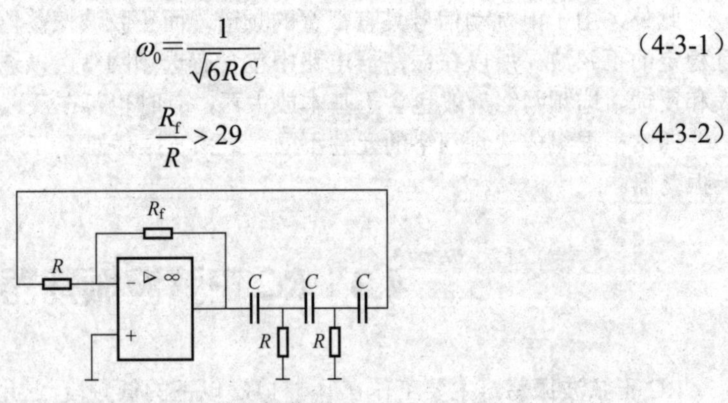

图 4-3-1　RC 移相振荡器

由于 RC 移相电路的选频特性不理想，因而其输出波形失真大，频率稳定度低，只能应用在性能要求不高的设备中。

图 4-3-2（a）所示为串并联 RC 振荡电路，图中，集成运放接成同相放大器，提供零移相，当 $\omega=\omega_0$ 时，RC 串并联电路提供零移相，$F=1/3$，环路满足相位平衡条件。为保证振荡器起振并维持振荡，应有 $AF\geqslant1$。只要适当调整负反馈的强弱，使放大器增益 A 略大于 3，便可保证振荡器输出正弦波。R_t 为热敏电阻，温度系数为负。刚起振时，R_t 的温度最低，相应的阻值最大，放大器的增益 A 最大；随着振荡振幅增大，R_t 上消耗的功率增大，致使其温度上升，阻值减小，放大器的增益下降，直到 $A=3$、$AF=1$ 时实现自动稳幅。

由理论分析可得：该电路的振荡频率和起振条件分别为

$$\omega_0=\frac{1}{RC} \tag{4-3-3}$$

$$\frac{R_t}{R_1}>2 \tag{4-3-4}$$

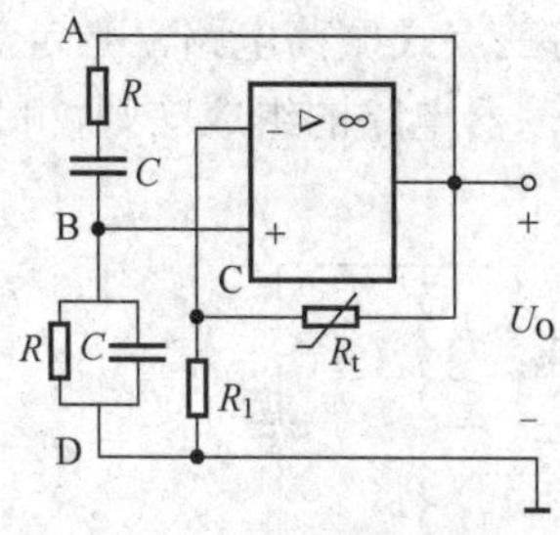

（a）串并联 RC 振荡电路

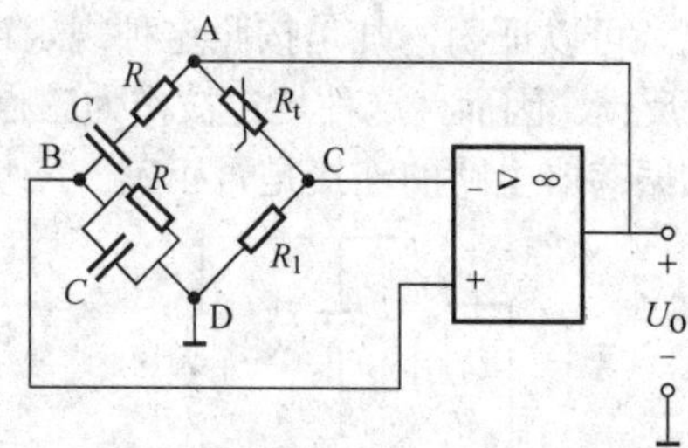

（b）文氏电桥

图 4-3-2　串并联 RC 振荡电路

将图 4-3-2（a）改画成图 4-3-2（b）所示电路，可以看出，RC 串并联电路和集成运放反馈电阻构成文氏电桥，振荡器的输出电压加到桥路的一个对角线端，并从另一对角线端取出电压加到集成运放的输入端，当 $\omega=\omega_0$ 时，桥路平衡，振荡器进入稳定的平衡状态，产生等幅持续的振荡。

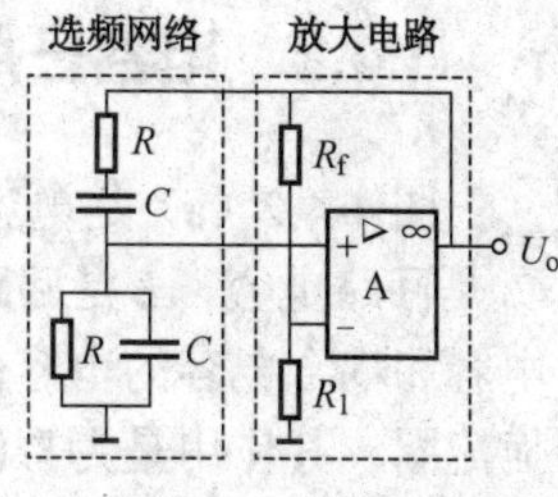

图 4-3-3　例 4.3.1 电路

例 4.3.1　电路如图 4-3-3 所示。已知 $R_1=10\text{k}\Omega$，$R=1\text{k}\Omega$，$C=0.1\mu\text{F}$，R_f 为多少才能起振？振荡频率 f_0 为多少？

解：因 RC 串并联网络传输系数：$F=\dfrac{1}{3}$

同相放大器增益：$A=1+\dfrac{R_f}{R_1}$

由振幅起振条件：$AF>1$ 知 $A=1+\dfrac{R_f}{R_1}>3\rightarrow R_f>2R_1=2\times10=20\text{k}\Omega$

振荡频率：$f_0=\dfrac{1}{2\pi RC}=\dfrac{1}{2\pi\times1\text{k}\times0.1\mu}=1591.6\text{Hz}$

4.4 LC 正弦波振荡器

采用LC谐振回路作为选频网络的LC正弦振荡器主要用来产生1MHz以上的高频正弦信号。应用最广泛的是三点式振荡电路。

4.4.1 电路组成法则

两种基本类型三点式振荡器电路的交流通路如图4-4-1所示。其中，图4-4-1（a）为电容三点式电路，又称为考比兹（Colpitts）电路，它的反馈电压取自 L 和 C_2 组成的分压器；图4-4-1（b）为电感三点式电路，又称为哈特莱（Hartley）振荡器，它的反馈电压取自 C 和 L_2 组成的分压器，它们的共同特点是交流通路中的晶体管的三个电极与谐振回路的三个引出端点连接。其中，与发射极相接的为两个同性质电抗，而接在集电极与基极间另一个为异性质电抗。可以证明，凡是按照这种规定连接的三点式振荡电路，必定满足相位平衡条件，实现正反馈。因而，这种规定被作为三点式振荡器电路的组成法则，利用这个法则，可判别三点式振荡器电路的连接是否正确。

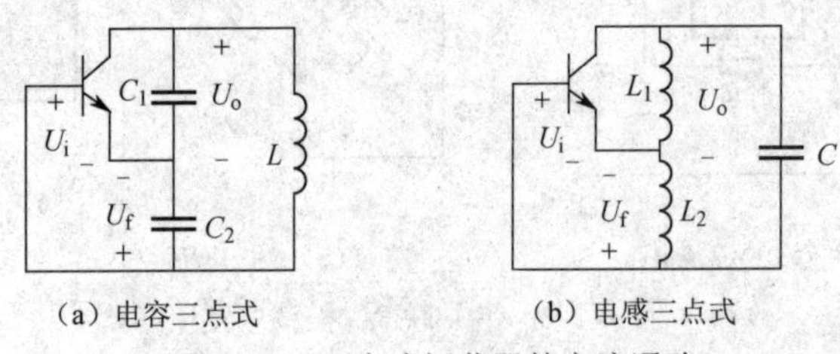

（a）电容三点式　　（b）电感三点式

图4-4-1　三点式振荡器的交流通路

4.4.2 电容三点式电路

图4-4-2（a）是电容三点式电路一种常见形式，图4-4-2（b）是其交流通路。图中 C_1、C_2 是回路电容，L 是回路电感，C_b 和 C_c 分别是高频旁路电容和耦合电容。一般来说，旁路电容和耦合电容的电容值至少要比回路电容值大一个数量级以上。有些电路里还接有高频扼流圈，其作用是为直流提供通路而又不影响谐振回路工作特性。对于高频振荡信号，旁路电容和耦合电容可近似为短路，高频扼流圈可近似为开路。

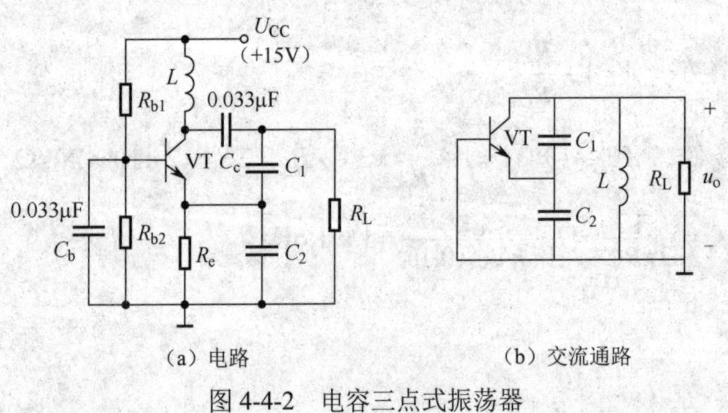

（a）电路　　（b）交流通路

图4-4-2　电容三点式振荡器

由于电容三点式电路已满足反馈振荡器的相位条件，只要再满足振幅起振条件就可以正常工作。因为晶体管放大器的增益随输入信号振幅变化的特性与振荡的振幅条件一致，所以只要能起振，必定满足平衡和稳定条件。

振荡器的角频率为

$$\omega_0 = \frac{1}{\sqrt{LC}} \tag{4-4-1}$$

式中

$$C = \frac{C_1 C_2}{C_1 + C_2}$$

为满足起振条件，适当选取 C_1、C_2 比值，一般取 C_2＝（1～7）C_1。

例 4.4.1　在图 4-4-3 所示振荡电路中，已知 L＝2μH，C_1＝1000pF，C_2＝4000pF。

（1）画出交流通路；（2）说明振荡器的类型；（3）说明 L_E 的作用；（4）估算振荡频率。

解：（1）画出的交流通路如图 4-4-3（b）所示。

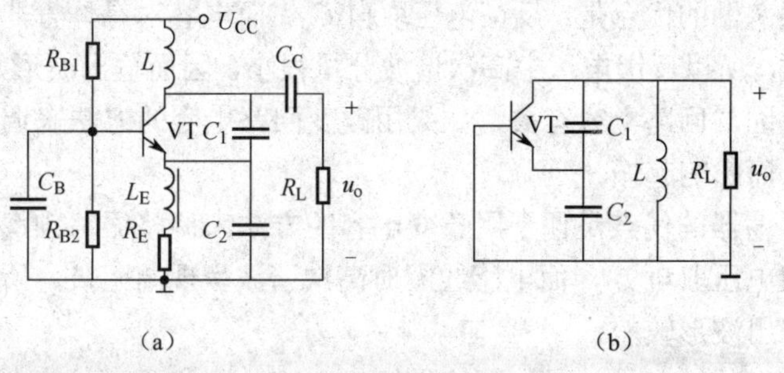

图 4-4-3　例 4.4.1 电路

（2）因与发射极相接的两个电抗元件为电容，而集电极与基极之间的电抗元件为电感，所以振荡器为电容三点式振荡器。

（3）电路中 L_E 为高频扼流圈。

（4）回路总电容

$$C = \frac{C_1 C_2}{C_1 + C_2} = \frac{1000 \times 4000}{1000 + 4000} = 800\ \text{pF}$$

$$f_0 = \frac{1}{2\pi\sqrt{LC}} = \frac{1}{2\pi\sqrt{2\mu \times 800\text{p}}} = 3.979\ \text{MHz}$$

4.4.3　电感三点式电路

图 4-4-4（a）为电感三点式振荡器电路。其中 L_1 和 L_2 是回路电感，C 是谐振电容，C_c 和 C_e 是耦合电容，C_b 是旁路电容，L_3 和 L_4 是高频扼流圈。图 4-4-4（b）为其交流通路。利用类似于电容三点式振荡器的分析方法，也可以求得电感三点式振荡器振荡角频率。

$$\omega_0 = \frac{1}{\sqrt{(L_1 + L_2)C}} \tag{4-4-2}$$

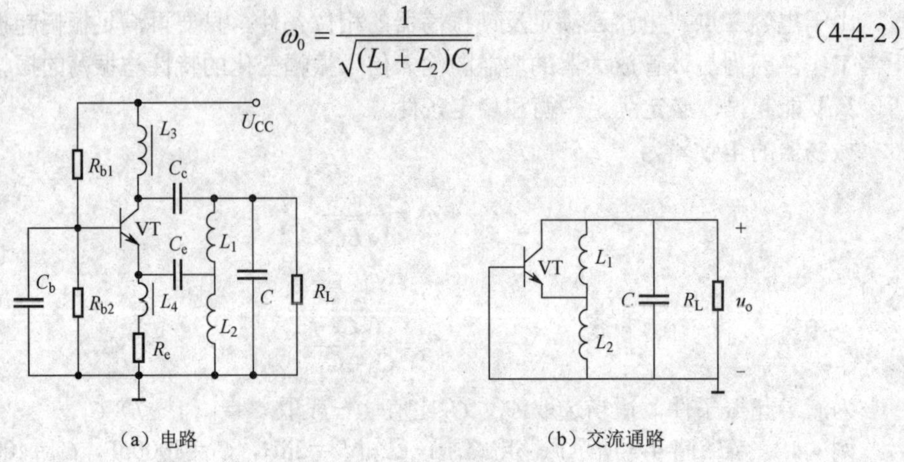

（a）电路　（b）交流通路

图 4-4-4　电感三点式振荡电路

电容三点式振荡器和电感三点式振荡器各有其优缺点。

电容三点式振荡器的优点是：反馈电压取自 C_2，而电容对晶体管非线性特性产生的高次谐波呈现低阻抗，所以反馈电压中高次谐波分量很小，因而输出波形好，接近于正弦波。缺点是：反馈系数因与回路电容有关，如果用改变回路电容的方法来调整振荡频率，必将改变反馈系数，从而影响起振。

电感三点式振荡器的优点是便于用改变电容的方法来调整振荡频率，而不会影响反馈系数，缺点是反馈电压取自 L_2，而电感线圈对高次谐波呈现高阻抗，所以反馈电压中高次谐波分量较多，输出波形较差。

两种振荡器共同的缺点是：晶体管输入输出电容分别和两个回路电抗元件并联，影响回路的等效电抗元件参数，从而影响振荡频率。由于晶体管输入输出电容值随环境温度、电源电压等因素而变化，所以三点式电路的频率稳定度不高，一般在 10^{-3} 量级。

例 4.4.2　在图 4-4-5 所示振荡器交流通路中，试问 f_{01}、f_{02}、f_{03} 满足什么条件时该振荡器能正常工作？

解：图 4-4-6 是 LC 串、并联谐振回路的电抗频率特性，$X > 0$，回路呈现感性；$X < 0$，回路呈现容性。图 4-4-5 所示电路只要满足三点式组成法则，该振荡器就能正常工作。

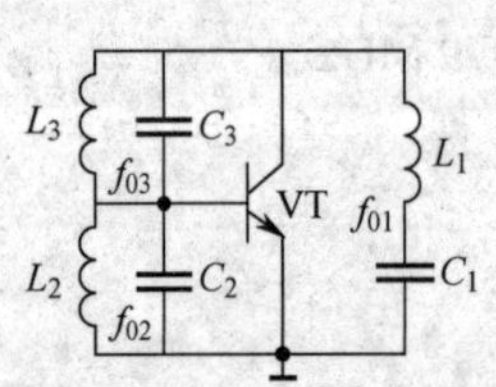

图 4-4-5　例 4.4.2 电路图

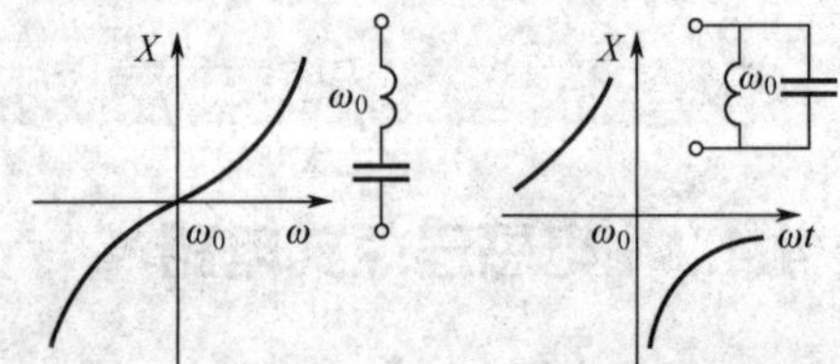

图 4-4-6　LC 串、并联谐振回路的电抗频率特性

若组成电容三点式，则在振荡频率 f_0 处，L_1C_1 支路、L_2C_2 回路呈容性，L_3C_3 回路呈感性。由图 4-4-6 可得：

$$f_{02} < f_0 < f_{01}, f_{03}$$

若组成电感三点式，则在振荡频率 f_0 处，L_1C_1 支路、L_2C_2 回路呈感性，L_3C_3 回路呈容性。由图 4-4-6 可得：

$$f_{01}, f_{03} < f_0 < f_{02}$$

4.4.4 克拉泼（Clapp）电路

从上面分析可知，电容三点式电路比电感三点式电路性能要好些，但如何减小晶体管输入输出电容对频率稳定度的影响是一个必须解决的问题，于是出现了改进型的电容三点式电路——克拉泼电路。

图 4-4-7（a）是克拉泼电路的实用电路，图（b）是其交流通路。与电容三点式电路比较，克拉泼电路的特点是在回路中增加了一个与 L 串联的电容 C_3。各电容取值必须满足：$C_3 \ll C_1$，$C_3 \ll C_2$，这样可使电路的振荡频率近似只与 C_3、L 有关。

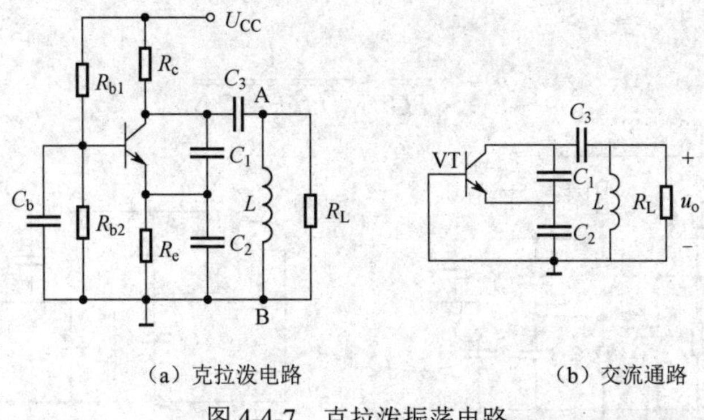

（a）克拉泼电路　　（b）交流通路

图 4-4-7　克拉泼振荡电路

先不考虑晶体管输入输出电容的影响。因为 C_3 远远小于 C_1 或 C_2，所以 C_1、C_2、C_3 三个电容串联后的等效电容为

$$C = \frac{C_1C_2C_3}{C_1C_2 + C_2C_3 + C_1C_3} = \frac{C_3}{1 + \dfrac{C_3}{C_1} + \dfrac{C_3}{C_2}} \approx C_3$$

于是，振荡角频率

$$\omega_0 = \frac{1}{\sqrt{LC}} \approx \frac{1}{\sqrt{LC_3}} \tag{4-4-3}$$

由此可见，克拉泼电路的振荡频率几乎与 C_1、C_2 无关。

因此，克拉泼电路的频率稳定度比电容三点式电路好。在实际电路中，根据所需的振荡频率决定 L、C_3 的值，然后取 C_1、C_2 远大于 C_3 即可。但是 C_3 不能取得太小，否则将影响振荡器的起振。

克拉泼电路是用牺牲环路增益的方法来换取回路标准性的提高。

克拉泼电路的缺陷是不适合于作波段振荡器。波段振荡器要求在一段区间内振荡频率连接可调，且振荡幅值保持不变。由于克拉泼电路在改变振荡频率时需调节 C_3，当 C_3 改变以后，负载电阻将发生变化，使环路增益发生变化，从而使振荡幅值也发生变化。所以克拉泼电路只适宜于作为固定频率振荡器或波段覆盖系数较小的可变频率振荡器。所谓波段覆盖系数是指可以在一定波段范围内连续正常工作的振荡器的最高工作频率与最低工作频率之比。一般克拉泼电路的波段覆盖系数为1.2～1.3。

4.4.5 西勒（Seiler）电路

针对克拉泼电路的缺陷，出现了另一种改进型电容三点式电路——西勒电路。图4-4-8（a）所示为其实用电路，图（b）是其交流通路。

西勒电路是在克拉泼电路基础上，在电感L两端并联了一个小电容C_4，且满足C_1、C_2远大于C_3，C_1、C_2远大于C_4，所以其回路等效电容为

$$C=\frac{C_1C_2C_3}{C_1C_2+C_1C_3+C_2C_3}+C_4\approx C_3+C_4$$

所以，振荡角频率为

$$\omega_0=\frac{1}{\sqrt{LC}}\approx\frac{1}{\sqrt{L(C_3+C_4)}} \tag{4-4-4}$$

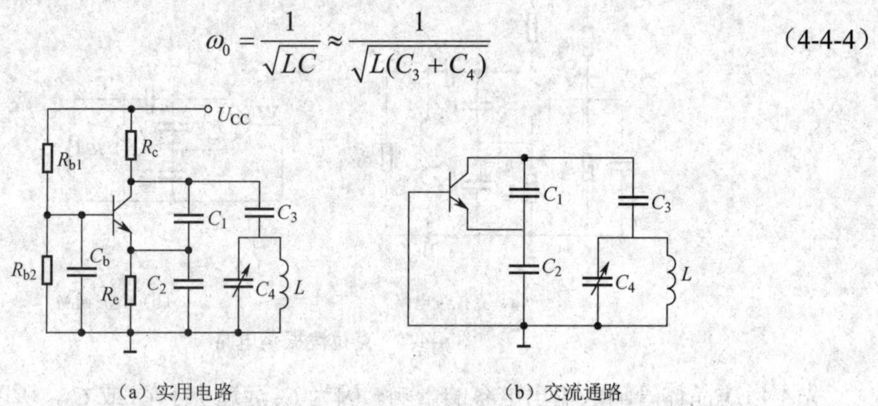

图4-4-8 西勒振荡电路

在西勒电路中，由于C_4与L并联，所以C_4的大小不影响回路的接入系数，其共基电路等效负载仍不变。如果使C_3固定，通过变化C_4来改变振荡频率，可使输出振幅稳定。因此，西勒电路可用作波段振荡器，其波段覆盖系数为1.6～1.8。

4.5 晶体振荡器

石英晶体振荡器就是以石英晶体取代LC振荡器中的电感、电容元件所组成的正弦波振荡器。它的特点是振荡频率的稳定度很高，广泛应用于要求频率稳定度高的电子设备中。

4.5.1 石英晶体及其特性

石英晶体谐振器的电路符号和等效电路如图2-2-9所示，石英晶振的固有频率十分稳定，它的温度系数（温度变化1℃所引起的固有频率相对变化量）在10^{-6}以下。另外，石

英晶振的振动具有多谐性，即除基频振动外，还有奇次谐波泛音振动。对于石英晶振，既可利用其基频振动，也可利用其泛音振动。前者称为基频晶体，后者称为泛音晶体。晶片厚度与振动频率成反比，工作频率越高，要求晶片越薄，因而机械强度越差，加工越困难，使用中也易损坏。由此可见，在同样的工作频率上，泛音晶体的切片可以做得比基频晶体的切片厚一些。所以在工作频率较高时，常采用泛音晶体。通常，在工作频率小于 20MHz 时采用基频晶体，大于 20MHz 时采用泛音晶体。

石英晶体的电抗频率特性曲线如图 2-2-10 所示，由图看出：当频率 $f < f_s$ 或 $f > f_p$ 时，石英晶体呈电容性质，相当于一个电容元件；当频率 $f_s < f < f_p$ 时，石英晶体呈电感性质相当于一个电感元件。在石英晶体振荡器中，当频率 $f_s < f < f_p$ 时，石英晶体相当于一个大电感；当频率 $f = f_s$ 时，石英晶体相当一个串联谐振回路，阻抗呈纯电阻特性且为最小；当频率 $f = f_p$ 时，石英晶体相当一个并联谐振回路，阻抗呈纯电阻特性且为最大。

由于 C_q / C_0 很小，所以由式（2-2-20）可知 f_p 与 f_s 间隔很小，因而在 f_s～f_p 感性区间，石英晶振具有陡峭的电抗频率特性，曲线斜率大，利于稳频。若外部因素使谐振频率增大，则根据晶振电抗特性，必然使等效电感 L 增大，但由于振荡频率与 L 的平方根成反比，所以又促使谐振频率下降，趋近于原来的值。

石英晶振产品还有一个标称频率 f_N。f_N 的值位于 f_s 与 f_p 之间，这是指石英晶振两端并接某一规定负载电容 C_L 时石英晶振的振荡频率。负载电容 C_L 的值标于生产厂家的产品说明书中，通常为 30pF（高频晶体），或 100pF（低频晶体），或标示为∞（指无需外接负载电容，常用于串联型晶体振荡器）。

4.5.2　晶体振荡器电路

将石英晶振作为高 Q 值谐振回路元件接入正反馈电路中，就组成了晶体振荡器。根据石英晶振在振荡器中的作用原理，晶体振荡器可分成两类：一类是将其作为等效电感元件用在三点式电路中，工作在感性区，称为并联型晶体振荡器；另一类是将其作为一个短路元件串接于正反馈支路上，工作在它的串联谐振频率上，称为串联型晶体振荡器。

1．并联型晶体振荡电路

并联型晶体振荡器的工作原理和三点式振荡器相同，只是将其中一个电感元件换成石英晶振，所组成的电路称为皮尔斯振荡电路。

并联晶体振荡器电路如图 4-5-1 所示，其特点是把石英晶体作为电感元件接入电路。可见，这种振荡器实质上是一个电容三点式振荡器。振荡器的振荡频率必须在 f_s 和 f_p 间，且振荡频率为

$$f_0 = \frac{1}{2\pi\sqrt{LC}}$$

式中，L 为石英晶体在 f_0 时的等效电感，C 为回路的总电容

$$C = C_1 // C_2 // C_F$$

通常，$C_1 \gg C_F, C_2 \gg C_F$，故有 $C \approx C_F$，所以

$$f_0 = \frac{1}{2\pi\sqrt{LC_F}} \tag{4-5-1}$$

式（4-5-1）表明，振荡频率主要取决于石英晶体与 C_F 的谐振频率。欲求 f_0，需先知 L，但 L 又与 f_0 有关，所以要直接计算 f_0 是有困难的。通常采用下述方法确定，工厂出厂的石英晶体，其上标出了在规定外部电容（又称负载电容）C_L 值时的标称频率。如 JA5 型小型金属壳石英晶体，其 $C_L = 30\text{pF}$，标称频率 $f = 1\text{MHz}$。这就是说，若将这个石英晶体用于并联晶体振荡器时，只要使 $C_1 // C_2 // C_F = C_L = 30\text{pF}$，即调节 C_F 使其等于 C_L 值，那么振荡器将在给出的标称频率上振荡，即振荡器的振荡频率为 1MHz。

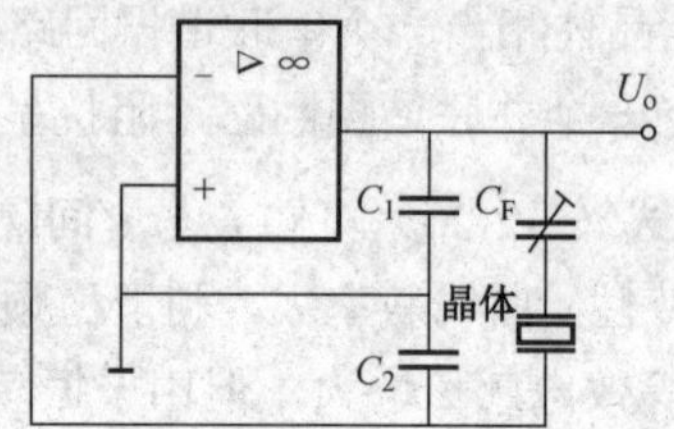

图 4-5-1　并联晶体振荡器

2．串联晶体振荡器电路

串联晶体振荡器电路如图 4-5-2 所示。工作原理简述如下：假定有输入信号电压 U_i 加在运放同相输入端，则其输出电压 U_o 必与 U_i 同相。输出电压 U_o 经石英晶体和微调电容 C_F 反馈到同相输入端，当 U_o 的频率等于石英晶体和微调电容 C_F 的串联谐振频率时，其阻抗最小，且为纯电阻性，此时反馈量最大且无移相，反馈电压与 C_F 同相为正反馈，满足振荡相位平衡条件。当调节 R_f 使电路负反馈小于该正反馈时，满足振幅平衡条件，电路将在石英晶体和微调电容 C_F 联合决定的串联谐振频率上振荡。对其他频率的信号，反馈电路呈现很大阻抗，正反馈量很小，电路不可能产生振荡。由上分析可知，串联晶体振荡器的振荡频率应为

$$f_0 = \frac{1}{2\pi\sqrt{LC_F}} \tag{4-5-2}$$

式中，L 为石英晶体在 f_0 上的等效电感，C_F 为微调电容。

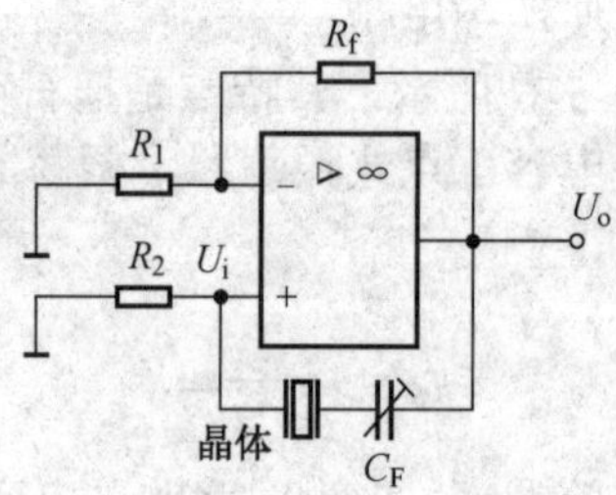

图 4-5-2　串联晶体振荡器

同样，按式（4-5-2）直接求 f_0 是困难的。但是，我们知道，工厂出厂的石英晶体上标出的标称频率是在规定的外部电容数值上校正的，当这个石英晶体用于串联晶体振荡器时，只要使微调电容 C_F 等于规定的外部电容 C_L 时，石英晶体与 C_F 所组成的串联回路将在标称频率上振荡，显然这个标称频率就是振荡器的振荡频率。

根据以上分析我们看到，并联晶体振荡器或串联晶体振荡器振荡频率都由石英晶体和与其串联的微调电容 C_F 联合决定，只要将 C_F 调整到石英晶体所规定的外部电容 C_L 值时，两种振荡器都将工作在石英晶体所标出的标称频率上。可见，同一型号的石英晶体，它既可以工作于并联谐振形式，又可工作于串联谐振形式。至于由它组成的实际谐振回路，在谐振时，是呈现并联谐振特性，还是呈现串联谐振特性，则由它在电路中的连接形式所决定。

4.6　技能训练——正弦波振荡器

4.6.1　电容三点式振荡器

1．训练目的

（1）理解电容三点式 LC 振荡电路的基本原理，熟悉各元件功能。

（2）熟悉克拉泼电路和西勒电路的特点。

（3）掌握测量频率的方法。

2．训练内容

用示波器观察振荡器输出波形，测量振荡器电压峰-峰值 U_{ppm}、振荡频率 f_0。

3．训练器材

（1）②号实验板："LC 振荡电路"

（2）⑥号实验板："元件库"

（3）双踪示波器

（4）万用表

4．实验电路

电容三点式 LC 振荡器实验电路如图 4-6-1 所示。晶体管 VT_{11} 组成克拉泼电路或西勒电路。晶体管 VT_{12} 组成射极跟随器，以提高振荡器的带负载能力。

5．实验步骤

（1）实验准备

① 把"元件库"板中的 100pF 电容元件插入到"C_{M12}"位置上，把 1μH 电感元件插入到"L_{M11}"位置上。

② 按下实验板上的"S11"开关，点亮 VD_{11} 上电成功。

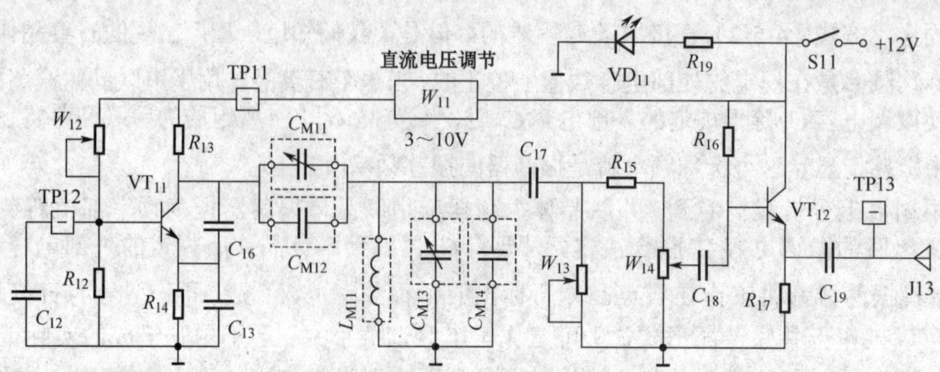

图 4-6-1　电容三点式 LC 振荡器实验电路

③ 用万用表测量 TP11 处的电位，调整电位器 W_{11}，使直流输出电压为 9.5V 左右。

④ 用万用表测量 TP12 处的电位，调整电位器 W_{12}，使晶体管 VT_{11} 的基极直流电压为 2.5V 左右。

⑤ 示波器连接到实验板“TP13”上，观察输出波形。顺时针转电位器 W_{13} 到最大，使波形幅度最大。调整 W_{14} ，使波形不出现明显失真。

（2）测量克拉泼振荡器电路

当振荡器接不同电容时，测量 f_0 及 U_{ppm}。

① C_{M12} 接 100pF 电容时，测量 f_0 及 U_{ppm} ，填入表 4-6-1 中。

② 保持 C_{M12} 不变，分别把 10pF、39pF、51pF 的电容并联到 C_{M11} 上，测量 f_0 及 U_{ppm} ，填入表 4-6-1 中。

③ 保持 C_{M12} 不变，把双联可调电容并联到 C_{M11} 上，由小到大调整电容，观察 f_0 和 U_{ppm} 的变化趋势，填入表 4-6-1 中。

表 4-6-1

电容 C	C_{M12}(pF)	$C_{M12}+C_{M11}$(pF)			$C_{M12}+C_{M11}$
	100	100+10	100+39	100+51	100 pF+双联可调电容
振荡频率 f_0(MHz)					
输出电压 U_{ppm} (V)					

（3）测量西勒振荡器电路

当振荡器接不同电容时，测量 f_0 及 U_{ppm} 。

① C_{M12} 接 100pF 电容，取下 C_{M11} 上的双联可调电容。

② C_{M14} 分别接 10pF、39pF、51pF、75 pF 的电容时，测量 f_0 及 U_{ppm} ，填入表 4-6-2 中。

③ C_{M14} 和 C_{M13} 接不同电容时，测量 f_0 及 U_{ppm} ，填入表 4-6-2 中。

表 4-6-2

电容 C	C_{M14}(pF)				$C_{M14}+C_{M13}$(pF)			
	10	39	51	75	75+10	51+39	75+39	75+51
振荡频率 f_0(MHz)								
输出电压 U_{ppm} (V)								

④ C_{M13} 接双联可调电容，C_{M14} 分别接 39pF 和 75 pF 的电容时，观察 f_0 及 U_{ppm} 的变化趋势，填入表 4-6-3 中。

表 4-6-3

电容 C	$C_{M14}+C_{M13}$	
	39pF＋双联可调电容	75pF＋双联可调电容
振荡频率 f_0(MHz)		
输出电压 U_{ppm} (V)		

注意：如果在开关转换或元件更换中停振，可调整 W_{11}，使之恢复振荡。

6．实验报告要求

（1）西勒振荡器电路是克拉泼振荡器电路的改进型，比较电容改变时，两种电路的频率变化范围，结合理论知识简述此现象。

（2）总结由本实验所获得的体会。

4.6.2　晶体振荡器

1．训练目的

（1）理解并联型晶体振荡器的工作原理，熟悉各元件功能。

（2）掌握测量频率的方法。

2．训练内容

用示波器观察振荡器输出波形，测量振荡器电压峰-峰值 U_{ppm}、振荡频率 f_0。

3．训练器材

（1）②号实验板：“LC 振荡电路”

（2）⑥号实验板：“元件库”

（3）双踪示波器

（4）万用表

4．实验电路

晶体振荡器实验电路如图 4-6-2 所示。晶体管 VT_{31} 组成并联型晶体振荡器电路。晶体管 VT_{32} 组成射极跟随器，以提高振荡器的带负载能力。

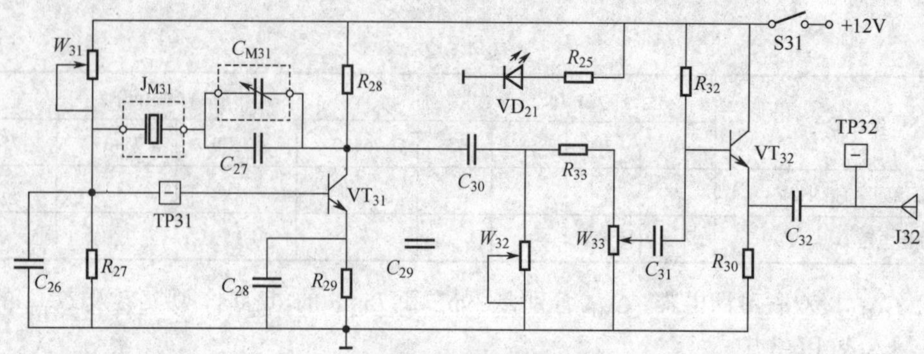

图 4-6-2　晶体振荡器实验电路

5．实验步骤

（1）实验准备

① 把“元件库”板中的晶体元件插入到 J_{M31} 位置上。

② 按下实验板上“S31”开关，点亮 VD_{21} 上电成功。

③ 用万用表测量 TP31 处的电位，调整电位器 W_{31}，使晶体管 VT_{31} 的基极直流电位为 2V。

④ 示波器连接到实验板“TP32”上，观察输出波形。顺时针转电位器 W_{32} 到最大，使波形幅度最大。调整 W_{33} ，使波形不出现明显失真。

（2）测量晶体振荡器电路

① 调节电位器 W_{31}，改变 VT_{31} 的基极直流电位，测量 f_0 及 U_{ppm}，填入表 4-6-4 中。

② C_{M31} 接双联可调电容，测量不同基极直流电位时的 f_0 及 U_{ppm}，填入表 4-6-4 中。

表 4-6-4

		U_B(V)	2.0	2.2	2.4	2.6	2.8	3.0
不加双联电容		f_0(MHz)						
		U_{ppm}(V)						
加双联电容	双联电容最小	f_0(MHz)						
		U_{ppm}(V)						
	双联电容最大	f_0(MHz)						
		U_{ppm}(V)						
		Δf_0						

6．实验报告要求

（1）分别比较改变电容和静态工作点时，振荡频率的变化范围。

（2）比较晶体振荡器与克拉泼振荡器、西勒振荡器的振荡频率变化范围。

（3）总结由本实验所获得的体会。

本章小结

振荡器是一种能自动地将直流电源能量转换为一定波形的交变振荡信号能量的转换电路。它与放大器的区别在于，无需外加激励信号，就能产生具有一定频率、一定波形和一定振幅的交流信号。

常用的正弦波振荡器主要由决定振荡频率的选频网络和维持振荡的正反馈放大器组成，这就是反馈振荡器。按照选频网络所采用元件的不同，正弦波振荡器可分为 LC 振荡器、RC 振荡器和晶体振荡器等类型。其中 LC 振荡器和晶体振荡器用于产生高频正弦波，RC 振荡器用于产生低频正弦波。正反馈放大器既可以由晶体管、场效应管等分立器件组成，也可以由集成电路组成，但前者的性能可以比后者做得好些，且工作频率也可以做得更高。

本章对正弦振荡器进行了工作原理以及参数分析。

练习与提高（四）

4-1　填空题

1．正弦波振荡器一般由__________、__________和__________三部分组成。

2．RC 正弦波振荡器用__________电路作选频网络。

3．产生自激振荡的幅度与相位条件表示式分别为__________、__________。

4．三端式振荡器的组成原则是_______与 X_{be} 电抗性质相同、_______与 X_{be} 电抗性质相反。

5．电容三点式与电感三点式振荡电路的输出信号相比，其谐波_____，波形_____。

6．电路如图 T4-1，该电路的名称是_____，其中，C_B 的作用是_____，C 的作用是_____。

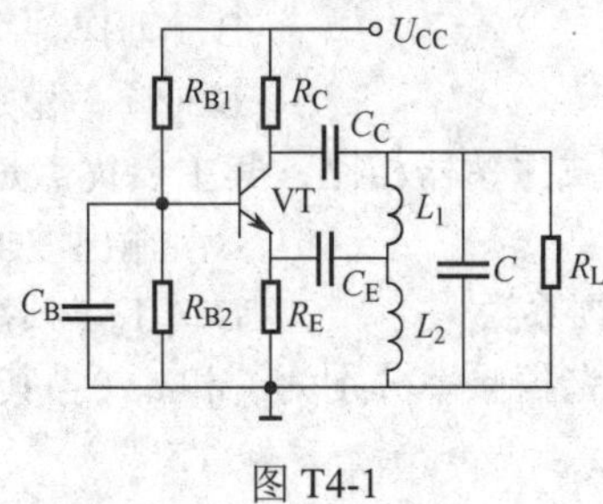

图 T4-1

7．要产生较高频率信号应采用_____振荡器，要产生较低频率信号应采用____振荡器，要产生频率稳定度高的信号应采用______振荡器。

8．在并联型晶体振荡器中，晶体起________的作用；在串联型晶体振荡器中，晶体起________的作用。

4-2　单选题

1．串联型石英晶振中，石英谐振器相当于（　　）元件。

A．电容　　B．电阻　　C．电感　　D．短路线

2．如图 T4-2 所示电路，以下说法正确的是（　　）。

A．该电路可以振荡

B．该电路不能振荡，原因在于振幅平衡条件不能满足

C．该电路不能振荡，原因在于相位平衡条件不能满足

D．该电路不能产生正弦波振荡，原因在于振幅平衡、相位平衡条件均不能满足

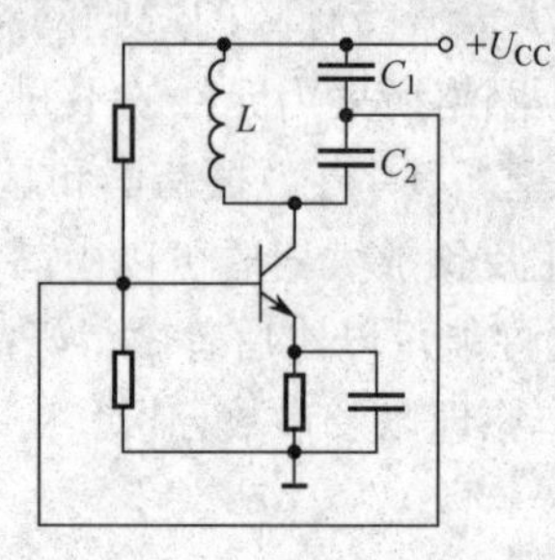

图 T4-2

3．石英振荡器的振荡频率介于串联谐振频率与并联谐振频率之间时，石英晶体的（　　）。

A．等效阻抗为 0　　B．等效阻抗无穷大

C．等效阻抗成感性　　D．等效阻抗成容性

4．正弦振荡器中选频网络的作用是（　　）。

A．产生单一频率的振荡　　B．提高输出信号的振幅

C．保证电路起振　　D．使振荡有丰富的频率成分

5．石英晶体振荡器的主要优点是（　　）。

A．容易起振　　B．振幅稳定　　C．频率稳定度高　　D．减小谐波分量

6．电容三点式振荡器与电感三点式振荡器相比所具有的特点是（　　）。

A．输出波形差　　B．工作频率范围宽

C．工作频率高　　D．频率稳定性高

7．电容三点式与电感三点式振荡器相比，其主要优点是（　　）。

A．电路简单且易起振　　B．输出波形好

C．改变频率不影响反馈系数　　D．工作频率比较低

8．石英谐振器的串、并联谐振频率分别为 f_s 和 f_p，当其工作频率为（　　）时，等效为一个电感。

A. $f < f_s$　　B. $f = f_s$　　C. $f_s < f < f_p$　　D. $f > f_p$

4-3　判断题

判断图 T4-3 所示电路能否起振，若可以振荡，写出振荡频率；若不能，请在原电路上改正。

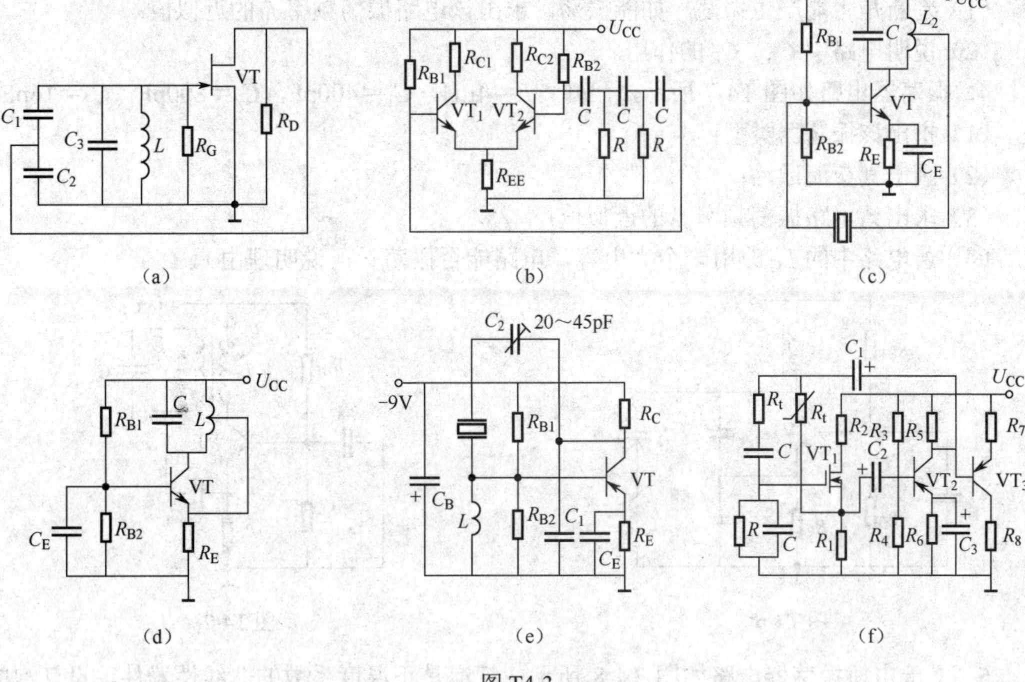

图 T4-3

4-3　计算题

1．振荡电路如图 T4-4 所示，已知 L＝2μH，C_1＝1000pF，C_2＝4000pF。

（1）画出交流通路；

（2）判断振荡器的类型；

（3）说明 L_E、C_B 的作用；

（4）计算振荡频率。

2．在图 T4-5 所示的三谐振回路振荡器的交流通路中，若回路参数之间的关系为

（1）$L_1C_1 > L_2C_2 > L_3C_3$；

（2）$L_2C_2 > L_3C_3 > L_1C_1$。

试分析电路是否能够振荡？若能振荡，则属于哪一类型的振荡器？

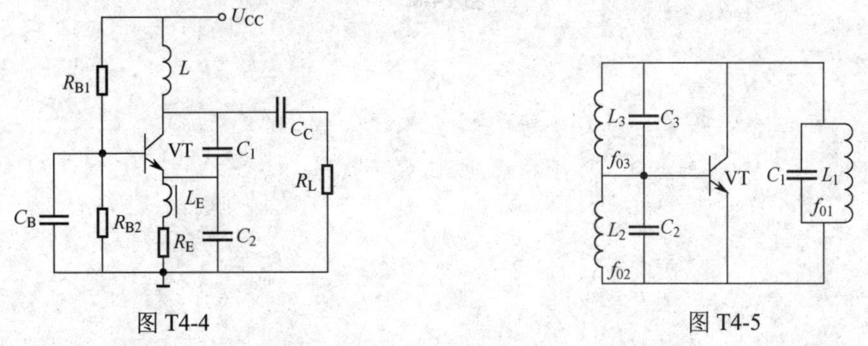

图 T4-4　　　　图 T4-5

3．振荡器电路如图 T4-6 所示，已知：L_1＝4μH，L_2＝25μH，C＝100pF。

（1）判断是否能产生振荡，如能振荡，求出该电路振荡频率 f_0 的近似值；

（2）说明电路中 C_B、C_E 的作用。

4．振荡器电路如图 T4-7 所示，已知：$L=4\mu H$，$C_1=400pF$，$C_2=800pF$，$C_3=16pF$。

（1）指出该振荡器类型；

（2）画出其交流通路；

（3）求出该电路振荡频率 f_0 的近似值；

（4）若电路中的 L_C 改用一个大电容，电路能否振荡？（说明理由）

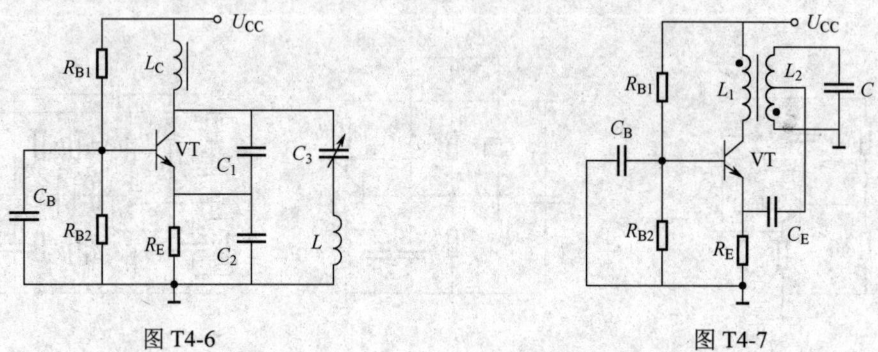

图 T4-6　　　　图 T4-7

5．文氏电桥振荡器电路如图 T4-8 所示，灯泡是正温度系数的非线性器件，设灯泡的电阻为 R_4。

（1）试指出集成运算放大器输入端的极性；

（2）简要说明电路的稳幅原理。

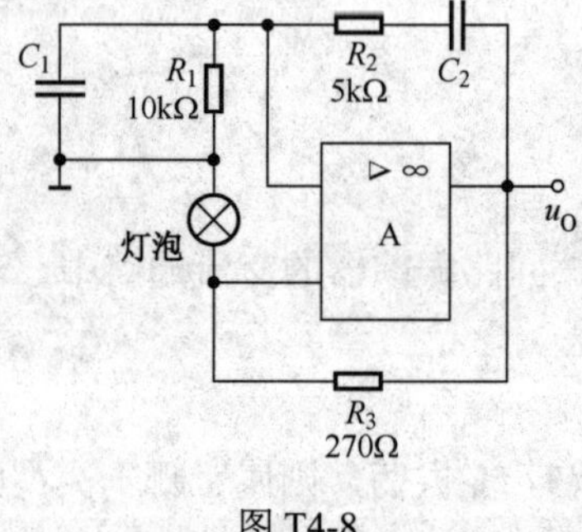

图 T4-8

第5章　调幅、检波与混频

内容提要：调制与解调电路是通信系统中的基本单元电路，本章首先介绍了调幅波的基本性质，在此基础上分别介绍实现幅度调制、检波和混频的原理、基本方法和电路。

学习目标

1．知识目标

（1）熟悉振幅调制信号的时域、频域和功率特性。
（2）了解相乘器调幅、检波和混频电路的组成及性能特点。
（3）掌握二极管包络检波电路的工作原理和性能特点。
（4）了解晶体管混频电路和二极管环形混频器的工作原理和性能特点。
（5）了解混频干扰的基本概念。

2．能力目标

（1）能读懂基本调幅、检波和混频电路的原理图。
（2）能熟练运用示波器、信号发生器等仪器。
（3）能完成调幅、检波和混频单元电路的调试与检测。

3．职业目标

（1）具有敬业精神，培养认真的学习态度和科学的学习方法。
（2）具有职业道德，培养严谨的工作作风，遵守纪律和安全操作规范。
（3）具有团队精神，培养相互配合、协同合作的能力，建立良好的人际关系。
（4）具有创新意识，培养发现问题和解决问题的能力。

5.1　概　　述

在通信系统中，为了有效地实现信息传输，广泛采用调制、解调和混频等电路。这些电路主要功能是使信号的频率发生变换。

1．调制与解调

调制是在发送端对信号源的信息进行处理，将其加到载波上的过程，目的是使其变换为适合在通讯信道上传输的形式。一般来说，信号源的信息包含直流分量和频率较低的频率分量，称为调制信号（又称为基带信号）。其中，载波是未受调制的周期性振荡信号，载波可以是正弦波，也可以是非正弦波（如周期性脉冲序列），一般要求载波的频率远远高于调制信号的带宽，否则会使传输信号产生失真。载波受调制后称为已调波，它含有调制信号的全部特征。而解调则是在接收端将调制信号从高频已调波中提取出来的过程，由此可见解调是调制的逆过程。

调制的类型很多。按调制信号的种类，对模拟信号进行调制称为模拟调制，对数字信号进行调制称为数字调制。按载波的种类，载波为正弦波的称为正弦波调制，载波为脉冲信号的称为脉冲调制。此外还有复合调制和多重调制等，不同的调制方式有不同的特点和性能。其中，正弦波调制分为幅度调制（简称调幅，AM）、频率调制（简称调频，FM）和相位调制（简称调相，PM）三种基本方式，后两者合称为角度调制。在幅度调制中还有一些变异的调制，如单边带调幅（SSB）、残留边带调幅（VSB）等。与调制相对应，对调幅信号的解调称为检波，对调频信号的解调称为鉴频，对调相信号的解调称为鉴相。

2．调制的目的

通信的方式可分为无线通信和有线通信两大类。对于无线通信，根据电磁波理论知道，只有当天线的长度与发射信号的波长相比拟时，电信号才能以电磁波的形式有效地辐射出去，或是将电磁波有效地接收并转换成电信号。在实际应用中，天线的长度一般为

$$l=\left(\frac{1}{8}\sim\frac{1}{2}\right)\lambda$$

式中，l 为天线的长度，λ为信号的波长。若要发射频率 f=3kHz 的语音信号，其相应的波长为

$$\lambda=\frac{c}{f}=\frac{300000\text{km/s}}{3\text{kHz}}=100\text{km}$$

式中，c 为光速。

若采用 1/4 波长的天线，天线的长度就需要 25km。制造和安装这样的天线不仅非常困难，而且各电台都用同样的频率发射会形成干扰，接收端也无法区分不同电台的信号。因此，为了降低天线制造和安装的难度，又使各电台所发射的信号不相互干扰，需要通过调制技术将语音信号搬迁到不同的高频段。

对于有线通信，虽然可以直接传输语音电信号（如有线市话），但一条信道只传输一路信号，信道的利用率太低。所以，有线通信也需要通过调制技术将各路语音信号搬迁到不同的频段，以实现一线传输多路信号而又互不干扰。

3．混频

在通信设备中，经常需要将信号由某一频率变换成另一频率。例如，在调幅广播接收机中几乎都采用了超外差式电路，将天线接收到的高频调幅波信号通过混频技术变换为 465kHz 的中频信号，以提高接收机的性能。所谓混频就是将两个不同频率的信号变换成一个新信号，这个新信号的频率与两输入信号的频率相关，如新信号频率为上述两输入信号频率之差或之和。

综上所述，调制、解调和混频都是频率变换。根据各类频率变换电路的特点，又可分为频谱搬移电路和频谱的非线性变换电路。在频率变换过程中，若输入信号的频谱结构不

发生变化，即变换前后各频率分量的比例关系保持不变，只是在频率轴上进行了搬迁，这类频率变换电路称为频谱搬移电路。本章介绍的调幅、检波和混频等电路都属于频谱搬移电路。

5.2　幅度调制

幅度调制，又称振幅调制或调幅，就是用低频调制信号去控制高频载波信号的振幅，使载波的振幅按调制信号的变化规律而线性变化，经过振幅调制的高频载波称为振幅调制波，简称调幅波。调幅波主要有普通调幅（AM）波、抑制载波的双边带调幅（DSB）波和抑制载波的单边带调幅（SSB）波三种。

5.2.1　普通调幅

1. 数学表达式与波形

为分析方便，以单频调幅为例。假设低频调制信号为

$$u_{\Omega}(t)=U_{\Omega\text{m}}\cos\Omega t=U_{\Omega\text{m}}\cos 2\pi Ft$$

高频载波信号为

$$u_{\text{c}}(t)=U_{\text{cm}}\cos\omega_{\text{c}}t=U_{\text{cm}}\cos 2\pi f_{\text{c}}t$$

式中，ω_c 和 f_c 分别为高频载波的角频率和频率；Ω 和 F 分别为低频调制信号的角频率和频率，并且满足$\omega_c>>\Omega$（$f_c>>F$）。根据调幅的定义，已调信号的振幅随调制信号 $u_{\Omega}(t)$线性变化，由此可得调幅信号 $u_{AM}(t)$的表达式为

$$u_{\text{AM}}(t)=(U_{\text{cm}}+k_aU_{\Omega\text{m}}\cos\Omega t)\cos\omega_{\text{c}}t=U_{\text{cm}}(1+M_a\cos\Omega t)\cos\omega_{\text{c}}t \qquad (5\text{-}2\text{-}1)$$

式中，k_a 为比例常数，一般由调制电路确定，称为调制灵敏度；已调波的振幅为 U_{cm}（$1+M_a\cos\Omega t$），它反映了调制信号 $u_{\Omega}(t)$的变化规律，称为调幅波的包络；由式（5-2-1）得 $M_a=k_aU_{\Omega m}/U_{cm}$ 称为调幅波的调制系数或调幅度，表示载波振幅受调制信号控制的强弱程度。图 5-2-1 所示为单音调制信号 $u_{\Omega}(t)$对载波 $u_c(t)$进行振幅调制的普通调幅波的波形。由图可以看到，已调波 $u_{AM}(t)$的包络与调制信号 $u_{\Omega}(t)$的波形相似。通常，可以用示波器测出调幅波包络的最大值 U_{max} 和最小值 U_{min}。由式（5-2-1）可得到 $U_{max}=U_{cm}(1+M_a)$、$U_{min}=U_{cm}(1-M_a)$，则有

$$M_a=\frac{U_{\max}-U_{\min}}{U_{\max}+U_{\min}} \qquad (5\text{-}2\text{-}2)$$

式（5-2-2）表明 $M_a\leqslant 1$。M_a 越大，则 U_{max} 与 U_{min} 相差越大，调制越深。若 $M_a>1$，则已调波的包络形状如图 5-2-1（d）所示。可见，已调波的包络变化已不能反映调制信号的变化规律，即产生了失真，称 $M_a>1$ 时的调幅为过调幅。因此，为了避免出现过调幅失真，应使调幅系数 $M_a\leqslant 1$。

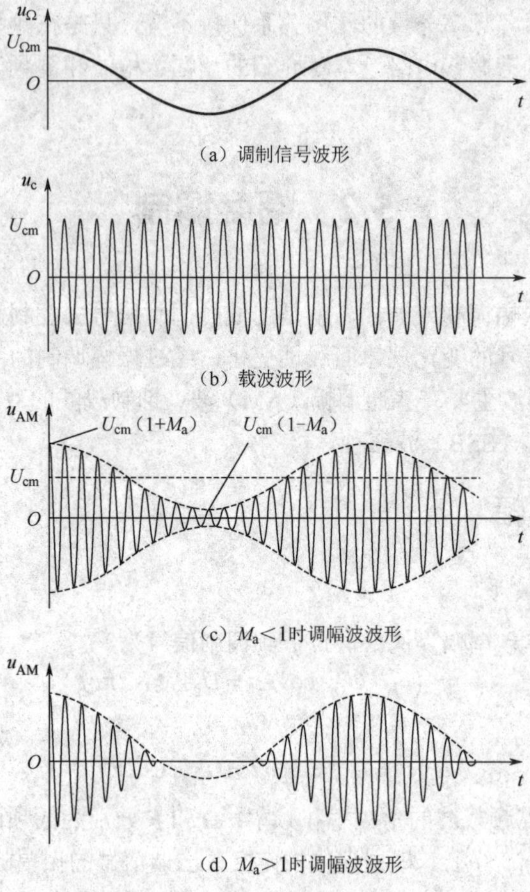

图 5-2-1 调幅波波形

2．频谱与带宽

将式（5-2-1）展开可得

$$u_{AM}(t)=U_{cm}\cos\omega_c t+\frac{1}{2}M_a U_{cm}\cos(\omega_c-\Omega)t+\frac{1}{2}M_a U_{cm}\cos(\omega_c+\Omega)t \qquad (5\text{-}2\text{-}3)$$

式（5-2-3）表明，单频余弦信号调制的调幅波是由三个频率分量构成的：第一项为载波分量；第二项的频率为（f_c-F），称为下边频分量，其振幅为 $M_aU_{cm}/2$；第三项的频率为（f_c+F），称为上边频分量，其振幅也为 $M_aU_{cm}/2$。由此可画出相应的调幅波的频谱，如图 5-2-2（a）所示。由图可见，该调幅波有效频谱所占频带宽度为

$$BW_{AM}=(f_c+F)-(f_c-F)=2F \qquad (5\text{-}2\text{-}4)$$

在实际中，调制信号一般不是单频信号，而是一个比较复杂的含有多个频率的信号，占据的频率范围为 $F_{min}\sim F_{max}$。例如，彩色电视信号的频率范围为 0～6MHz，调频广播传送的音频信号的频率范围为 30Hz～15kHz，普通调幅广播传送的音频信号的频率范围为 50Hz～4.5kHz，电话传送的音频信号的频率范围为 300Hz～3.4kHz。因此，用它调制的调幅波中的上、下边频就有许多个，组成了上边带和下边带。多频调幅时的频谱图如图 5-2-2（b）所示，可见，该调幅波所占频带宽度为

$$\mathrm{BW}_{\mathrm{AM}}=2F_{\max} \tag{5-2-5}$$

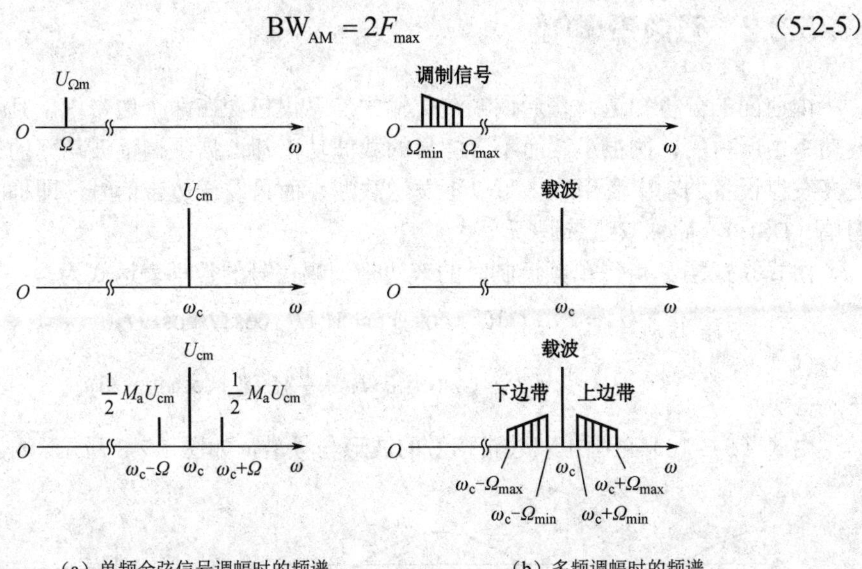

（a）单频余弦信号调幅时的频谱　　（b）多频调幅时的频谱

图 5-2-2　调幅波的频谱

综上所述，调幅的作用反映在波形上，就是将调制信号 $u_\Omega(t)$不失真地搬移到高频载波的振幅上；而反映在频谱上，则是将调制信号 $u_\Omega(t)$的频谱不失真地搬移到载频 f_c 的两边。调幅的过程实际上就是频谱的线性搬移过程，通过调幅，调制信号从低频端搬移到了一个频率较高的载频附近，并对称排列于载频两侧。

3．功率分配

单频调幅时，若负载电阻为 R_L，由式（5-2-3）可得出载波功率为

$$P_c=\frac{1}{2}\cdot\frac{U_{cm}^2}{R_L} \tag{5-2-6}$$

上边频（或下边频）功率为

$$P_{SSB}=\left(\frac{1}{2}M_aU_{cm}\right)^2\frac{1}{2R_L}=\frac{1}{4}M_a^2\cdot\frac{U_{cm}^2}{2R_L}=\frac{1}{4}M_a^2P_c \tag{5-2-7}$$

上、下边频总功率为

$$P_{DSB}=2P_{SSB}=\frac{1}{2}M_a^2P_c \tag{5-2-8}$$

调幅信号总平均功率为

$$P_{av}=P_c+P_{DSB}=P_c+\frac{1}{2}M_a^2P_c=(1+\frac{1}{2}M_a^2)P_c \tag{5-2-9}$$

由式（5-2-9）可知，当 $M_a=0$ 时，$P_{av}=P_c$；当 $M_a=1$ 时，$P_{av}=1.5P_c$。调幅广播在实际传送信息时，平均调幅系数 M_a 只有 0.3 左右，这样 $P_{av}\approx1.05P_c$。因此，在调幅信号总功率中，不含信息的载波功率约占 95%，而携带信息的边频功率仅占 5%。从能量利用率来看，普通振幅调制是很不经济的，但因接收机较简单而且价廉，所以应用还是很广泛的。

如果调制信号为多频信号，则调幅波平均功率等于载波功率和各边频功率之和。

5.2.2 双边带调幅

由前面的分析知道，普通调幅波传输的信息仅包含在两个边带内，且边带功率在调幅波功率中所占的比例很小，而不含信息的载波功率却占据了调幅波功率的绝大部分。为了提高发射设备的功率利用率，可以不发送载波，而只发送边带信号，即抑制载波的双边带调幅（DSB），简称双边带调幅。

由式（5-2-1）可得单频调制时的双边带调幅信号的数学表达式为

$$\begin{aligned}u_{\text{DSB}}(t) &= k_{\text{a}}u_{\Omega}(t)U_{\text{cm}}\cos\omega_{\text{c}}t = M_{\text{a}}U_{\text{cm}}\cos\Omega t\cos\omega_{\text{c}}t \\ &= \frac{1}{2}M_{\text{a}}U_{\text{cm}}\cos(\omega_{\text{c}}+\Omega)t + \frac{1}{2}M_{\text{a}}U_{\text{cm}}\cos(\omega_{\text{c}}-\Omega)t\end{aligned} \tag{5-2-10}$$

由式（5-2-10）可画出双边带信号的波形与频谱，如图 5-2-3 所示。

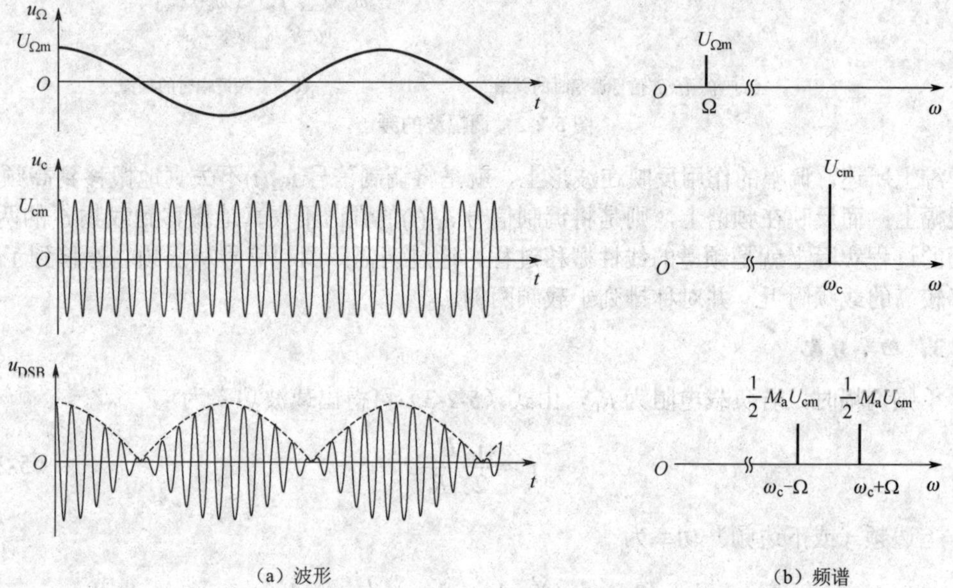

图 5-2-3　DSB 信号的波形与频谱

由图可见，双边带信号的包络已不再反映调制信号的变化规律，而是与调制信号的绝对值成正比；在调制信号的过零处，双边带信号的相位要突变 180°；双边带信号只有（f_c-F）及（f_c+F）两个频率分量，它的频谱相当于从普通调幅波频谱中将载波分量去掉后的频谱。双边带多频调制时的频谱图如图 5-2-4 所示，可见，其带宽仍为调制信号带宽的两倍，即 $\text{BW}_{\text{DSB}}=2F_{\max}$。

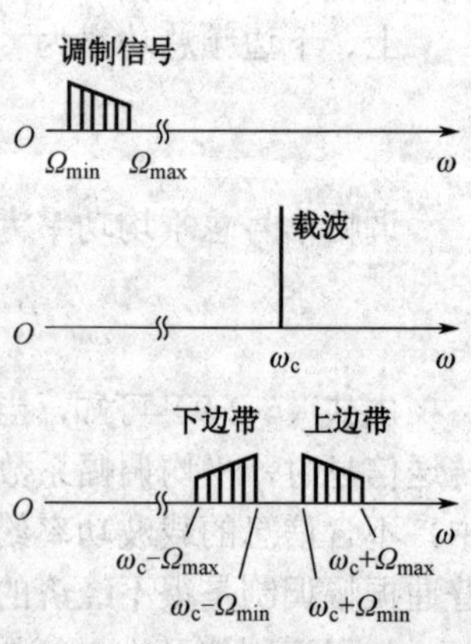

图 5-2-4　DSB 多频调制频谱

5.2.3 单边带调幅

由于调幅波的上、下边带中的任意一个边带已包含了调制信号的全部信息，所以可以进一步将其中的一个边带抑制掉而只发送一个边带（上边带或下边带），这样的调制方式称为单边带调幅（SSB）。单频调制时的单边带调幅信号的数学表达式为

$$u_{SSB} = \frac{1}{2}M_a U_{cm}\cos(\omega_c + \Omega)t \qquad \text{（上边带）} \qquad (5\text{-}2\text{-}11)$$

或

$$u_{SSB} = \frac{1}{2}M_a U_{cm}\cos(\omega_c - \Omega)t \qquad \text{（下边带）} \qquad (5\text{-}2\text{-}12)$$

显然，单频调制的单边带调幅信号仍为等幅波，不过其频率高于或低于载频，当调制信号为多频时，单边带调幅波就不是等幅波了。图 5-2-5 为多频调制的上边带信号的频谱。可见，单边带调幅的频带宽度仅为双边带调幅信号频带宽度的一半，从而提高了频带的利用率，这对日益拥挤的短波波段是很有利的。由于只发射一个边带，大大节省了发射功率。与普通调幅相比，在发射功率相同的情况下，可使接收端的信噪比明显提高，从而使通信距离大大增加。但单边带信号的调制和解调技术实现难度大、设备复杂，限制了单边带调幅在民用方面的应用和推广。

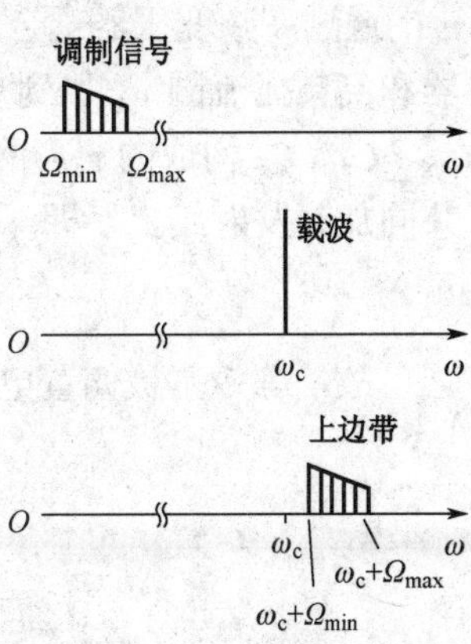

图 5-2-5　SSB 多频调制频谱

综上所述，普通调幅方式所占的频带较宽，还要传输不含信息的较大载波功率，但它的发射机和接收机都较简单。因此，在拥有众多接收机的广播系统中，仍多采用普通调幅方式，以降低接收机的成本。双边带调幅方式可以节省发射机的功率，但所占的频带较宽，且发射机和接收机都比较复杂，因此应用得较少。单边带调幅方式既可节省发射机的功率，又能节约频带，虽然它的发射机和接收机较复杂，却在短波通信中得到了广泛应用。

5.3　幅度电路

按照输出功率的高低，调幅电路分为高电平调幅电路和低电平调幅电路。

高电平调幅是将调制和功率放大合二为一，在高电平状态下进行调幅，其电路的实质就是能够实现幅度调制的高频功率放大器，调制后的信号可以直接用于发射。高电平调幅一般置于发射机的最后一级，主要用于形成 AM 信号，许多无线电广播发射机都采用这种电路。

低电平调幅是将调制和功率放大分开，在低电平状态下进行调幅，产生小功率的调幅波。一般在发射机的前级实现低电平调幅，再经过线性功率放大器的放大，以达到所需的发射功率。低电平调幅电路可用来形成 AM、DSB 和 SSB 等信号。

5.3.1 高电平调幅电路

高电平调幅的主要优点是整机效率高，其主要技术指标是输出功率和效率，同时兼顾调制线性度的要求。为了获得大功率和高效率，高频功率放大器工作在丙类或乙类状态，其输出回路调谐在载波频率上，带宽为调制信号的 2 倍。

高电平调幅的基本方法是用调制信号改变高频功率放大器某一电极的供电电压，以控制输出电流的振幅。根据调制信号控制的电极不同，高电平调幅可分为基极调幅电路和集电极调幅电路。

1．基极调幅电路

基极调幅的原理是用调制信号来改变高频功率放大器的基极偏压，使集电极输出电流的幅度随调制信号而变化，从而实现调幅的目的，其原理电路如图 5-3-1 所示。图中载波 $u_c(t)$通过高频变压器耦合和 L_2、C_1 构成的 L 形网络加到基极，调制信号 $u_\Omega(t)$通过低频变压器和高频扼流圈 L_3 加到基极上，C_2 为高频滤波电容，C_3 对高、低频信号均起旁路作用，L_5、C_6、C_7 构成的π形网络谐振在载频 f_c 上。显然，$u_c(t)$、$u_\Omega(t)$和基极直流偏置电压 U_{BB0} 共同加到发射结上，即

$$u_{BE}=U_{BB0}+u_\Omega(t)+u_c(t)=U_{BB}(t)+u_c(t) \tag{5-3-1}$$

故，等效基极偏置电压为

$$U_{BB}(t)=U_{BB0}+u_\Omega(t) \tag{5-3-2}$$

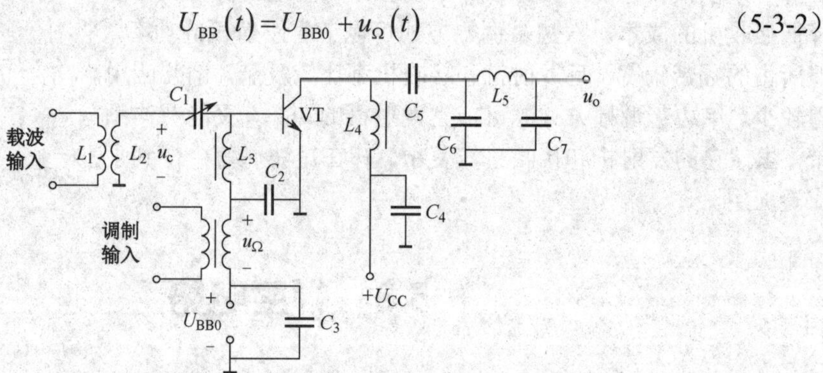

图 5-3-1 基极调幅电路

当功率放大器工作于欠压状态时，集电极电流 i_C 的基波分量振幅 I_{c1m} 随基极偏压 $U_{BB}(t)$ 呈线性地变化，即随调制信号的规律变化，经过 L_5、C_6、C_7 构成的输出匹配网络的选频作用，输出电压 $u_o(t)$的振幅也就随调制信号的规律变化，实现了基极调幅。基极调制特性和调幅波形如图 5-3-2 所示，由图可见，$u_o(t)$为普通的调幅波。基极调幅的主要优点是所需要的调制信号功率小、电路比较简单，但因为工作在欠压状态，集电极效率比较低，一般只适用于功率不大、对失真要求低的发射机中。

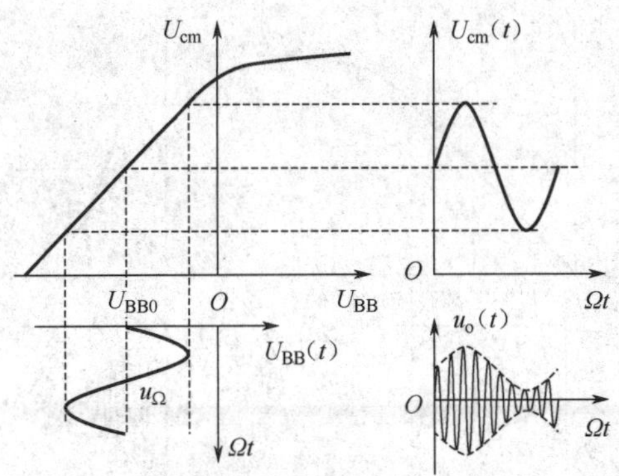

图 5-3-2　基极调制特性曲线和调幅波形

2．**集电极调幅电路**

集电极调幅的原理是用调制信号来改变高频功率放大器的集电极电源电压，使集电极输出电流的幅度随调制信号而变化，从而实现调幅的目的，其原理电路如图 5-3-3 所示。图中，VT_1 为推动级，通过变压器耦合双调谐回路，将载波电压加到 VT_2 的基极，L_3 为扼流圈，VT_2 的输出端采用并馈方式，由 L_5、C_6、C_7 构成的 π 型匹配网络谐振在载频 f_c 上，L_4 和 C_5 分别为高频扼流圈和隔直流电容。调制信号经变压器和 L_4 加到集电极上，C_8 为高频滤波电容，其容抗值应对调制信号频率开路，对载波频率短路。该电路工作时，发射极电流的直流分量 I_{E0} 流过 R_2，使管子工作在丙类状态。显然，$u_\Omega(t)$与集电极电源电压 U_{CC0} 相串联，则等效集电极电源电压为

$$U_{CC}(t)=U_{CC0}+u_\Omega(t) \tag{5-3-3}$$

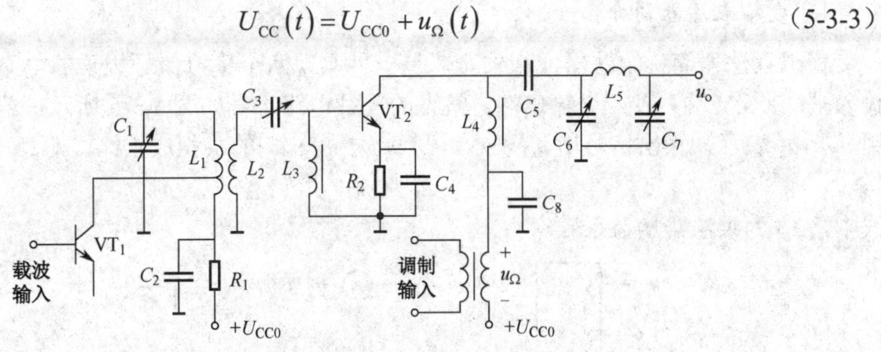

图 5-3-3　集电极调幅电路

当功率放大器工作于过压状态时，集电极电流 i_C 的基波分量振幅 I_{c1m} 与集电极偏置电压 $U_{CC}(t)$成线性关系，即随调制信号的规律变化，经过 L_5、C_6、C_7 构成的输出匹配网络的选频作用，输出电压 $u_o(t)$的振幅也就随调制信号的规律变化，实现了集电极调幅。集电极调制特性曲线及调幅波形如图 5-3-4 所示。集电极调幅的主要优点是效率较高、输出功率较高，但对调制信号的功率有一定要求，适用于较大功率的调幅发射机中。

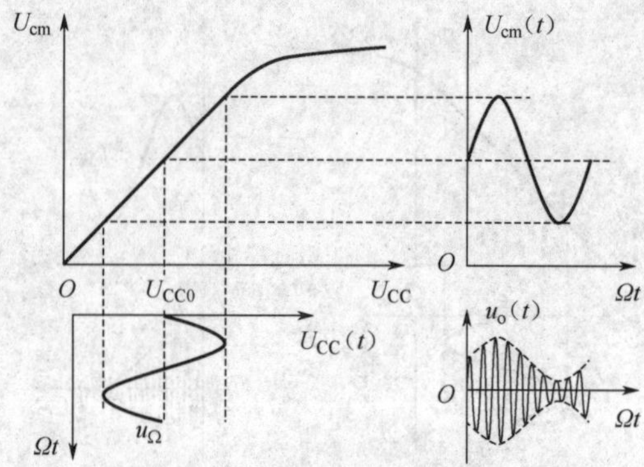

图 5-3-4　集电极调制特性曲线及调幅波形

5.3.2　模拟乘法器低电平调幅电路

低电平调幅主要用于双边带调幅和单边带调幅的发射机中，其主要技术指标是有良好的调制特性，而输出功率和效率一般不予考虑。对于双边带调幅和单边带调幅，还提出了抑制载波分量的要求，用载漏表示，定义为输出的载波分量低于输入分量的分贝数。显然分贝数越大，抑制载波的效果越好。一般要求载漏在 40 dB 以上。

为了提高调制线性和降低载漏，必须设法减少或消除无用的频率分量。因此，现代的低电平调幅电路主要采用模拟乘法器调幅电路（工作频率一般在 100MHz 以下）和二极管平衡调幅电路（工作频率可高达 GHz 级）。

1．模拟乘法器简介

模拟乘法器简称乘法器或相乘器，是一种实现两个模拟信号相乘的电路，通常有两个输入端（X、Y 端）及一个输出端，常见的几种电路符号如图 5-3-5 所示。若输入信号分别用 u_X、u_Y 表示，输出信号用 u_O 表示，则 u_O 与 u_X、u_Y 的乘积成正比，即

$$u_O = A_M u_X u_Y \tag{5-3-4}$$

式中，A_M 为乘法器增益系数。

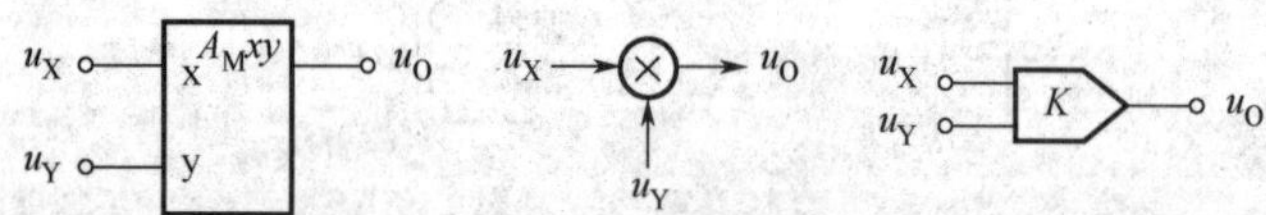

图 5-3-5　模拟乘法器电路符号

式（5-3-4）表示的是一个理想模拟乘法器的输出电压与输入电压的关系，即输入电压的波形、幅度、极性和频率可以是任意的，所以又称为四象限相乘器。但实际的模拟乘法器，其输出总是有一定的漂移和噪声电压，且对输入信号的幅度和频率都有一定的限制条件。

知识拓展

集成模拟乘法器 MCl596 原理电路简介

MCl596 集成模拟乘法器是常用的价格低、性能好、适用于高频电路的乘法器，其内部

电路如图 5-3-6 虚线框内所示，图中 VT_1、VT_2、VT_3、VT_4和 VT_5、VT_6共同组成双差分对管模拟乘法器，VT_7、VT_8作为 VT_5、VT_6的电流源。两个输入信号 u_X、u_Y分别加在 VT_1~VT_4和 VT_5、VT_6管的基极，可以平衡输入，也可以将任意一端接地变成单端输入。VT_1、VT_3管的集电极接在一起为一个输出端，VT_2、VT_4的集电极接在一起为另一个输出端，可以平衡输出，也可以由任意一端输出变成单端输出。虚线框外为外接元件，在 2 脚与 3 脚之间的外接反馈电阻 R_Y用来扩展 u_Y的动态范围，6 脚和 9 脚之间的外接 3.9kΩ 负载电阻；5 脚外接 6.8kΩ 电阻用来确定 VT_7、VT_8的偏置电压。

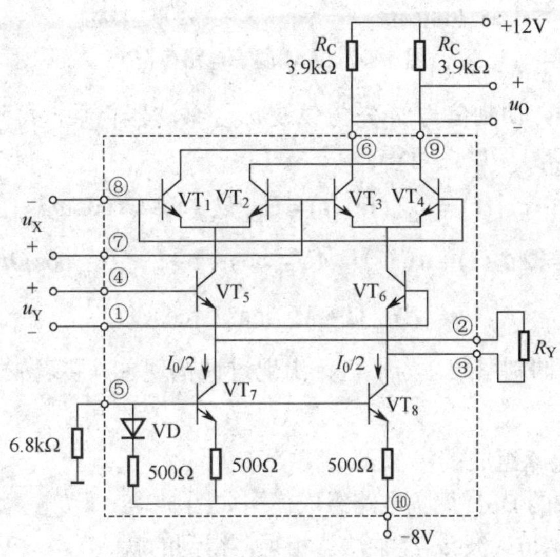

图 5-3-6　MC1596 的内部电路

可以证明，当$|u_X| \leqslant 26\text{mV}$、$|u_Y| \leqslant \frac{1}{4}R_Y I_0 + U_T$时，可以近似实现两个信号的相乘，即

$$u_O \approx -\frac{R_C}{R_Y U_T} u_X u_Y \tag{5-3-5}$$

2．模拟乘法器调幅电路组成模型

为方便分析，以单音调制为例，设调制信号为$u_\Omega(t) = U_{\Omega m}\cos\Omega t$，载波信号为$u_c(t) = U_{cm}\cos\omega_c t$，且乘法器和加法器的系数为 1。

（1）普通调幅电路组成的模型

由模拟乘法器构成的 AM 调幅电路组成模型如图 5-3-7 所示。在图 5-3-7（a）中，调制信号 u_Ω先与直流电压 U_I经加法器相加，再与载波 u_c经乘法器相乘，就得到了 AM 信号。由图可得

$$u_{O1}(t) = U_I + u_\Omega(t) = U_I + U_{\Omega m}\cos\Omega t \tag{5-3-6}$$

$$u_{AM}(t) = u_{O1}(t)u_c(t) = U_{cm}(U_I + U_{\Omega m}\cos\Omega t)\cos\omega_c t$$

$$=U_{cm}U_{I}\left(1+M_{a}\cos\Omega t\right)\cos\omega_{c}t \tag{5-3-7}$$

式中，$M_{a}=U_{\Omega m}/U_{I}$为调制系数，为了避免出现过调幅现象，要求 $M_a \leqslant 1$，即直流电压不能小于调制信号的振幅 $U_{\Omega m}$。

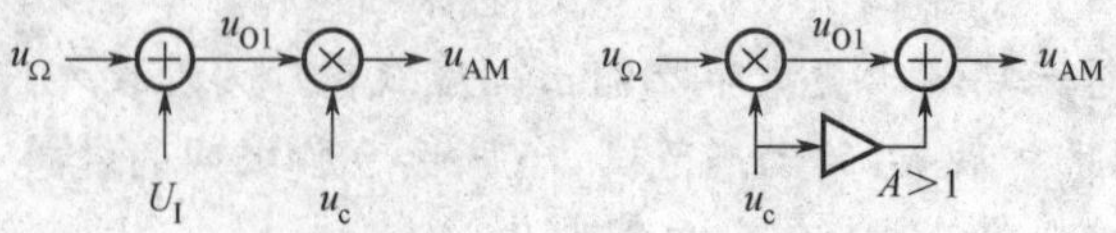

（a）电路模型之一　　（b）电路模型之二

图 5-3-7　AM 调幅电路模型

在图 5-3-7（b）中，调制信号 u_Ω先与载波 u_c 经乘法器相乘，再与放大的载波经加法器相加，也可得到 AM 信号。由图可得

$$u_{O1}\left(t\right)=u_{\Omega}\left(t\right)u_{c}\left(t\right)=U_{\Omega m}U_{cm}\cos\Omega t\cos\omega_{c}t \tag{5-3-8}$$

$$\begin{aligned}u_{AM}\left(t\right)&=Au_{c}\left(t\right)+u_{O1}\left(t\right)=AU_{cm}\cos\omega_{c}t+U_{\Omega m}U_{cm}\cos\Omega t\cos\omega_{c}t\\&=AU_{cm}\left(1+M_{a}\cos\Omega t\right)\cos\omega_{c}t\end{aligned} \tag{5-3-9}$$

式中，$M_{a}=U_{\Omega m}/A$为调制系数，为了避免出现过调幅现象，要求 $M_a \leqslant 1$，即放大器的增益 A 不能小于 $U_{\Omega m}$。

（2）双边带调幅电路组成的模型

由模拟乘法器构成的 DSB 调幅电路组成模型如图 5-3-8 所示，显然调制信号 u_Ω与载波 u_c 经乘法器相乘，得到的就是 DSB 信号。实际中为有效抑制无用的频率分量，通常在乘法器后接带通滤波器，带通滤波器的中心频率为载波频率 f_c，带宽为调制信号带宽的 2 倍。由图可得

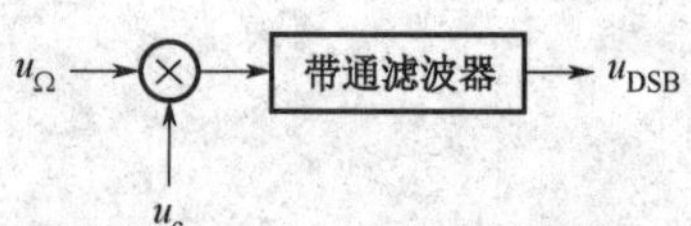

图 5-3-8　DSB 调幅电路模型

$$u_{DSB}\left(t\right)=u_{\Omega}\left(t\right)u_{c}\left(t\right)=U_{\Omega m}U_{cm}\cos\Omega t\cos\omega_{c}t \tag{5-3-10}$$

双边带调幅广泛用于调幅、调频立体声广播系统。图 5-3-9（a）为调频立体声广播中采用双边带技术实现副载波调制的导频制发射机原理电路模型。图中，L、R 分别表示立体声左、右声道的两个音频信号，两者的和信号 $L+R$ 形成主信道，而两者的差信号 $L-R$ 则送入乘法器，与倍频器送来的 38kHz 副载波相乘，产生双边带调幅信号，形成副信道。晶体振荡器产生 19kHz 的导频信号，目的是使接收机能恢复出 $L-R$ 信号，同时导频信号经倍频器产生 38kHz 的副载波。然后再将主、副信道信号与导频信号合成，如图 5-3-9（b）所示，最后以此合成信号为调制信号进行频率调制，形成调频信号，经功率放大后由天线发射出去。

在接收端，若用普通调频收音机（单声道）接收立体声广播时，仅能听到 $L+R$ 信号；而用立体声收音机接收时，通过其内部专用的解码系统，先将和、差信号解调，再进行相加、相减

$$(L+R)+(L-R)=2L$$
$$(L+R)-(L-R)=2R$$

就可以得到左、右两路音频信号。

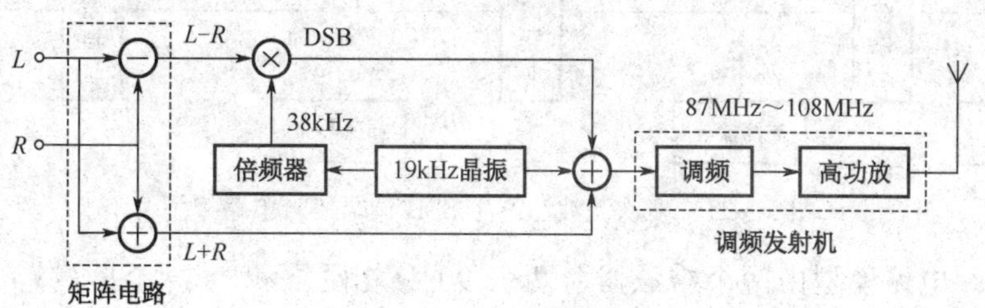

（a）导频制发射机原理电路模型

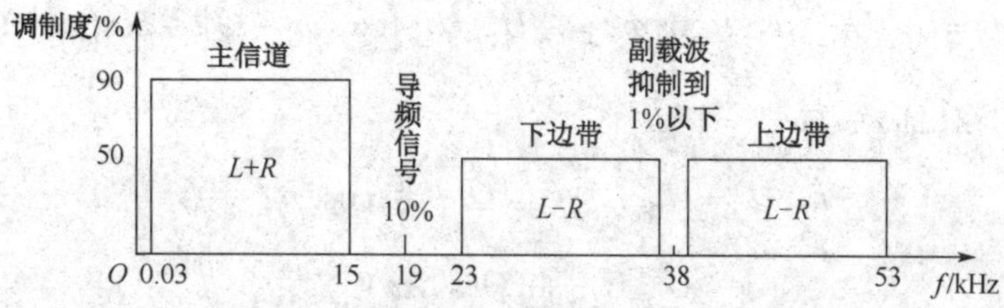

（b）导频制已调波信号频谱

图 5-3-9　导频制发射机原理

（3）单边带调幅电路组成的模型

单边带调幅信号已不能由调制信号与载波信号简单相乘得到。实现 SSB 调幅的基本电路模型有两种：滤波法和移相法。

滤波法：电路模型由乘法器和带通滤波器组成，如图 5-3-10（a）所示。因为 SSB 信号实际上就是 DSB 信号的一个边带，所以先用乘法器产生 DSB 信号，再用滤波器取出其中一个边带信号（如上边带），并抑制另一个边带信号（下边带），就得到了所需要的 SSB 信号。

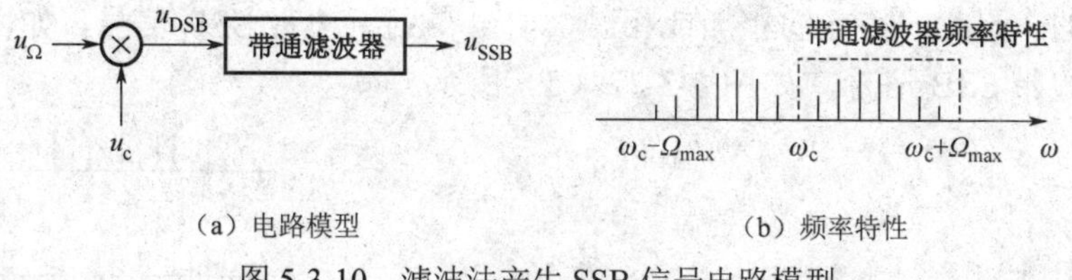

（a）电路模型　　（b）频率特性

图 5-3-10　滤波法产生 SSB 信号电路模型

滤波法的原理很简单，但不容易实现，特别是调制信号中含有很多低频分量时，上、下边带的频率间距很小，这就要求带通滤波器有接近矩形的频率特性，如图 5-3-10（b）所示，这样才能有效滤除另一边带信号。但是，任何滤波器从通带到阻带都有一个过渡带，过渡带的相对宽度越窄就越难实现，特别是在高频段难度更大。为了克服上述实际困难，通常先在较低的频率上实现 SSB 调幅，然后通过多次 DSB 调幅和滤波，将 SSB 信号搬迁到所需要的载频上，电路模型如图 5-3-11 所示。

由于ω_1 较低，滤波器 I 比较容易实现，随后的载波频率逐次提高，即$\omega_1<\omega_2<\omega_3$，上、下边带的频率间距也逐次增大，滤出一个边带就容易实现。

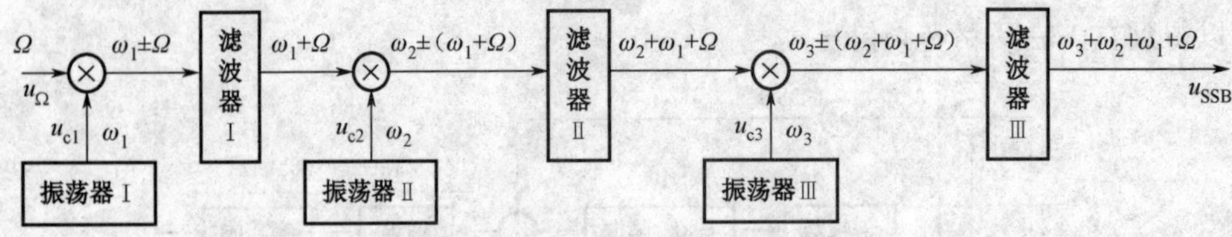

图 5-3-11　多次滤波法产生 SSB 调幅信号电路模型

移相法：电路模型由两个乘法器、两个 90°移相网络和一个加法（减）器组成，如图 5-3-12 所示。由图可知，乘法器Ⅰ的输出信号为

$$u_{O1}(t)=U_{\Omega m}U_{cm}\cos\Omega t\cos\omega_c t=\frac{1}{2}U_{\Omega m}U_{cm}\left[\cos(\omega_c-\Omega)t+\cos(\omega_c+\Omega)t\right] \quad (5\text{-}3\text{-}11)$$

乘法器Ⅱ的输出信号为

$$\begin{aligned}u_{O2}(t)&=U_{\Omega m}U_{cm}\cos(\Omega t-\frac{\pi}{2})\cos(\omega_c t-\frac{\pi}{2})\\&=U_{\Omega m}U_{cm}\sin\Omega t\sin\omega_c t\\&=\frac{1}{2}U_{\Omega m}U_{cm}\left[\cos(\omega_c-\Omega)t-\cos(\omega_c+\Omega)t\right]\end{aligned} \quad (5\text{-}3\text{-}12)$$

将 $u_{O1}(t)$和 $u_{O2}(t)$相加，则上边带相互抵消、下边带叠加，输出为下边带 SSB 信号；将 $u_{O1}(t)$和 $u_{O2}(t)$相减，则下边带相互抵消、上边带叠加，输出为上边带 SSB 信号，即

$$u_O(t)=\begin{cases}u_{O1}(t)+u_{O2}(t)=U_{\Omega m}U_{cm}\cos(\omega_c-\Omega)t\\u_{O1}(t)-u_{O2}(t)=U_{\Omega m}U_{cm}\cos(\omega_c+\Omega)t\end{cases} \quad (5\text{-}3\text{-}13)$$

当调制信号为多频信号时，产生 SSB 调幅信号的原理与单频调制时相同，其频谱如图 5-3-13 所示。图 5-3-13（a）是乘法器Ⅰ的输出信号频谱；图 5-3-13（b）是乘法器Ⅱ的输出信号频谱。比较两个输出信号的频谱，它们下边带的极性是相同的，而上边带的极性是相反的。因此，将它们相加或相减，便可得到下边带 SSB 信号，如图 5-3-13（c）所示，或上边带 SSB 信号，如图 5-3-13（d）所示。

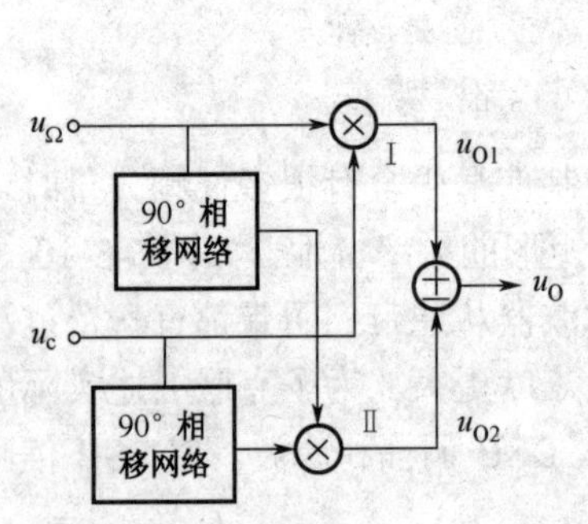

图 5-3-12　移相法产生 SSB 信号电路模型

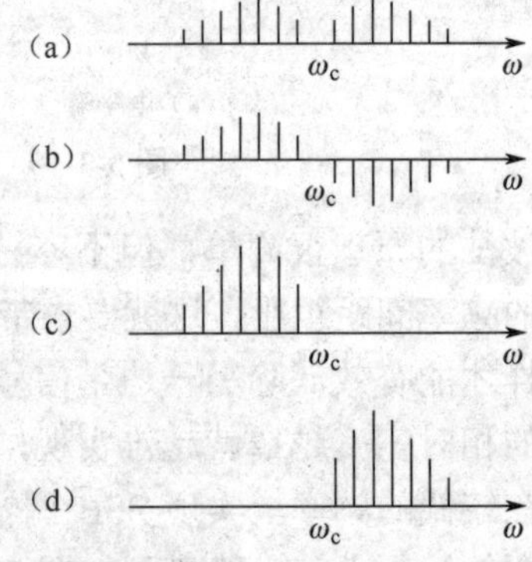

图 5-3-13　移相法产生 SSB 信号频谱

移相网络对单频信号进行 90°移相比较简单，但实际中的调制信号是相对带宽比较大的多频信号，要将多频调制信号中的每一个频率分量都准确移相 90°是很困难的。为解决这

个问题，可采用移相滤波法（维夫法），此方法请参阅相关文献。

3．模拟乘法器调幅电路

采用模拟乘法器 MCl596 构成的普通调幅电路如图 5-3-14 所示。由图可知，高频载波电压 u_c 加到 X 输入端口，调制信号电压 u_Ω及直流电压加到 Y 输入端口，输出信号从 6 脚单端取出。X 输入端口两输入端（7 脚和 8 脚）直流电位相同，Y 输入端口两输入端（1 脚和 4 脚）之间接有调零电路，可通过调节电位器 RP，使 1 脚电位比 4 脚高 V_1伏，其目的在于给输出端提供一个合适的载波分量，使调制信号达到最大值时也不会出现过调幅现象，以避免失真。1 脚、4 脚外接的 51Ω 电阻用于与传输电缆进行阻抗匹配。为了滤除高次谐波，通常需在输出端加设带通滤波器。

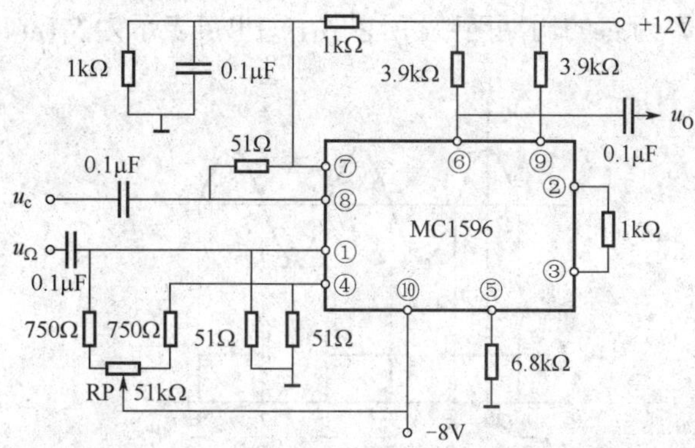

图 5-3-14　模拟乘法器 MC1596 构成的普通调幅电路

用图 5-3-14 所示电路也可以产生双边带调幅信号，但为了抑制载波分量，需要进行平衡调节。为了减小流经电位器 RP 的电流，便于准确调零，可将两 750Ω 的电阻换成两个 10kΩ 的电阻。在调制信号为零时，调节 RP 使输出载波电压为 0V，即可实现双边带调幅。

5.3.3　二极管平衡乘法器低电平调幅电路

各类二极管平衡电路广泛用于通信设备中，它们具有电路简单、噪声低、工作频率高、组合频率分量少等优点。如果采用肖特基表面势垒二极管，其工作频段极宽，可从数十 kHz 级到 GHz 级。作为通用组件，二极管双平衡乘法器广泛应用于调幅、检波、混频及实现其他功能。二极管平衡电路的主要缺点是没有增益。

为方便分析，设调制信号为 $u_\Omega(t)=U_{\Omega m}\cos\Omega t$，载波信号为 $u_c(t)=U_{cm}\cos\omega_c t$，且 $U_{cm} >> U_{\Omega m}$。

1．二极管调幅电路

二极管调幅原理电路如图 5-3-15(a)所示，当二极管工作在大信号状态时，即 $U_{cm} > 0.5V$ 时，可认为二极管受 $u_c(t)$控制：当 $u_c(t)> 0$ 时，二极管导通，导通电阻为 r_D；当 $u_c(t)< 0$ 时，二极管截止，电流 i=0。即二极管工作在开关状态，可用受 $u_c(t)$控制的开关等效，如图 5-3-15（b）所示。图中，$S_1(u_c)$是受 $u_c(t)$控制的单向开关函数。

$$S_1(u_c)=\begin{cases}1, & u_c>0\text{时}\\ 0, & u_c<0\text{时}\end{cases}$$

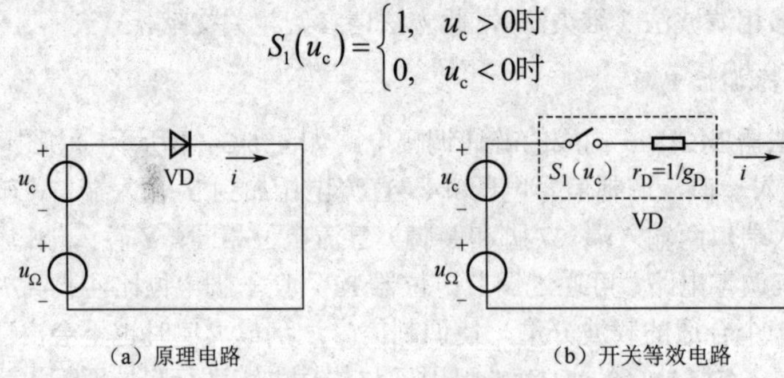

（a）原理电路　　（b）开关等效电路

图 5-3-15　二极管调幅原理电路

由于 $u_c(t)$是角频率为ω_c的周期函数，所以 $S_1(u_c)$也可表示为 $S_1(\omega_c t)$，其波形如图 5-3-16 所示。

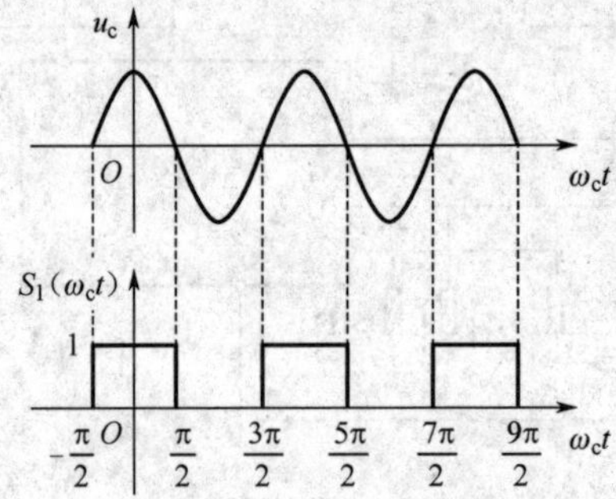

图 5-3-16　单向开关函数波形

当 $u_c(t)>0$ 时，通过二极管的电流为

$$i=\frac{u_c(t)+u_\Omega(t)}{r_D}S_1(\omega_c t)=g_D\left[u_c(t)+u_\Omega(t)\right]S_1(\omega_c t) \tag{5-3-14}$$

式中，$g_D=1/r_D$ 为二极管的导通电导。

将 $S_1(\omega_c t)$用傅里叶级数展开，得

$$S_1(\omega_c t)=\frac{1}{2}+\frac{2}{\pi}\cos\omega_c t-\frac{2}{3\pi}\cos 3\omega_c t+\cdots \tag{5-3-15}$$

将式（5-3-15）和 $u_c(t)$、$u_\Omega(t)$代入式（5-3-14），得

$$\begin{aligned}i&=g_D(U_{cm}\cos\omega_c t+U_{\Omega m}\cos\Omega t)\left(\frac{1}{2}+\frac{2}{\pi}\cos\omega_c t-\frac{2}{3\pi}\cos 3\omega_c t+\cdots\right)\\&=\frac{g_D}{\pi}U_{cm}+\frac{g_D}{2}U_{cm}\cos\omega_c t+\frac{g_D}{2}U_{\Omega m}\cos\Omega t+\\&\quad\frac{g_D}{\pi}U_{\Omega m}\cos(\omega_c+\Omega)t+\frac{g_D}{\pi}U_{\Omega m}\cos(\omega_c-\Omega)t+\\&\quad\frac{2g_D}{3\pi}U_{cm}\cos 2\omega_c t-\frac{g_D}{3\pi}U_{cm}\cos 4\omega_c t-\\&\quad\frac{g_D}{3\pi}U_{\Omega m}\cos(3\omega_c+\Omega)t-\frac{g_D}{3\pi}U_{\Omega m}\cos(3\omega_c-\Omega)t+\cdots\end{aligned}$$

由上式可见，输出电流中含有直流分量，Ω 和ω_c分量，ω_c的偶次谐波分量，ω_c及其奇次谐波与Ω 的组合频率分量。即含有ω_c与Ω 的和频与差频分量，具有乘法器的特性，在输出端采用合适的滤波器可实现调幅、混频等功能。

2．二极管平衡调幅电路

二极管调幅电路虽然产生了$\omega_c \pm \Omega$ 的调幅信号频率，但仍含有许多无用频率分量，可采用二极管平衡调幅电路减少无用频率分量。

二极管平衡调幅电路及其等效电路如图5-3-17所示。图中二极管VD_1、VD_2的性能相同，变压器T_1、T_2的一次中心抽头上、下两绕组与二次绕组的匝数比为1:1，并忽略变压器的损耗。当$U_{cm} > 0.5V$时，可认为两个二极管受$u_c(t)$控制工作在开关状态。

当$u_c(t)<0$时，VD_1、VD_2截止，$i=0$。当$u_c(t)>0$时，VD_1、VD_2导通，根据式（5-3-14）得

$$i_1 = \frac{u_c(t) + u_\Omega(t)}{r_D + R} S_1(\omega_c t) \tag{5-3-15}$$

$$i_2 = \frac{u_c(t) - u_\Omega(t)}{r_D + R} S_1(\omega_c t) \tag{5-3-16}$$

由于i_1与i_2的方向相反，所以总输出电流$i = i_1 - i_2$，输出电压u_O为

$$\begin{aligned} u_O(t) &= (i_1 - i_2)R = \frac{2Ru_\Omega(t)}{r_D + R} S_1(\omega_c t) = \frac{2RU_{\Omega m}}{r_D + R}\cos\Omega t\left(\frac{1}{2} + \frac{2}{\pi}\cos\omega_c t - \frac{2}{3\pi}\cos 3\omega_c t + \cdots\right) \\ &= \frac{RU_{\Omega m}}{r_D + R}\cos\Omega t + \frac{2}{\pi}\frac{RU_{\Omega m}}{r_D + R}[\cos(\omega_c + \Omega)t + \cos(\omega_c - \Omega)t] - \\ &\quad \frac{2}{3\pi}\frac{RU_{\Omega m}}{r_D + R}[\cos(3\omega_c + \Omega)t + \cos(3\omega_c - \Omega)t] + \cdots \end{aligned} \tag{5-3-17}$$

由上式可见，输出电流中含有Ω 分量，ω_c 及其奇次谐波与Ω 的组合频率分量。即含有Ω 与ω_c的和频与差频分量，而且无用频率分量比单二极管调幅电路少很多。由于无用频率分量Ω 和$3\omega_c \pm \Omega$ 等分量与$\omega_c \pm \Omega$ 相距很远，所以很容易用带通滤波器滤除。

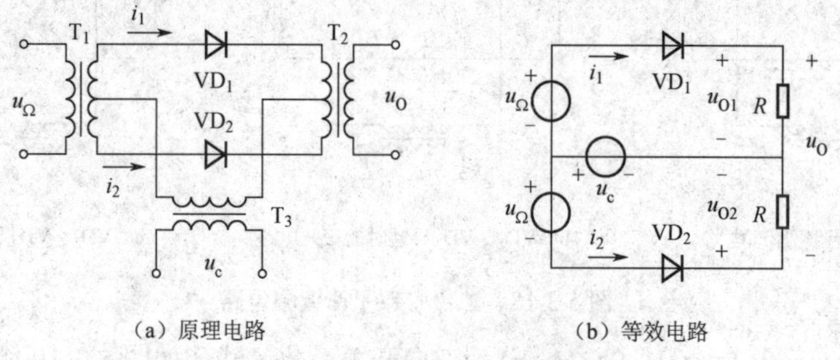

（a）原理电路　　　　（b）等效电路

图5-3-17　二极管平衡调幅电路

3．二极管双平衡调幅电路

为进一步减少无用频率分量，可采用二极管双平衡调幅电路，原理图如图5-3-18（a）

所示。图中 4 个二极管性能相同，变压器 T_1、T_2 的一次中心抽头上、下两绕组与二次绕组的匝数比为 1:1，并忽略变压器的损耗。当 $U_{cm}>0.5V$ 时，可认为二极管受 $u_c(t)$控制工作在开关状态。

当 $u_c(t)>0$ 时，VD_1、VD_2 导通，VD_3、VD_4 截止，如图 5-3-18（b）所示，可得

$$i_1=\frac{u_c(t)+u_\Omega(t)}{r_D+R}S_1(\omega_c t)$$

$$i_2=\frac{u_c(t)-u_\Omega(t)}{r_D+R}S_1(\omega_c t)$$

此时的输出电流为

$$i_{12}=i_1-i_2=\frac{2u_\Omega(t)}{r_D+R}S_1(\omega_c t) \tag{5-3-18}$$

当 $u_c(t)<0$ 时，VD_3、VD_4 导通，VD_1、VD_2 截止，如图 5-3-18（c）所示，可得

$$i_3=-\frac{u_c(t)+u_\Omega(t)}{r_D+R}S_1(\omega_c t-\pi)$$

$$i_4=-\frac{u_c(t)-u_\Omega(t)}{r_D+R}S_1(\omega_c t-\pi)$$

此时的输出电流为

$$i_{34}=i_3-i_4=-\frac{2u_\Omega(t)}{r_D+R}S_1(\omega_c t-\pi) \tag{5-3-19}$$

总输出电流为

$$\begin{aligned}i&=i_{12}+i_{34}=(i_1-i_2)+(i_3-i_4)\\&=\frac{2u_\Omega(t)}{r_D+R}\left[S_1(\omega_c t)-S_1(\omega_c t-\pi)\right]=\frac{2u_\Omega(t)}{r_D+R}S_2(\omega_c t)\end{aligned} \tag{5-3-20}$$

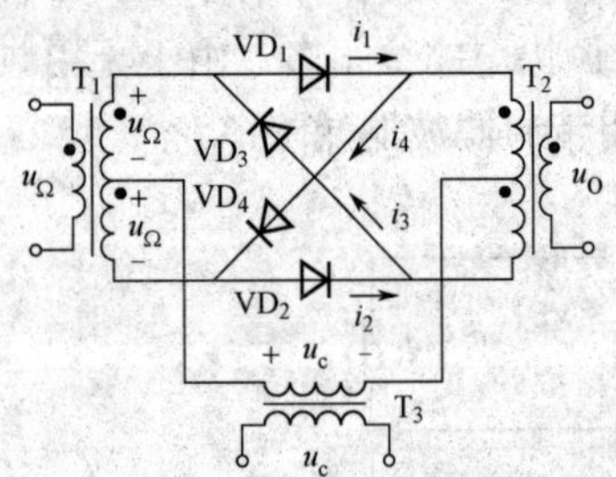

（a）双平衡调幅原理电路

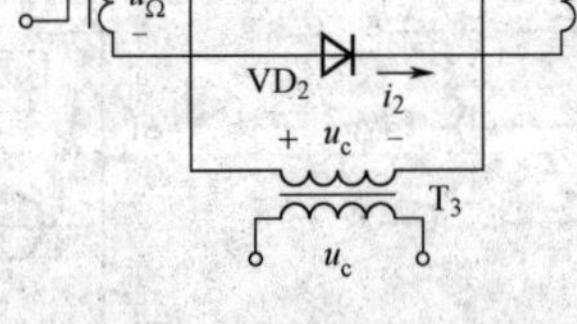

（b）VD_1、VD_2 导通时的等效电路

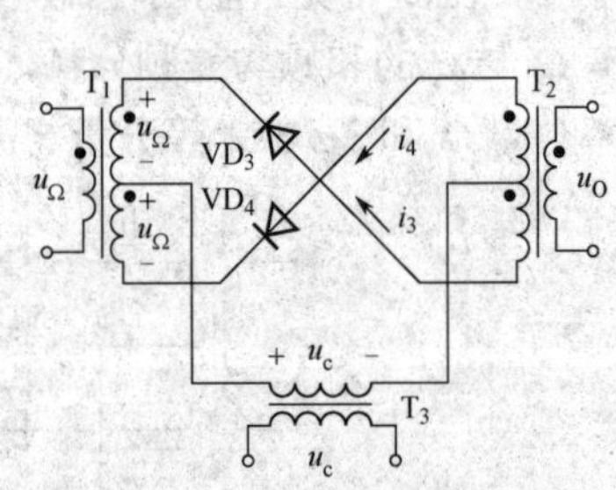

（c）VD_3、VD_4 导通时的等效电路

图 5-3-18　二极管双平衡调幅电路

式中，$S_2(\omega_c t)=S_1(\omega_c t)-S_1(\omega_c t-\pi)$ 为双向开关函数，波形如图 5-3-19 所示。

$$S_2(\omega_c t)=\begin{cases}1 & (u_c>0\text{时})\\-1 & (u_c<0\text{时})\end{cases}$$

将 $S_2(\omega_c t)$用傅里叶级数展开，得

$$S_2(\omega_c t)=\frac{4}{\pi}\cos\omega_c t-\frac{4}{3\pi}\cos 3\omega_c t+\cdots \tag{5-3-21}$$

将式（5-3-21）和 $u_\Omega(t)$代入式（5-3-20），得

$$\begin{aligned} i&=\frac{2U_{\Omega m}}{r_D+R}\cos\Omega t\left(\frac{4}{\pi}\cos\omega_c t-\frac{4}{3\pi}\cos 3\omega_c t+\cdots\right)\\ &=\frac{4}{\pi}\frac{U_{\Omega m}}{r_D+R}[\cos(\omega_c+\Omega)t+\cos(\omega_c-\Omega)t]\\ &\quad-\frac{4}{3\pi}\frac{U_{\Omega m}}{r_D+R}[\cos(3\omega_c+\Omega)t+\cos(3\omega_c-\Omega)t]+\cdots \end{aligned}$$

由上式可见，输出电流中只含有ω_c及其奇次谐波与Ω 的组合频率分量，无用频率分量进一步减少。

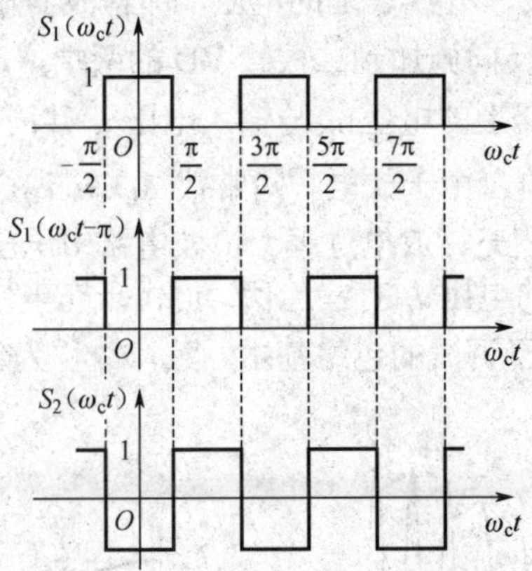

图 5-3-19　双向开关函数波形

5.4　检　　波

检波是调幅的逆过程，即从高频调幅波中取出原调制信号的过程称为检波，完成这个功能的电路称为检波器。从频谱上看，检波就是将调幅信号中的边带信号不失真地从载波频率附近搬移到零频率附近，因此，检波器属于频谱搬移电路。

检波器根据所用器件的不同，可分为二极管检波、晶体管检波和乘法器检波等；根据输入信号大小的不同，可分为小信号检波和大信号检波；根据工作特点不同，可分为包络检波和乘法检波（又称为同步检波）等。

5.4.1　大信号包络检波器

包络检波是指解调器输出电压与输入已调波的包络成正比的检波方法。由于普通调幅信号的包络与调制信号成正比，所以包络检波只适用于普通调幅信号。目前应用最广的是

二极管包络检波器，如图 5-4-1 所示。电路由二极管 VD 与 R_L、C 组成的低通滤波器串接而成。R_L 为检波负载电阻，C 为检波负载电容，它一方面使输入已调波信号完全加到二极管两端，提高检波效率；另一方面起着高频滤波的作用。本节只讨论大信号输入时的情况。所谓大信号，是指输入高频电压 u_i 的振幅在 500mV 以上，这时可忽略二极管的导通电压，即认为二极管两端电压 u_D 为正时就导通，为负时就截止。

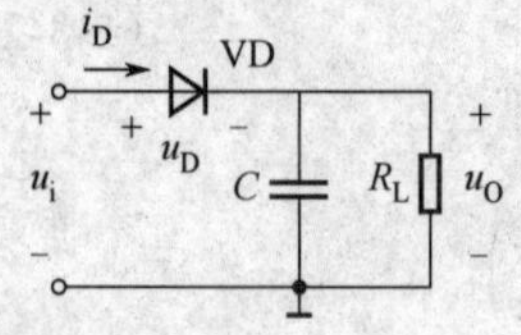

图 5-4-1　二极管包络检波器

1．工作原理

设检波器输入高频调幅波为 $u_i = U_{im}(1 + M_a \cos \Omega t)\cos \omega_c t$，此时，由于负载电容 C 的高频阻抗很小，因此，高频输入电压 u_i 绝大部分加到二极管 VD 上。当高频已调波为正半周时，二极管导通，并对电容 C 充电。由于二极管导通时的内阻 r_D 很小，即充电时间常数 $r_D C$ 很小，因而充电电流较大，电容 C 上的电压，即检波器输出电压 u_O 很快就接近高频输入电压的最大值。同时 u_O 又反向施加到二极管 VD 的两端，形成对二极管的反偏压。这时二极管的导通与否，由电容器上的电压 u_O 与输入电压 u_i 共同决定。当 $u_i < u_O$ 时，二极管截止，电容 C 通过负载 R_L 放电，由于放电时间常数 $R_L C >> r_D C$，故放电速度很慢。当 $u_i > u_O$ 时，二极管又导通，重复上述充、放电过程。检波电路中电压波形如图 5-4-2 所示。从图中可以看到，虽然电容两端的电压 u_O 有些起伏，但由于充电快、放电慢，u_O 实际上的起伏很小，可近似认为 u_O 与高频已调波的包络基本一致，故称为包络检波。

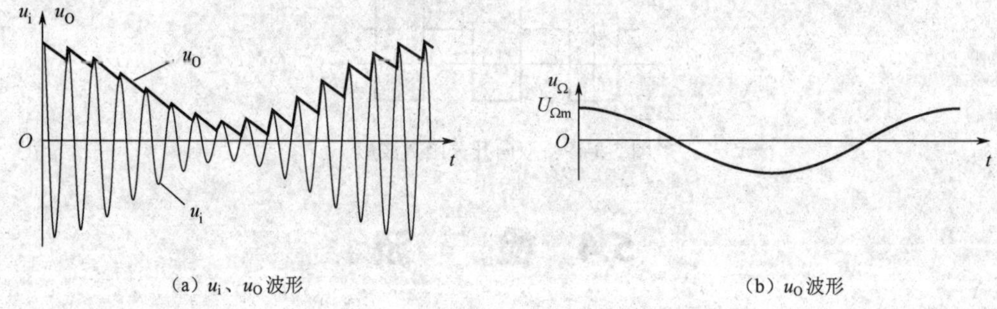

（a）u_i、u_O 波形　　（b）u_O 波形

图 5-4-2　检波器中电压波形

2．检波效率与输入电阻

（1）检波效率（η_D）

检波效率又称为电压传输系数，用来说明检波器对高频信号的解调能力，用 η_D 表示。当输入信号为高频调幅波时，检波效率定义为检波器输出电压的幅度 $U_{\Omega m}$ 与输入信号包络幅度 $M_a U_{im}$ 之比，即

$$\eta_D = \frac{U_{\Omega m}}{M_a U_{im}} \tag{5-4-1}$$

实际中，检波器的参数选择一般满足 $\frac{1}{\Omega C} << R_L << \frac{1}{\omega_c C}$，即充电快、放电慢，所以输

出电压的幅度 $U_{\Omega m}$ 只略小于调幅波包络幅度 $M_a U_{im}$，通常 η_D 在 80%左右。

（2）输入电阻（R_i）

对于高频调幅波信号源，检波器相当于负载，其等效电阻就是检波器的输入电阻 R_i，用来说明检波器对前级电路的影响程度。R_i 定义为输入高频等幅波的电压振幅 U_{im} 与输入高频脉冲电流中的基波振幅 I_{1m} 之比，即

$$R_i = \frac{U_{im}}{I_{1m}} \tag{5-4-2}$$

由理论分析可以得出，二极管大信号包络检波器的输入电阻 $R_i \approx R_L/2$。可见，为了减小二极管检波器对前级电路的影响，必须增大 R_i，相应的就必须增大 R_L。但是，增大 R_L 将受到检波器中非线性失真的限制。解决这个矛盾的一个有效方法是采用如图 5-4-3 所示的晶体三极管包格检波电路。由图可见，就其检波的物理过程而言，它利用发射结产生与二极管包格检波器相似的工作过程，不同的仅是输入电阻比二极管检波器增大了（$1+\beta$）倍，这种检波电路在集成电路中得到了广泛的应用。

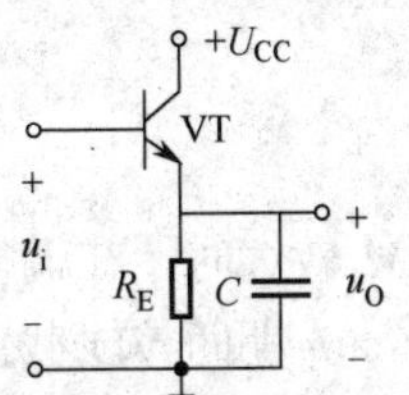

图 5-4-3　晶体三极管包络检波电路

3．失真

理想情况下，大信号包络检波器的输出电压波形能够不失真地反映输入调幅波的包络变化规律。但是，如果电路参数选择不当，二极管包络检波器将会产生其特有的惰性失真和负峰切割失真。

（1）惰性失真

惰性失真是由于检波器的 $R_L C$ 取值过大而造成的。在实际电路中，为了提高检波效率，$R_L C$ 取值应足够大。但是，当 $R_L C$ 取值过大时，在二极管截止期间将使 C 的放电速度过慢，以致跟不上调幅波包络的下降速度，就出现了如图 5-4-4 所示的惰性失真。由图可以看到，在 t_1～t_2 期间 C 上电压的下降速度低于调幅波包络的下降速度，于是 u_O 不再按调幅波的包络变化，产生了失真。

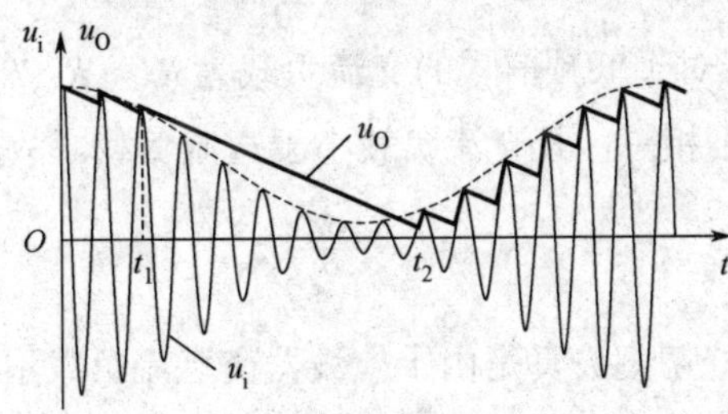

图 5-4-4　惰性失真

显然，调制信号的频率Ω 越高、调制系数 M_a 越大，调幅波包络下降的速度就越快，越容易产生惰性失真。可以证明，为了避免产生惰性失真，$R_L C$ 应满足下述条件

$$R_L C \leqslant \frac{\sqrt{1-M_a^2}}{M_a \Omega_{max}} \tag{5-4-3}$$

式中，Ω_{max} 为调制信号的最高频率分量。

（2）负峰切割失真

在实际电路中，检波器的输出端都要经隔直电容把解调的低频信号耦合到下级（如低频电压放大器）的输入端，如图 5-4-5 所示。图中 C_C 为低频耦合电容，起着隔直流、耦合低频信号的作用，R_{i2} 为后级输入电阻。为了传送低频信号，C_C 的容量很大，可以认为检波器输出的低频电压 u_Ω 全部加到 R_{i2} 两端，而直流电压则全部加到 C_C 两端，且近似等于输入高频等幅波的振幅 U_{im}，其极性为左正右负。由于 C_C 的容量很大，所以在低频信号的一个周期内 C_C 上的电压 $U_C \approx U_{im}$ 基本不变。U_C 被 R_L、R_{i2} 分压，此时它在 R_L 上所分得的电压 U_{RL} 为

$$U_{RL} \approx \frac{R_L}{R_L + R_{i2}} U_{im} \tag{5-4-4}$$

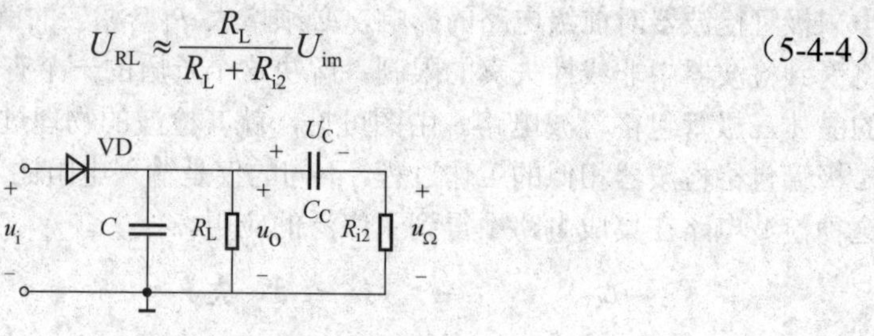

图 5-4-5　检波器连接下级电路

U_{RL} 对二极管 VD 来说相当于加了一个额外的反向偏压，当 M_a 较大时，在调幅波包络的负半周，调幅波的电压可能会小于 U_{RL}，如图 5-4-6 所示，在 t_1～t_2 期间 VD 截止，这时 R_L 上的电压 $U_O=U_{RL}$，检波器的输出电压不再按调幅波的包络变化，而是维持在 U_{RL} 电平上，产生了失真。由于上述失真出现在输出低频信号的负半周，其底部（即负峰）被切割，故称为负峰切割失真。

为了避免出现负峰切割失真，必须使输入调幅波包络的最小值 $U_{im}(1-M_a)>U_{RL}$。于是由该式和式（5-4-4）可得

$$M_a < \frac{R_{i2}}{R_L + R_{i2}} \tag{5-4-5}$$

由图 5-4-5 知，检波器对于低频信号的交流负载为 $R_\Omega \approx R_L \,/\!/\, R_{i2}$，而直流负载仍为 R_L，说明检波器的交直流负载不相等，且交流负载小于直流负载。故式（5-4-5）可写为

$$M_a < \frac{R_\Omega}{R_L} \tag{5-4-6}$$

式（5-4-6）表明，负峰切割失真是由于检波器交直流负载不相等和调幅系数较大引起的。R_{i2} 越大，R_Ω 越接近 R_L，越不容易出现负峰切割失真。为此，在实际电路中可采取措施来减小交直流负载的差别。例如，图 5-4-7 所示电路中把 R_L 分为 R_{L1} 和 R_{L2}，并通过 C_C 将 R_{i2} 并联在 R_{L2} 两端。显然，检波器的直流负载 $R_L = R_{L1} + R_{L2}$，交流负载 $R_\Omega = R_{L1} + R_{L2} \,/\!/\, R_{i2}$。当 R_L 一定时，R_{L1} 越大，交直流负载的差别就越小，但输出低频电压也就越小，一般取 $R_{L1}/R_{L2} = 0.1$～0.2。图中电容 C_1 是用来进一步滤除高频分量的。

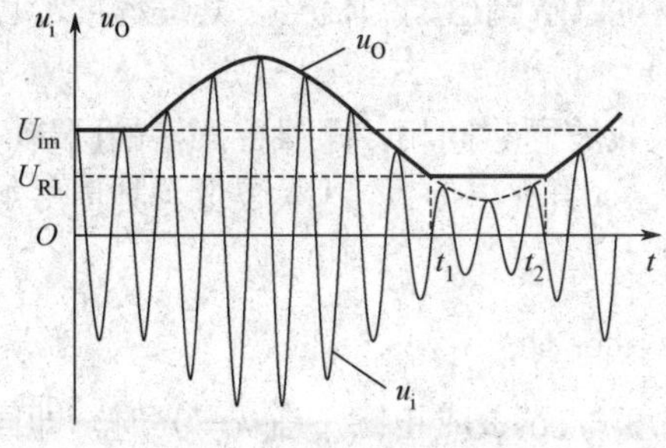

图 5-4-6　负峰切割失真

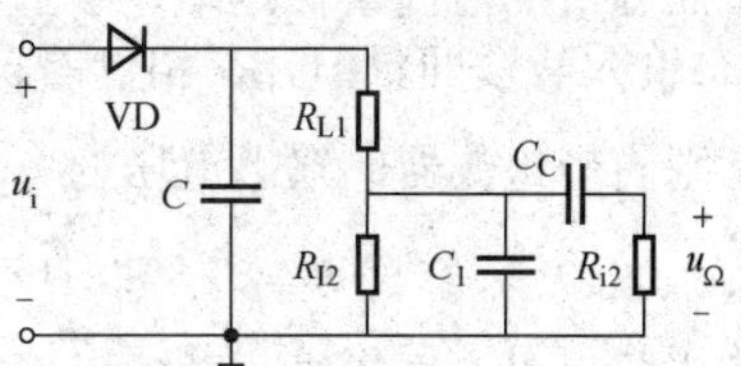

图 5-4-7　二极管检波器的改进电路

5.4.2 同步检波电路

由于 DSB 和 SSB 信号的包络不反映调制信号的变化规律，而且不包含载波，所以不能用包络检波器解调，必须使用同步检波器解调。同步检波器又称相干检波器，在其输入端除需输入调幅信号 u_i 外，还需输入一个与发射载波信号同频同相的本地相干载波——同步信号 u_r。同步检波器可分为乘积型和叠加型两类。同步检波器也可用于 AM 信号的解调。

1. 乘积型同步检波

乘积型同步检波器由模拟乘法器和低通滤波器（LPF）组成，其电路模型如图 5-4-8 所示。

（1）检波原理

设输入的调幅波为 DSB 信号，即 $u_i(t)=U_{im}\cos\Omega t\cos\omega_c t$，经载波恢复电路产生的同步信号 $u_r(t)=U_{rm}\cos\omega_c t$（即同步信号与载波同频同相），且乘法器的系数为 1。则乘法器输出电压 u_{O1} 为

$$
\begin{aligned}
u_{O1}(t)&=u_i(t)u_r(t)=U_{im}U_{rm}\cos\Omega t\cos^2\omega_c t\\
&=\frac{1}{2}U_{im}U_{rm}[\cos\Omega t+\frac{1}{2}\cos(2\omega_c+\Omega)t+\frac{1}{2}\cos(2\omega_c-\Omega)t]
\end{aligned}
$$

可见，u_{O1} 中含有Ω、($2\omega_c\pm\Omega$) 频率分量，经过低通滤波器可得到调制信号 u_Ω。

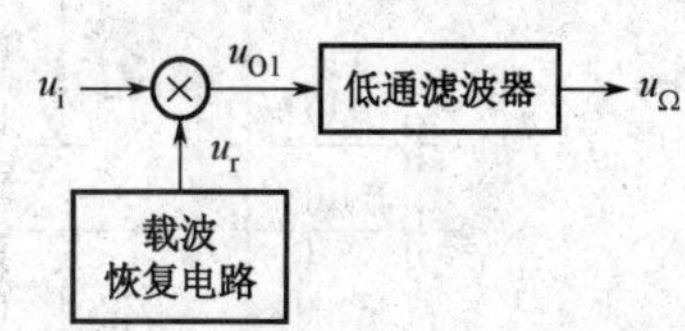

图 5-4-8　乘积型同步检波器电路模型

例 5.4.1　由模拟乘法器构成的检波器电路模型如图 5-4-8 所示。已知乘法器和低通滤波器的系数均为 1，同步信号为 $u_r(t)=U_{rm}\cos\omega_c t$。当输入为 SSB 信号，即 $u_i(t)=U_{im}\cos(\omega_c+\Omega)t$ 时，求输出信号 u_Ω的表达式。

解　乘法器的输出电压 u_{O1} 为

$$
\begin{aligned}
u_{O1}(t)&=u_i(t)u_r(t)=U_{im}U_{rm}\cos(\omega_c+\Omega)t\cos\omega_c t\\
&=\frac{1}{2}U_{im}U_{rm}[\cos\Omega t+\cos(2\omega_c+\Omega)t]
\end{aligned}
$$

经过低通滤波器可得到调制信号 u_Ω 为

$$u_\Omega(t)=\frac{1}{2}U_{im}U_{rm}\cos\Omega t$$

同理，若输入为 AM 信号，模拟相乘检波器也可以解调出调制信号，其过程读者可自行分析。

上面分析的前提条件是本地参考信号 u_r 与输入载波同频同相，即保持严格的同步。如果 u_r 与输入载波同频但存在相位差φ，即 $u_r(t)=U_{rm}\cos(\omega_c t+\varphi)$，以双边带调制信号解调为例，则同步检波器的输出电压为

$$u_\Omega(t)=\frac{1}{2}U_{im}U_{rm}\cos\varphi\cos\Omega t$$

由上式可见，同步检波器输出的低频信号的幅度与$\cos\varphi$成正比，当$\varphi=0°$时，即同步信号与发射载波同频同相，u_Ω的幅度最大；随着相位差φ的增大，u_Ω的幅度减小；当$\varphi=90°$时，u_Ω=0。

综上所述，实现同步检波的关键是产生一个与输入载波同频同相的同步信号。那么，同步信号是如何产生的呢？对于普通调幅波以及带有导频信号的双边带和单边带调幅波，可用窄带滤波器从输入信号中取出载波信号，经放大后作为同步信号。对于无导频的双边带调幅波，可先将双边带调幅信号取平方，从中取出 $2\omega_c$ 分量，再经二分频将它变为频率为ω_c的同步信号。对于无导频的单边带调幅波，只能由接收端的振荡器产生指定频率的同步信号，这显然难以达到严格同步。

（2）实际电路

图 5-4-9 所示为用 MCl596 组成的同步检波电路。电路采用 12V 单电源供电；调幅信号 u_i 通过 0.1μF 耦合电容加到 1 脚，其有效值在 10～100mV 范围内都能不失真解调；同步信号 u_r 通过 0.1μF 耦合电容加到 8 脚，电平大小只要能使乘法器工作于开关状态即可（50～500mV）。检波输出信号从 9 脚输出，经过 π 型低通滤波器（由两个 0.005μF 电容和一个 1kΩ 电阻组成），滤除高频分量，最后由 1μF 的隔直电容去除直流后，u_o 为所需的低频输出信号。

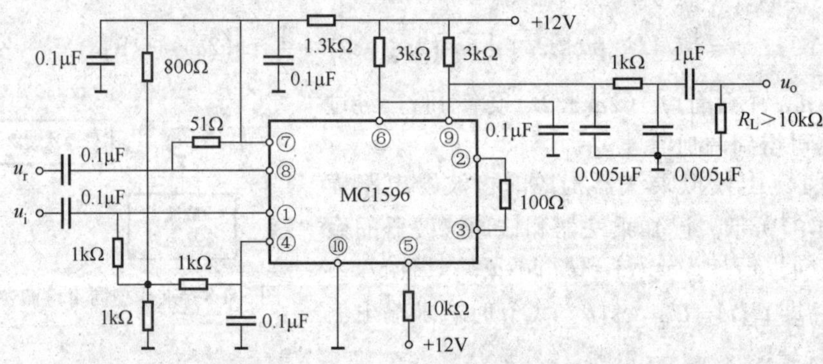

图 5-4-9 MC159 组成的同步检波器

2. 叠加型同步检波

叠加型同步检波器由叠加环节和包络检波器组成，电路模型如图 5-4-10 所示。

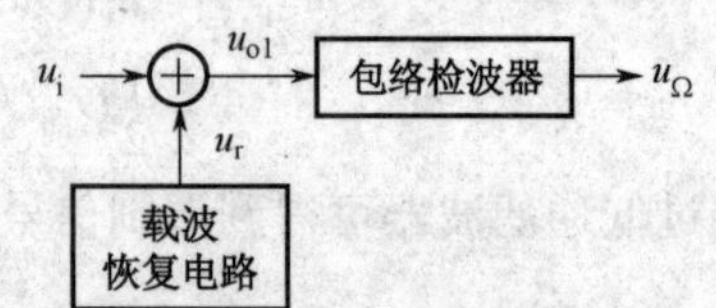

图 5-4-10 叠加型同步检波器电路模型

（1）检波原理

设输入的调幅波为 DSB 信号，即

$u_i(t) = U_{im}\cos\Omega t\cos\omega_c t$，经载波恢复电路产生的同步信号为$u_r(t) = U_{rm}\cos\omega_c t$。则加法器输出电压 u_{o1} 为

$$\begin{aligned} u_{o1}(t) &= u_r(t) + u_i(t) \\ &= U_{rm}\cos\omega_c t + U_{im}\cos\Omega t\cos\omega_c t \\ &= U_{rm}(1 + \frac{U_{im}}{U_{rm}}\cos\Omega t)\cos\omega_c t \end{aligned}$$

可见，只要满足$U_{rm} > U_{im}$，则有$\dfrac{U_{im}}{U_{rm}} = M_a < 1$，$u_{o1}$ 为不失真的 AM 波，经包络检波器可得到调制信号 u_Ω。

若输入为 SSB 信号，即$u_i(t) = U_{im}\cos(\omega_c + \Omega)t$时，理论分析可以证明，经包络检波器得到的解调信号包含有 Ω 及其各次谐波频率分量，即不能得到不失真的调制信号；但当$U_{rm} > 10U_{im}$时，2Ω 与 Ω 频率分量幅度之比小于 2.5%，即失真可控制在可接受范围内。

实际中，为进一步消除众多的失真频率分量，可采用图 5-4-11 所示双平衡同步检波电路。理论分析可以证明，其输出的解调信号中抵消了 2Ω 及其以上各偶次谐波失真分量。

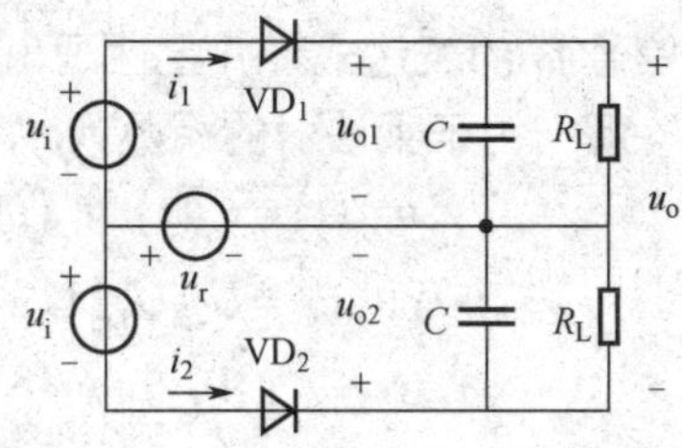

图 5-4-11　双平衡同步检波器原理电路

5.5　混　　频

混频就是改变已调波信号的载波频率。经过混频，信号的频谱内部结构（即各频率分量的相对振幅和相互间隔）和调制类型（调幅或调频、调相）保持不变。混频器广泛应用于需要进行频率变换的广播、电视、通信等各类电子设备中。

5.5.1　混频的基本原理

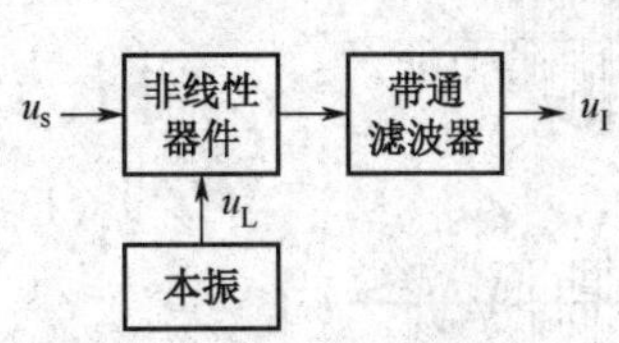

图 5-5-1　混频器电路模型

混频器的电路模型如图 5-5-1 所示。图中，非线性器件的作用是完成频率变换，其输入信号一个是高频已调波信号 u_s，另一个是本振信号 u_L；构成混频器的常用器件有二极管、晶体管、乘法器等具有相乘功能的非线性器件。滤波器的作用是选出频率变换后需要输出的中频分量信号 u_I。本振即本地振荡器，其作用是产生一个高频振荡信号 u_L，作为非线性器件的参考信号。如果混频器和本振共用一个器件，即非线性器件既产生本振信号又实现频率变换，则称之为变频器；如果频率变换和产生本振信号分别由两个器件完成，通常称为混频和本振。

设混频器的高频输入信号为载波，即$u_s(t) = U_{sm}\cos\omega_c t$，本振信号$u_L(t) = U_{Lm}\cos\omega_L t$，

由理论分析可以证明，非线性器件的输出信号中包含有无限多个频率分量，其一般表达式为

$$f_{pq}=\left|\pm pf_{L}\pm qf_{c}\right| \qquad (p、q=0, 1, 2, \cdots) \tag{5-5-1}$$

上式即为组合频率。其中 p、$q=1$ 所对应的 $f_L \pm f_c$（$f_L > f_c$ 时）两个频率分量正是我们所需要的中频信号，当 $f_I = f_L - f_c$ 时称为低中频，当 $f_I = f_L + f_c$ 时称为高中频。

例 5.5.1　由乘法器构成的混频器电路模型如图 5-5-2 所示。设 $u_s(t)=U_{sm}(1+M_a\cos\Omega t)\cos\omega_c t$，本振信号为 $u_L(t)=U_{Lm}\cos\omega_L t$，且 $f_I=f_L-f_c$，乘法器和滤波器的系数为 1。带通滤波器的中心频率为 f_I，带宽为 $2F$。试求输出中频信号 u_I 的表达式，并定性画出频谱搬迁过程。

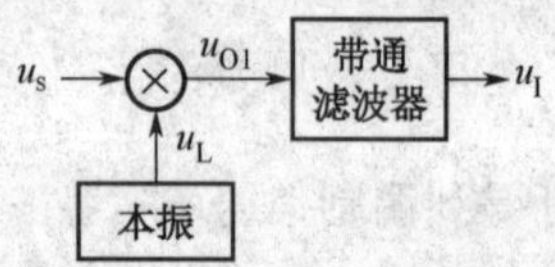

图 5-5-2　乘法器混频电路模型

解　由于乘法器的系数为 1，所以有

$$\begin{aligned}u_{O1}(t)&=u_s(t)\cdot u_L(t)\\&=U_{sm}U_{Lm}(1+M_a\cos\Omega t)\cos\omega_c t\cos\omega_L t\\&=\frac{1}{2}U_{sm}U_{Lm}(1+M_a\cos\Omega t)\left[\cos(\omega_L-\omega_c)t+\cos(\omega_L+\omega_c)t\right]\end{aligned}$$

由上式可见，u_{O1} 是载波频率分别为 f_L-f_c 和 f_L+f_c 的两个 AM 波信号，又因带通滤波器的中心频率为 f_I，带宽为 $2F$，系数为 1，所以有

$$u_I(t)=\frac{1}{2}U_{sm}U_{Lm}(1+M_a\cos\Omega t)\cos(\omega_L-\omega_c)t$$

其频谱搬迁过程如图 5-5-3 所示。

在图 5-5-3 中，有 $f_I=f_L-f_c<f_c$，这种混频称为下混频；若 $f_I=f_L-f_c>f_c$ 则称为上混频。

在例 5.5.1 中，若带通滤波器的中心频率为 $f_I=f_L+f_c$，输出信号则为高中频。输入的 AM 波信号与采用低中频和高中频时的输出信号波形如图 5-5-4 所示。由图可见，无论采用低中频还是高中频，输出信号的包络与输入信号相同，改变的仅是载波频率。

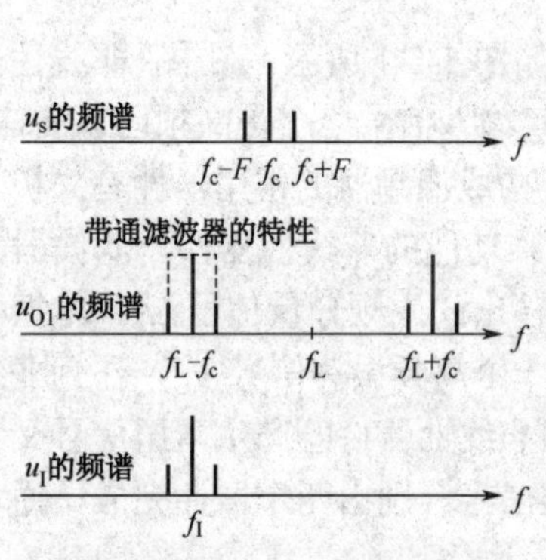

图 5-5-3　u_s、u_{O1}、u_I 的频谱

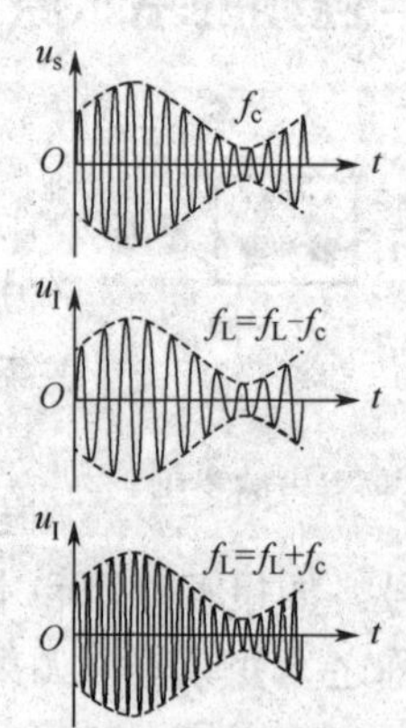

图 5-5-4　u_s 与 u_I 的波形

5.5.2 混频电路

1．乘法器混频电路

由乘法器构成的混频器电路模型如图 5-5-2 所示，采用模拟乘法器 MCl596 构成的混频电路原理图如图 5-5-5 所示。本振信号从第 8 脚注入，幅度为 100～200mV；高频输入信号从第 1 脚输入，其幅度小于 15mV；混频信号由第 6 脚单端输出，经输出端外接的π型带通滤波器（中心频率为 9MHz，回路带宽为 450kHz）滤波后，取出所需要的中频信号。该电路输入高频信号为 200MHz，本振信号为 209MHz，输出差频即中频信号为 9MHz。第 1 脚与第 4 脚之间接有平衡电路，以减小输出信号的失真。

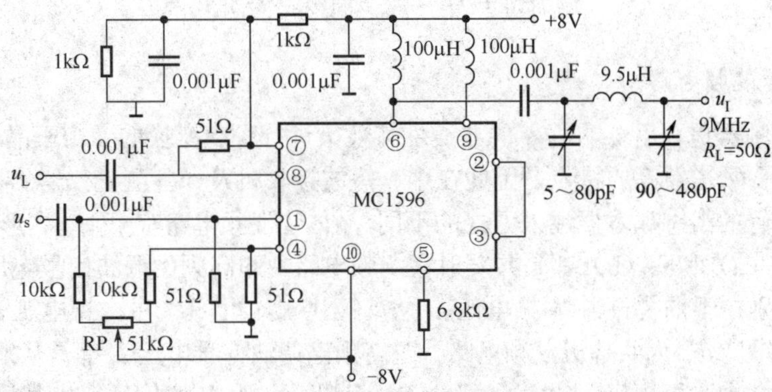

图 5-5-5 MC1596 组成的混频电路

由乘法器构成的混频电路，其输出信号的频谱比较纯净，可以减小接收系统的干扰；其输入信号的动态范围大，有利于减小交调失真和互调失真；对本振信号电压的大小也无严格限制，能够实现理想的相乘功能。但其工作频率还不能达到甚高频（VHF）以上。因此，在甚高频以上的频率范围混频时还是采用肖特基二极管、晶体管等器件。

2．二极管平衡混频电路

二极管平衡混频原理电路及其简化的等效电路如图 5-5-6 所示。

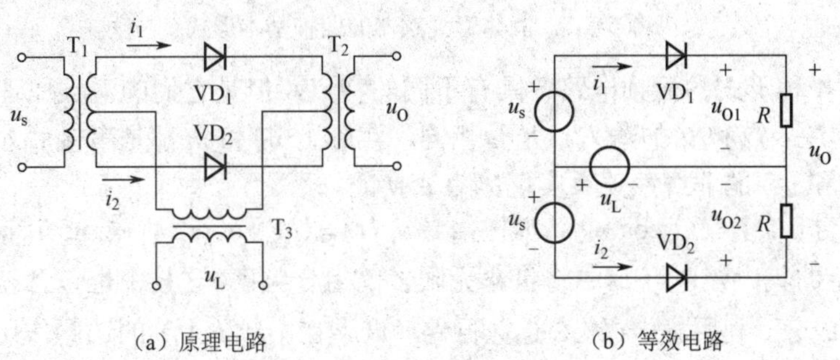

（a）原理电路　　（b）等效电路

图 5-5-6 二极管平衡混频电路

可以看出，二极管平衡混频电路与图 5-3-17 所示的二极管平衡调幅电路基本相同，只是用 u_s、u_L 分别代替了 u_Ω、u_c 而已。当 $U_{Lm} > 0.5V$ 时，二极管工作在开关状态，可

直接引用二极管平衡调幅电路的分析结果，可得二极管混频电路的输出电压 u_O 为

$$u_O(t)=(i_1-i_2)R=\frac{2Ru_s(t)}{r_D+R}S_1(\omega_c t)$$
$$=\frac{RU_{\Omega m}}{r_D+R}\cos\omega_c t+\frac{2}{\pi}\frac{RU_{\Omega m}}{r_D+R}[\cos(\omega_L+\omega_c)t+\cos(\omega_L-\omega_c)t]$$
$$-\frac{2}{3\pi}\frac{RU_{\Omega m}}{r_D+R}[\cos(3\omega_L+\omega_c)t+\cos(3\omega_L-\omega_c)t]+\cdots \quad (5\text{-}5\text{-}2)$$

当输出端接带通滤波器（中心频率为 $f_I=f_L-f_c$）时，输出中频电压 u_I 为

$$u_I(t)=\frac{2}{\pi}\frac{RU_{\Omega m}}{r_D+R}\cos(\omega_L-\omega_c)t \quad (5\text{-}5\text{-}3)$$

3．晶体管混频电路

晶体管混频器是利用 i_C 和 u_{BE} 的非线性特性来进行频率变换的。由于晶体管混频器具有电路简单、变频增益高的特点，因此在中、短波接收机及一些测量仪器中被广泛应用。

根据晶体管的组态和本振注入方式的不同，晶体管混频电路有4种基本形式，如图5-5-7所示。其中图（a）和图（b）都是共发射极混频电路，即高频已调波信号电压 u_s 都是从基极输入的，区别在于图（a）中本振电压 u_L 从基极注入，图（b）中本振电压 u_L 从发射极注入。图（c）和图（d）为共基极混频电路，即高频已调波信号电压 u_s 都是从发射极输入的，区别在于图（c）中本振电压 u_L 由发射极注入，而图（d）中本振电压 u_L 由基极注入。图（a）和图（b）所示电路应用较广，而图（c）和图（d）所示电路一般只在工作频率较高的混频电路中采用。

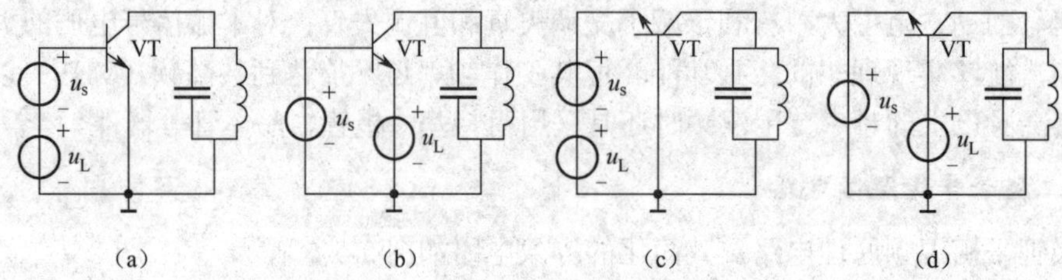

图 5-5-7　晶体管混频器的四种基本形式

尽管上述 4 种形式的混频电路各具有不同的特点，但是它们的混频原理都是相同的。因为不管 u_L 的注入点和 u_s 的输入点是否相同，实际上 u_L 和 u_s 都是串接后加至晶体管的发射结，利用 i_C 和 u_{BE} 的非线性关系实现频率变换的。

若输入信号 $u_s(t)=U_{sm}\cos\omega_c t$，本振信号 $u_L(t)=U_{Lm}\cos\omega_L t$，由 5.5.1 节混频的基本原理可知，晶体管的集电极电流 i_C 中将包含无限多的组合频率，这其中也包含差频 (f_L-f_c) 及和频 (f_L+f_c) 成分。利用集电极 LC 选频回路（调谐在中频 f_I 上）的选频作用，即可从无限多的组合频率中选出所需的中频信号。

图 5-5-8 为收音机的变频电路。图中，天线线圈 L_A 和 C_{1A}、C_2 组成的输入回路，调谐在信号频率 f_c 上，从而选出所需的电台信号 u_s，经变压器耦合输入到晶体管的基极；振荡线圈 L_Z 和 C_{1B}、C_6、C_5 组成的振荡回路，调谐在本振频率 f_L 上。本振信号 u_L 从 L_Z 的抽头

和地之间经 C_7 注入晶体管的发射极；u_s 和 u_L 在晶体管中混频。L_5、L_6 为中频变压器，L_5 和 C_4 调谐在中频频率 f_I 上，它作为晶体管的负载，并选出中频信号。

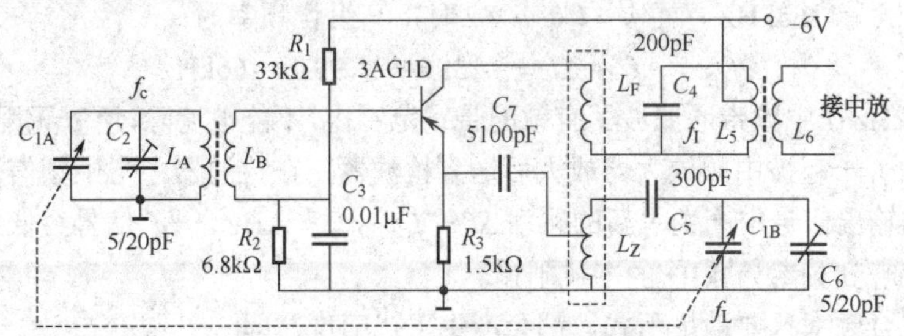

图 5-5-8　收音机的变频器电路

对于本振频率 f_L 而言，L_A 所在的回路和 L_5 所在回路均可以看成是短路，则 L_B 两端也可以看成是短路，于是可画出变频器中的本振交流通路，如图 5-5-9 所示。由图可见，这是一个共基极变压器反馈式振荡器，振荡回路接在晶体管的发射极，振荡回路的频率可调。这种电路采用了部分接入的方式，可以减弱晶体管对回路的影响。

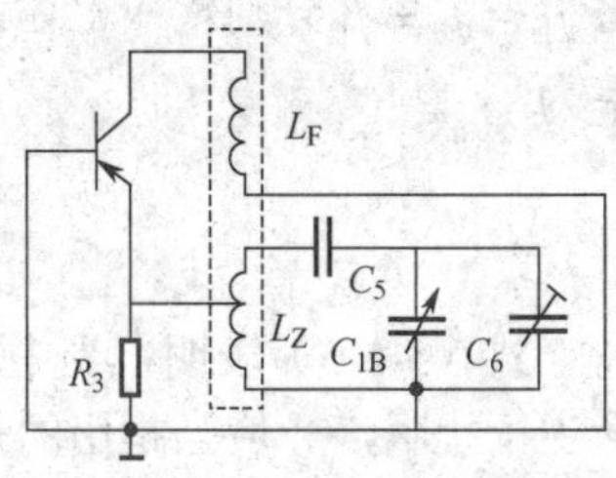

图 5-5-9　本振的交流通路

图 5-5-8 中 C_{1A}、C_{1B} 为双联同轴可变电容器，它作为输入回路和本振回路的统调电容，使得在整个波段内，接收各个电台时本振频率 f_L 均与输入信号载频 f_c 同步变化，且 f_L 始终比 f_c 高一个中频 f_I（f_I=465kHz）。

5.5.3　混频干扰

混频器件的非线性是混频电路产生各种干扰的主要原因。一般情况下，混频器的输入端除有用信号和本振信号，还有从天线耦合进来的各种干扰信号，它们两两之间都有可能进行混频，产生无数的组合频率分量。当这些组合频率分量等于或接近中频时，将与有用的中频信号一起通过中频带通滤波器，经中频放大器放大后，再经解调后在输出端形成干扰，影响有用信号的正常接收。下面对几种常见的干扰进行讨论。为了叙述方便，以下均以下混频（即 $f_I = f_L - f_c$ ）为例。

1．组合频率干扰

由 5.5.1 节混频的基本原理可知，高频已调波信号 u_s 和本振信号 u_L 加入非线性器件后，输出信号中包含有无限多个组合频率分量 f_{pq} ，为方便分析，现将式（5-5-1）重复如下：

$$f_{pq} = \left| \pm p f_L \pm q f_c \right| \qquad (p、q = 0, 1, 2, \cdots)$$

其中，当 $p=q=1$ 时，有 $f_I = f_L - f_c$ 的中频分量为有用信号，其余众多的频率分量皆为无用的组合频率分量。所以，组合频率干扰是指有用信号 u_s 与本振信号 u_L 的不同组合而产生的干扰。

如果这些无用的组合频率分量接近中频 f_I ，它就能与有用的中频信号一起被中频放大器放大后加到检波器上，并与有用的中频发生差拍检波，最后产生音频信号，在扬声器中以哨叫的形式出现，故这种干扰称为组合频率干扰或干扰哨声。

例如，某收音机的中频 $f_{\mathrm{I}} = f_{\mathrm{L}} - f_{\mathrm{c}} = 465\mathrm{kHz}$，若接收 $f_{\mathrm{c}} = 931\mathrm{kHz}$ 的电台，此时的本振频率 $f_{\mathrm{L}} = f_{\mathrm{I}} + f_{\mathrm{c}} = 1365\mathrm{kHz}$。当 $p = 1$、$q = 2$ 时，其组合频率为

$$f_{1,2} = -f_{\mathrm{L}} + 2f_{\mathrm{c}} = -1396 + 2\times 931 = 466\mathrm{kHz}$$

由于466kHz在中频带通滤波器有效的带宽范围内，不能被滤除，所以无用信号频率 $f_{1,2}$ 和有用的中频 f_{I} 一起被中频放大器放大后送到检波器，在检波器中与中频信号进行差拍检波，检波器的输出信号中产生了新的频率 $\Delta f = f_{1,2} - f_{\mathrm{I}} = 1\mathrm{kHz}$。$\Delta f$ 信号经低频放大后，在扬声器中就可听到频率为1kHz的干扰哨声。

显然，组合频率只要满足下式，都会产生干扰哨声，即

$$f_{\mathrm{K}} = \left|\pm pf_{\mathrm{L}} \pm qf_{\mathrm{c}}\right| \approx f_{\mathrm{I}} \tag{5-5-4}$$

上式可分解为4个关系式，但只有两个式子成立，即 $pf_{\mathrm{L}} - qf_{\mathrm{c}} \approx f_{\mathrm{I}}$ 和 $-pf_{\mathrm{L}} + qf_{\mathrm{c}} \approx f_{\mathrm{I}}$。将 $f_{\mathrm{L}} = f_{\mathrm{c}} + f_{\mathrm{I}}$ 分别代入上述两式，合并整理后的结果，可得到产生干扰哨声的有用信号频率为

$$f_{\mathrm{c}} \approx \frac{p \pm 1}{q - p} f_{\mathrm{I}} \tag{5-5-5}$$

式（5-5-5）表明，当中频选定后，凡某一信号频率满足此式，且在接收频段内，都会产生干扰哨声。应当指出的是，由于组合频率分量的振幅总是随着（ $p+q$ ）的增加而迅速减小，因此能够产生明显干扰哨声的是 p 和 q 值较小的组合，而 p 和 q 较大值组合产生的干扰哨声一般可以忽略。

2．寄生通道干扰

寄生通道干扰又称副波道干扰，是相对频率为 f_{I} 的主波道而言的。若混频器之前的电路选择性不好，除接收所需要的有用信号外，其他干扰信号也会进入混频器。这些干扰信号与本振信号混频后也可能形成接近中频的干扰，这种干扰就是副波道干扰。设干扰信号频率为 f_{N}，则产生副波道干扰应满足下列关系式

$$\left|\pm pf_{\mathrm{L}} \pm qf_{\mathrm{N}}\right| \approx f_{\mathrm{I}}$$

同样，上式仅有 $pf_{\mathrm{L}} - qf_{\mathrm{N}} \approx f_{\mathrm{I}}$ 和 $-pf_{\mathrm{L}} + qf_{\mathrm{N}} \approx f_{\mathrm{I}}$ 两式成立。将 $f_{\mathrm{L}} = f_{\mathrm{c}} + f_{\mathrm{I}}$ 分别代入上述两式，合并整理后的结果，可得到产生干扰的信号频率为

$$f_{\mathrm{N}} = \frac{p}{q} f_{\mathrm{c}} + \frac{p \pm 1}{q} f_{\mathrm{I}} \tag{5-5-6}$$

式（5-5-6）为 f_{c} 或 f_{L} 确定的情况下（即接收机调谐于 f_{c} ）形成副波道干扰的外来干扰信号频率。该式表明，理论上能形成副波道干扰的 f_{N} 很多。实际上，也只有当 p 和 q 值较小的干扰信号才会形成明显的副波道干扰，其中，产生副波道干扰最强的信号有如下两个。

（1）中频干扰

当 $p = 0$、$q = 1$ 时，$f_{\mathrm{N}} = f_{\mathrm{I}}$，即干扰信号频率等于或接近中频，故称为中频干扰。对于中频干扰信号，混频电路实际上起到中频放大器的作用，并被中频放大器再次放大，因而比有用信号具有更强的传输能力。为了抑制中频干扰，可以把中频设在接收信号的频率范围以外。例如，我国中波调幅广播的频率范围是535～1605kHz，接收机的中频设为465 kHz，

在接收范围之外。另外，还可以提高混频级以前各级选频回路的选择性，或在混频级前增加一个中频滤波器。

（2）镜像干扰

当 $p=1$、$q=1$ 时，$f_N=f_I+f_L=2f_I+f_c$，对于 f_L 而言，f_N 和 f_c 正好是镜像关系，如图 5-5-10 所示，故称为镜像频率干扰，简称镜像干扰。对镜像干扰信号，混频电路具有与有用信号相同的变换能力，一旦这种干扰信号进入混频电路，就无法将其抑制掉。为了抑制镜像干扰，一是要提高混频级前的选频回路的选择性；二是可采用二次混频。

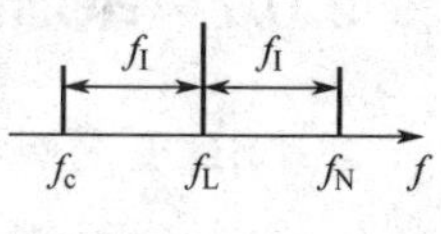

图 5-5-10　镜像干扰

3．交叉调制干扰

交叉调制干扰（简称交调干扰）是由混频器件的非线性产生的。当干扰信号是调幅信号时，干扰信号和有用信号同时加到混频器，通过混频电路中非线性器件的作用，使干扰信号的包络转移到了输出的中频信号的包络中，经检波后能听到干扰信号。其现象是：当接收机对有用信号调谐时，在听到有用信号的同时，还可以听到干扰电台的声音；若接收机对有用信号失调时，干扰台也随之消失。

交叉调制干扰的程度随干扰信号振幅增大而急剧增大，而与其频率无关。减小交叉调制干扰的主要方法：一是提高混频器前端电路的选择性，尽量减小干扰信号的幅度；二是选择合适的混频器件和合适的工作状态，以减小混频器件输出的非线性高次项的幅度；三是采用抗干扰能力较强的平衡混频电路和模拟相乘器混频电路。

4．互调干扰

当两个（或多个）干扰信号同时加到混频器输入端时，由于混频器的非线性作用，两个干扰信号与本振信号相互混频，当产生的组合频率分量接近中频时，即 $|\pm pf_L \pm qf_{N1} \pm rf_{N2}| \approx f_I$ 时，混频器的输出存在寄生中频分量，经中放和检波后产生啃叫声。这种由两个（或多个）干扰信号与本振信号彼此混频而产生的干扰，称为互相调制干扰，简称互调干扰。减小互调干扰的方法与抑制交叉调制干扰措施相同。

例 5.5.2　有一中波超外差调幅收音机，接收范围为 535～1 605kHz，中频为 465kHz。试分析以下干扰的性质。

（1）当接收频率 f_c= 550kHz 的电台时，听到频率为 1 480kHz 电台的干扰声；

（2）当接收频率 f_c= 1400kHz 的电台时，听到频率为 700kHz 电台的干扰声；

（3）在收听频率 f_c= 1396kHz 的电台时，听到啃叫声。

解　（1）由于 550kHz+2×465kHz=1480kHz，所以 1480kHz 是 550kHz 的镜像频率，此时的干扰为镜像干扰。

（2）当 $p=1$、$q=2$ 时，由式（5-5-6）得

$$f_N=\frac{p}{q}f_c+\frac{p\pm1}{q}f_I=\frac{1}{2}\times1400+\frac{1-1}{2}\times465=700\text{kHz}$$

因此，此时是 $p=1$、$q=2$ 的寄生通道干扰。

（3）由于 465kHz×3=1395kHz，即 $f_c\approx3f_I$。由式（5-5-5）知，当 $p=2$、$q=3$ 时，$f_c\approx3f_I$，因此是组合频率干扰，且产生 1396kHz−1395kHz = 1kHz 的啃叫声。

5.6 技能训练——调幅与检波

5.6.1 乘法器振幅调制

1．训练目的

（1）理解振幅调制的工作原理。

（2）掌握用 MC1496 来实现 AM 和 DSB 的方法，并研究已调波与调制信号、载波之间的关系。

（3）掌握用示波器测量调幅系数的方法。

2．训练内容

（1）模拟相乘调幅器的输入失调电压调节。

（2）用示波器观察正常调幅波（AM）波形，并测量其调幅系数。

（3）用示波器观察平衡调幅波（抑制载波的双边带波形 DSB）波形。

（4）用示波器观察调制信号为方波、三角波的调幅波。

3．训练器材

（1）③号实验板："集成调幅电路"。

（2）双踪示波器。

（3）高频信号源。

4．实验电路

MC1496 组成的调幅器实验电路如图 5-6-1 所示。图中，W_{32} 用来调节 1、4 端之间的平衡，W_{33} 用来调节 8、10 端之间的平衡。K31 开关控制 1 端是否接入直流电压，短路下方时，MC1496 的 1 端接入直流电压，其输出为普通调幅波（AM），调整 W_{31} 电位器，可改变调幅波的调制度。当不接时，其输出为双边带调幅波（DSB）。三极管 VT_{31} 组成射极跟随器，以提高调制器的带负载能力。

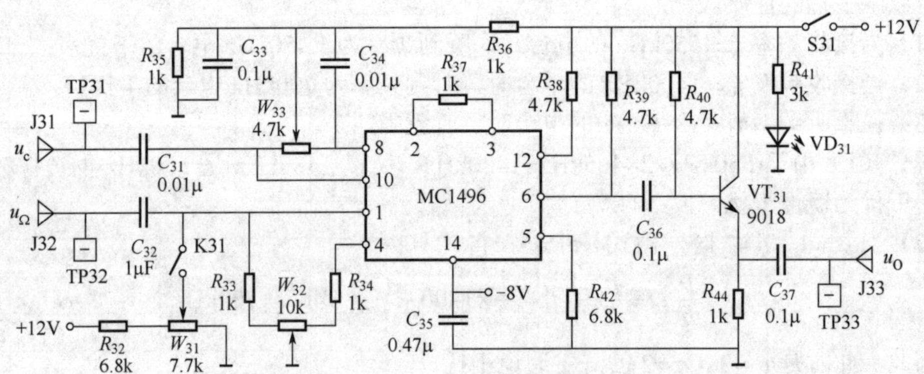

图 5-6-1 MC1496 组成的调幅器实验电路

5．实验步骤

（1）实验准备

① 调制信号：由高频信号源 CH2 输出，频率为 1kHz，波形为正弦波，幅度（峰峰值）为 300mV。

② 载波信号：由高频信号源 CH1 输出，频率为 2MHz，波形为正弦波，幅度（峰峰值）为 400mV。

（2）输入失调电压的调整

集成模拟相乘器在使用之前必须进行输入失调调零，其目的是将相乘器调整为平衡状态，即相乘器有零输入时，输出为零。

① 断开 K31：切断直流电压。

② 载波输入端输入失调电压调节：把调制信号加到音频输入端（J32），而载波输入端不加信号。用示波器监测相乘器输出端（TP33）的输出波形。调节电位器 W_{33}，使输出信号最小。

③ 调制输入端输入失调电压调节：把载波信号加到载波输入端（J31），而音频输入端不加信号。用示波器监测相乘器输出端（TP33）的输出波形。调节电位器 W_{32}，使输出信号最小。

（3）双边带调幅（DSB）

① 观察 DSB 信号波形：将高频信号源输出的载波接入载波输入端（J31），低频调制信号接入音频输入端（J32），示波器 CH1 接调幅输出端（TP33），示波器 CH2 接音频输入端（TP32），观察并记录 DSB 信号波形。如果 DSB 波形不对称，可微调 W_{33} 电位器。

② 观察 DSB 信号反相点：为了清楚地观察 DSB 信号过零点的反相现象，必须降低载波的频率。本实验可将载波频率降低为 10kHz，幅度仍为 400mV；调制信号的频率仍为 1kHz，幅度为 300mV。增大示波器 X 轴扫描速率，仔细观察调制信号过零点时刻所对应的 DSB 信号，并记录下来。

③比较 DSB 信号与载波的相位：将示波器 CH2 接 TP31 点，把调制器的输入载波波形与输出 DSB 波形的相位进行比较。可发现：在调制信号的正半周期间，两者同相；在调制信号的负半周期间，两者反相。

DSB 信号波形	DSB 信号反相点	DSB 信号与载波的相位
TP32 波形：	TP32 波形：	TP31 波形：
TP33 波形：	TP33 波形：	TP33 波形：

（4）普通调幅（AM）

① 观测 AM 波形：接通 K31，转为普通调幅状态。载波频率仍设置为 2MHz（幅度 400mV），调制信号频率 1kHz（幅度 300mV）。示波器 CH1 接 TP32、CH2 接 TP33，即可观察到音频调制信号的波形和 AM 信号的波形。调整 W_{31} 使 AM 信号的波形无失真。观察输出波形，改变音频调制信号的频率及幅度，输出波形应随之变化。

② 观察过调制时的 AM 波形：增大音频调制信号的幅度，可以观察到过调制时 AM 波形，并与调制信号波形作比较。

	AM 信号无失真	AM 信号有过调失真
TP32 波形		
TP33 波形		

（5）测试调制度 M_a

将被测的调幅信号加到示波器 CH1 或 CH2，并使其同步。调节时间旋钮使荧光屏显示几个周期的调幅波波形，如图 5-6-2 所示。根据 M_a 的定义，测出 A、B，即可得到 M_a。

$$M_a = \frac{A - B}{A + B} \times 100\%$$

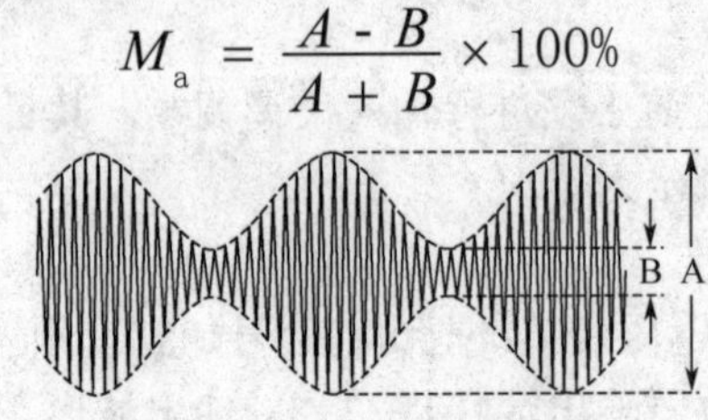

图 5-6-2　M_a 的测量方法

项目	A	B	M_a
测量值			

（6）观察不同调制信号的调幅波

① 改变调制信号波形为方波，调整 W_{31}，使输出波形无失真，观察并记录输出波形。

② 改变调制信号波形为三角波，调整 W_{31}，使输出波形无失真，观察并记录输出波形。

调制信号	方波	三角波
TP32 波形		
TP33 波形		

6．实验报告要求

（1）整理实验数据，绘制记录的波形，并作出相应的结论。

（2）画出 DSB 波形和 M_a=100%时的 AM 波形，比较两者的区别。

（3）总结由本实验所获得的体会。

5.6.2　包络检波

1．训练目的

（1）掌握用包络检波器实现 AM 波解调的方法。

（2）理解包络检波器不能解调 M_a >1 的 AM 波和 DSB 波的概念。

（3）了解惰性失真、负峰切割失真波形及产生的原因。

2．训练内容

（1）用示波器观察包络检波器解调 AM 波、DSB 波时的性能。

（2）用示波器观察 AM 波惰性失真、负峰切割失真的现象。

3．训练器材

（1）③号实验板："二极管检波电路"。

（2）双踪示波器。

（3）高频信号源。

4．实验电路

二极管组成的包络检波实验电路如图 5-6-3 所示，电路主要包括二极管包络检波器、*RC* 低通滤波器和低频放大电路。图中，VD_{21} 为检波管；C_{23}、R_{20}、C_{24} 构成低通滤波器；W_{21} 为二极管检波直流负载，用来调节直流负载大小；W_{22} 为二极管检波交流负载，用来调节交流负载大小。开关 K21 是为二极管检波交流负载的接入与断开而设置的，短路下方时为接入交流负载；全不接入为断开交流负载；短路上方为接入后级低放。调节 W_{23} 可调整输出幅度。

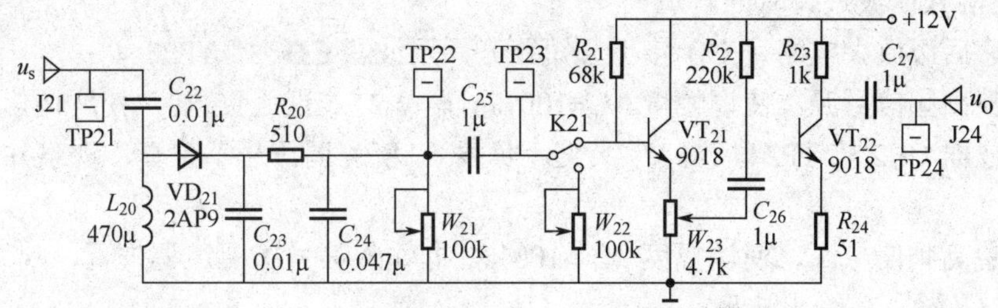

图 5-6-3　二极管组成的包络检波实验电路

5．实验步骤

（1）解调 AM 波

① 高频信号源产生 AM 波：载波频率为 2MHz，幅度为 2V，调制信号为正弦波，调制信号频率为 1kHz，调制度为 30%。

② 断开检波器交流负载（K21 不接），把 AM 信号加到 TP21 端。

③ 示波器 CH1 接 TP21，示波器 CH2 接 TP22，调节 W_{21}（直流负载），使输出得到一个不失真的解调信号。

④ 观察并记录输入、输出波形。

TP21 波形	
TP22 波形	

（2）观察惰性失真

① 保持以上输出，调整高频信号源，使调幅度为 80%。

② 调节 W_{21}（直流负载），使解调信号产生惰性失真。

③ 观察并记录输入、输出波形。

TP21 波形	
TP22 波形	

（3）观察负峰切割失真

① 调整高频信号源，使调幅度为30%；调 W_{21}（直流负载），使解调信号不失真。

② 接通交流负载（K21 接下方短路），示波器 CH2 接 TP23。

③ 调节 W_{22}（交流负载），使解调信号不失真。

④ 调整高频信号源，增大调幅度 M_a，使解调信号出现负峰切割失真，观察并记录输入、输出波形。

⑤ 观察并记录出现负峰切割失真时的调幅度 M_a。

	解调信号无失真	解调信号有失真
M_a		
TP21 波形		
TP23 波形		

（4）观察 AM 波过调时的解调

① 接通后级放大电路（K21 接上方短路），示波器 CH2 接 TP23。

② 调整高频信号源，使调幅度 M_a=100%；调 W21（直流负载），使解调信号不失真。

③ 示波器 CH2 接 TP24，调 W_{23}（交流负载），使解调信号不失真，观察并记录输入、输出波形。

④ 调整高频信号源，使调幅度 M_a >100%，即输入信号出现过调失真，观察并记录此时的 M_a，以及输入、输出波形。

M_a	100%	120%
TP21 波形		
TP24 波形		

（5）观察对 DSB 信号的解调

① 将 5.6.1 节中产生的 DSB 信号加到 TP21 端。

② 观察并记录输入、输出波形。

输入信号	DSB 信号
TP21 波形	
TP24 波形	

6．实验报告要求

（1）整理实验数据，绘制记录的波形，并作出相应的结论。

（2）分析产生惰性失真和负峰割失真现象的原因。

（3）由本实验归纳出包络检波器的解调特性，以“能否正确解调”填入下表中。

调幅波类型	AM 波			DSB 波
	M_a=30%	M_a=100%	M_a>100%	
包络检波				

5.6.3　同步检波

1．训练目的

掌握用 MC1496 实现 AM 波和 DSB 波解调的方法。

2．训练内容

用示波器观察同步检波器解调 AM 波、DSB 波时的性能。

3．训练器材

（1）③号实验板："集成解调电路"。

（2）双踪示波器。

（3）高频信号源。

4．实验电路

用 MC1496 集成电路组成的同步检波解调器如图 5-6-4 所示。图中，恢复载波 u_c 加到输入端 J41 上，再经过电容 C_{41} 加入 10 脚。已调幅波 u_s 加到输入端 J42 上，再经过电容 C_{42} 加在 1、4 脚之间。u_c 与 u_s 相乘后的信号由 12 脚输出，再经过由 C_{43}、C_{45}、R_{55} 组成的 π 型低通滤波器滤除高频分量后，在解调输出端 J43 提取出调制信号。

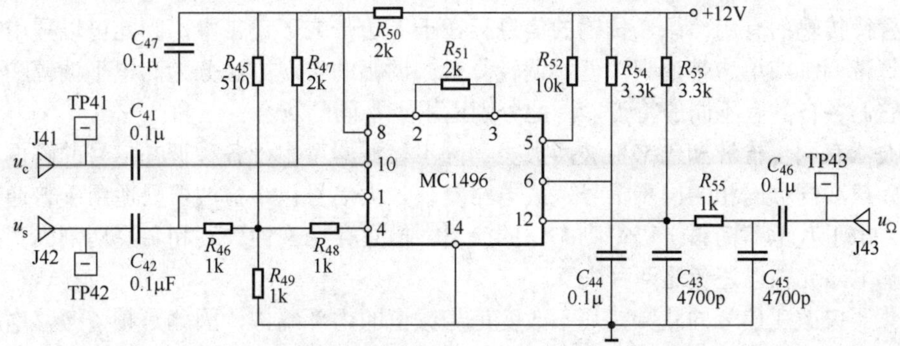

图 5-6-4　MC1496 组成的同步检波实验电路

5．实验步骤

（1）解调 AM 波

① 高频信号源 CH1 路产生 AM 波：载波频率为 2MHz，幅度为 100mV，调制信号为正弦波，调制信号频率为 1kHz，调制度分别为 30%、100%、120%。

② 高频信号源 CH2 路产生同步信号：波形为正弦波，频率为 2MHz，幅度为 200mV。

③ 将 AM 波和同步信号分别加到 J42 端和 J41 端；示波器的 CH1 路接 TP42 端，CH2 路接 TP43 端。

④ 观察并记录输入、输出波形。

调幅度	M_a=30%	M_a=100%	M_a=120%
TP42 波形			
TP43 波形			

（2）解调 DSB 波

① 将 5.6.1 节中产生的 DSB 信号加到 J42 端。

② 解调电路所需要的同步信号，可直接用产生 DSB 信号的载波，即用铆孔线直接连接 J41 端与 J31 端。

③ 观察并记录输入、输出波形。

调制信号	正弦波	三角波	方波
TP42 波形			
TP43 波形			

6．实验报告要求

（1）整理实验数据，绘制记录的波形，并作出相应的结论。

（2）对包络检波和同步检波两种解调方式进行总结。

本章小结

普通调幅波的包络反映了调制信号变化的规律，其频谱包含载波和上、下边带。由于载波不含待传输的有用信息，传输的信息存在于上边带或下边带中，因此可以采用抑制载波的双边带调制或单边带调制，但解调较复杂。调幅的实现方法分为高电平调幅和低电平调幅，它们各自具有不同的特点，因此分别适用于不同的场合。

检波器有同步检波和包络检波两大类。同步检波器可用于各种调幅信号的解调，但需要与输入载波同频同相的同步信号，故电路复杂。大信号包络检波器只适用于普通调幅波的解调，由于其电路简单，仍得到广泛的应用。但它存在惰性失真和负峰切割失真，必须正确选择电路元件以避免这两种失真。

混频器仅改变信号的载频，而不改变信号频谱的内部结构，因此是频谱搬移电路。常用混频器有模拟乘法器混频器、二极管混频器、晶体管混频器。使用二极管平衡混频器和模拟乘法器混频器可以大大减少无用组合频率分量。混频器输出中存在特有的干扰，影响有用信号正常接收，必须采取措施予以减小或消除。

练习与提高（五）

5-1　填空题

1. 根据频谱变换的不同特点，频率变换电路分为____________电路和__________电路。

2．AM 调制为了使调幅波的振幅能真实地反映调制信号的变化规律，调幅度 M_a 应满足________。

3．超外差接收机中，天线收到高频信号经________，______，______，______后送入低频功率放大器的输入端。

4．单音频正弦调制的 AM 波有_____个边频，其调制指数 M_a 的取值范围是_______。

5．实现普通调幅 AM 的高电平调幅电路有______________和________________。

6．AM 信号波形如图 T5-1 所示，则其数学表达式为 u_{AM}（t）＝___（1+____cosΩt）cos$\omega_c t$(V)。

7．在各种调幅波中，功率利用率最低的是________，占据频带最窄的是________。

8．某发射机输出级在负载 R_L＝1000Ω 上的输出信号 $u_{AM}(t)$＝4（1+0.5cosΩt）cos$\omega_c t$(V)。则 M_a＝____，载波频率＝______，输出总功率 P_{av}＝_______。

9．调幅电路分为用于 AM 调制的___________电路和用于 DSB、SSB 调制的__________电路。

10．已调信号的频谱如图 T5-2 所示，此信号的数学表达式为__________________，调制信号频率为__________________，带宽为_______，在单位电阻上的功率为_______。

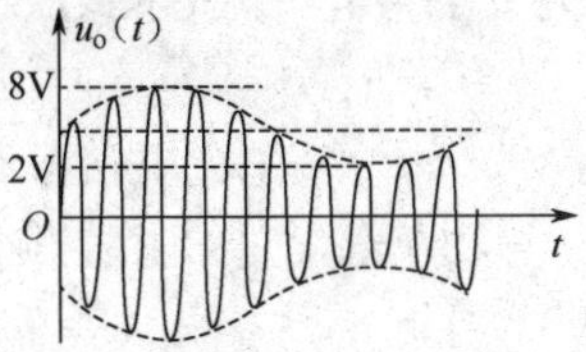

图 T5-1

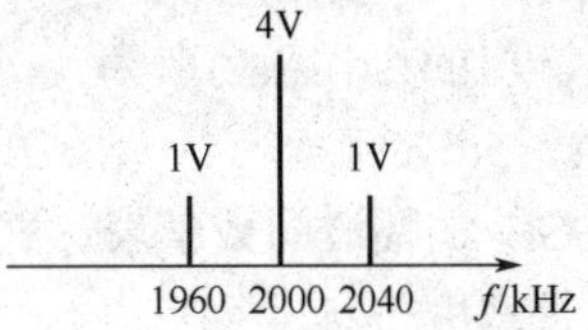

图 T5-2

11．滤波法的单边带调制实现的技术难度与_________有关，边带的相对频率间隔越______，__________越容易实现。

12．电路模型如图 T5-3 所示，设 u_s＝(2cosΩt+4cos2Ωt)cos$\omega_0 t$，u_2＝4cos$\omega_c t$，若 ω_0＝ω_c，则 u_1＝_____________，u_o＝__________。

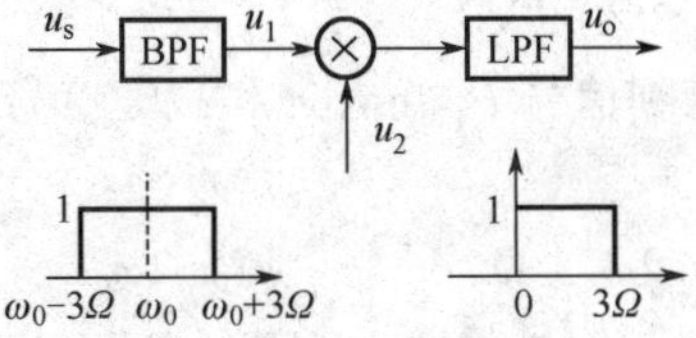

图 T5-3

13．DSB 信号在发射端通过__________调制电路获得，在接收端通过________解调电路解调。

14．同步检波器要求同步信号与载波信号_______。

15．乘积型同步检波器可以解调的已调波有_____。

16．避免惰性失真的条件是__________。

17．串联型包络检波器的输入电阻等于_______，其值越大，对前级______电路的影响越小。

18．同步检波器的关键是产生__________信号。

19．同步检波器分为________________电路和______________电路。

20．进行 SSB 调制时，为了降低对滤波器的要求，往往使用图 T5-4 所示的多级滤波方案。其中 F 为调制信号频率，f_1、f_2、f_3 分别为第一、第二、第三载波频率，F_1、F_2、F_3 均为上边带滤波器，则 F_3 输出信号的频率为______________，等效于将调制信号调制到载波频率为______________的上边带。

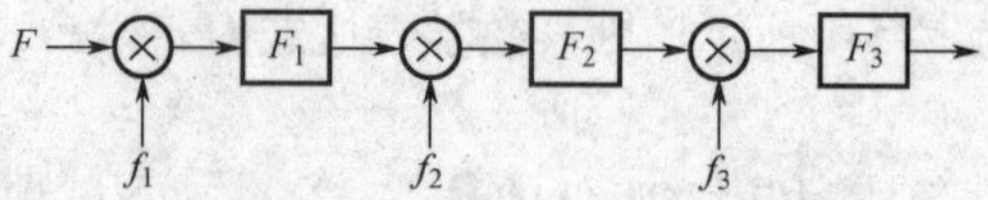

F → ⊗ → F_1 → ⊗ → F_2 → ⊗ → F_3 →
f_1 f_2 f_3

图 T5-4

21．一般情况下，由于混频器件的非线性，混频器将产生各种干扰和失真。常见的干扰有____________和____________。

22．镜像干扰频率 f_M 与中频 f_I 的关系为__________________。

5-2 单选题

1．某发射机输出级在负载 $R_L = 100\Omega$ 上的输出信号为 $u_s(t) = 4(1+0.5\cos\Omega t)\cos\omega_c t$(V)，则发射机输出的边频总功率为（　　）

A．5mW　　B．10mW　　C．80mW　　D．90mW

2．DSB 调幅波的数学表达式为 u_{DSB}（t）$= U_m\cos10\pi\times10^3 t\cos2\pi\times10^6 t$，则此调幅波占据的频带宽度是（　　）

A．5kHz　　B．10kHz　　C．20kHz　　D．2MHz

3．图 T5-5 为已调信号的频谱，其表达式为（　　）。

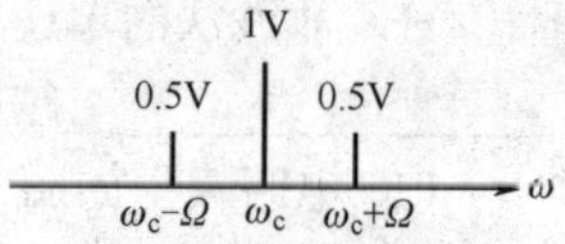

A．$u(t) = (1+\sin\Omega t)\sin\omega_c t$（V）

B．$u(t) = (1+0.5\cos\Omega t)\cos\omega_c t$（V）

C．$u(t) = 2\cos\Omega t\cos\omega_c t$（V）

D．$u(t) = \cos(\omega_c t + 0.5\sin\Omega t)$（V）

1V　0.5V　0.5V
$\omega_c-\Omega$　ω_c　$\omega_c+\Omega$　ω

图 T5-5

4．在模拟乘法器上接入调制信号 $U_{\Omega m}\cos\Omega t$ 和载波信号 $U_{cm}\cos\omega_c t$ 后将产生（　　）频谱分量。

A．$\omega_c \pm \Omega$　　B．$2\omega_c \pm \Omega$　　C．$2\omega_c$　　D．无穷多

5．某中波调幅台的音频调制信号频率 100Hz～4.5kHz，则已调波的带宽为（　　）。

A．4.4kHz　　B．4.5kHz　　C．4.6kHz　　D．9kHz

6．单频调制 AM 波的最大振幅为 4V，最小振幅为 0.6V，它的调幅度 M_a 为（　　）。

A．0.5　　B．0.4　　C．0.3　　D．0.1

7．$M_a = 0.4$ 的普通调幅信号中，含有有用信息的功率占它总功率的百分比是（　　）。

A．12.5%　　B．10%　　C．7.4%　　D．4.3%

8．某发射机只发射载波时，功率为 9kW，当发射单音频调制的调幅波时，信号功率为 10.125kW，则 M_a 为（　　）。

A．0.5　　B．0.4　　C．0.3　　D．0.2

9．单边带信号通信的优点是（　　）。

A．浪费频带、节省能量、抗干扰能力弱

B．节省频带、浪费能量、抗干扰性强、解调容易

C．浪费频带、浪费能量、抗干扰性强、难解调

D．节省频带、节省能量、抗干扰性强、难解调

10．下列哪种信号携带有调制信号的信息（　　）。

A．载波信号　　B．本振信号　　C．已调波信号　　D．同步信号

11．设非线性元件的伏安特性为$i = a_1 u + a_3 u^3$，它（　　）产生调幅作用。

A．能　　B．不能　　C．不确定　　D．在一定条件下能

12．一同步检波器，输入信号为$u_S = U_s\cos(\omega_c + \Omega)t$，同步信号$u_r = U_r\cos(\omega_c t + \varphi)$，输出信号将产生（　　）。

A．振幅失真　　B．惰性失真　　C．相位失真　　D．负峰切割失真

13．对于同步检波器，同步信号与载波信号的关系是（　　）。

A．同频不同相　　B．同相不同频　　C．同频同相　　D．不同频不同相

14．二极管峰值包络检波器适用于哪种调幅波的解调（　　）。

A．单边带调幅波　　B．抑制载波双边带调幅波

C．普通调幅波　　D．残留边带调幅波

15．已知调幅收音机中频为465kHz，当收听720kHz的广播节目时，有时会受到1650kHz信号的干扰，这种干扰属于（　　）。

A．交调干扰　　B．互调干扰　　C．中频干扰　　D．镜像干扰

16．某AM收音机，在收听交通台时同时也可听到音乐台，当交通台停止发射时，仍然可听到音乐台，这是由于混频器发生了（　　）。

A．交调失真　　B．干扰哨声　　C．互调失真　　D．寄生通道干扰

17．混频器中镜像干扰的产生是由于（　　）。

A．混频器的非理想相乘特性

B．接收机前端电路的选择性不好

C．外来干扰与本振作用产生差频等于中频

D．信号与本振的自身组合频率接近中频

18．设混频器的本振频率f_L，输入信号频率f_c，输出中频频率f_I，三者满足$f_L = f_c + f_I$，若有干扰信号$f_n = f_L + f_I$，则可能产生的干扰称为（　　）。

A．交调干扰　　B．互调干扰　　C．中频干扰　　D．镜像干扰

5-3　分析计算题

1．已知 $u(t) = 10(1+0.6\cos2\pi\times3\times10^2 t+0.3\cos2\pi\times3\times10^3 t)\cos2\pi\times10^6 t$（V），求：频带宽度BW和单位电阻上的平均功率。

2．某调制信号的表达式为：

$u_{AM}(t) = 10(1+0.6\cos6\pi\times10^2 t+0.3\cos6\pi\times10^3 t)\cos2\pi\times10^6 t$（V）

（1）说明该信号的调制方式；

（2）画出该调幅波的频谱图并标出各频谱的幅值；

3．画出下列电压表达式的频谱图：

（1）　$u(t) = 3(1+\cos\Omega t)\cos\omega_c t(\text{V})\quad(\omega_c > \Omega)$

（2） $u(t)=4\cos\omega_c t\cos\omega_L t(\mathrm{V}) \quad (\omega_L>\omega_c)$

（3） $u(t)=\cos 2\pi\times10^3 t+2\cos 4\pi\times10^4 t(\mathrm{V})$

4．平衡混频电路如图 T5-6 所示，若：

（1）如将输入信号 u_s 与本振信号 u_L 互换位置，混频器能否正常工作？为什么？

（2）如将二极管 VD_1（或 VD_2）的正负极倒置，混频器能否正常工作？为什么？

5．某调制电路如图 T5-7 所示，已知调制信号 $u_\Omega=0.8\cos(2\pi\times4\times10^3 t)(\mathrm{V})$，载波 $u_c=\cos(2\pi\times1000\times10^3 t)(\mathrm{V})$，带通滤波器 BPF 的参数为：高端截止频率 $f_H=1005\times10^3(\mathrm{Hz})$，低端截止频率 $f_L=1000\times10^3(\mathrm{Hz})$，通带范围内电压增益为 1。

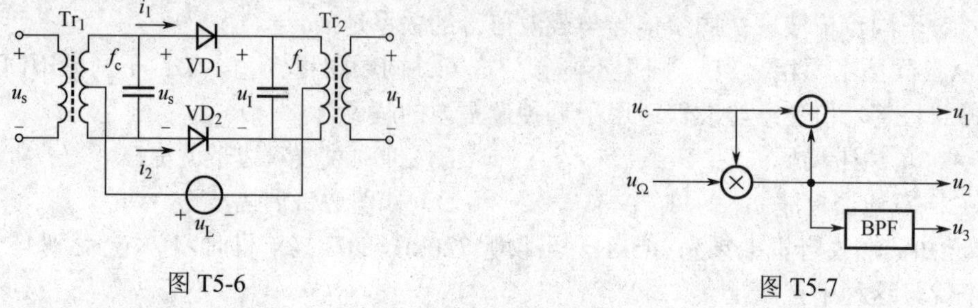

图 T5-6　　　　　图 T5-7

（1）求该调制电路的输出 u_1、u_2、u_3，并说明分别是什么信号。

（2）若将 u_1、u_2、u_3 分别送入图 T5-8 所示的二极管峰值包络检波器（已知检波效率 $K_d=0.8$），画出 u_{o1}、u_{o2}、u_{o3} 的波形。

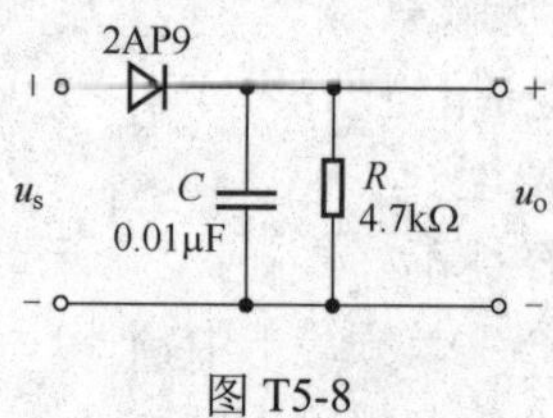

图 T5-8

6．电路如图 T5-9 所示，已知 $R=5\mathrm{k\Omega}$，$R_L=10\mathrm{k\Omega}$，$C=0.01\mu\mathrm{F}$，$C_C=20\mu\mathrm{F}$，输入调幅波的载波为 465kHz，最高调制频率为 5kHz，调幅波振幅的最大值为 20V，最小值为 5V，检波电压传输系数 $\eta_d=1$。

（1）这是什么电路？

（2）写出 u_i、u_A、u_B 的数学表达式；

（3）电路是否会产生惰性失真和负峰切割失真？

（4）若把二极管极性反接，电路能否正常工作？若能，则输出波形与原电路有什么不同？

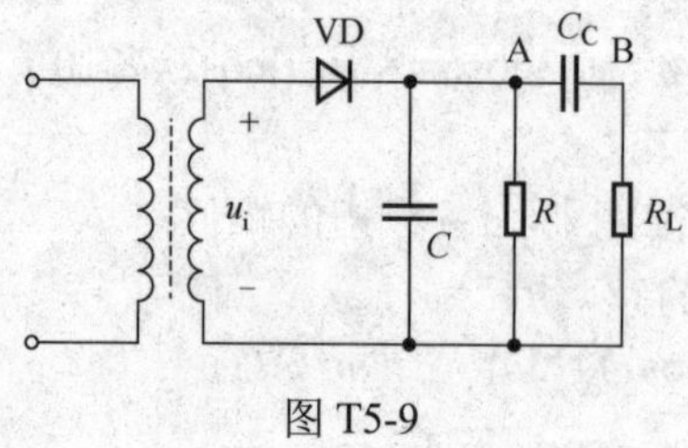

图 T5-9

7．某二极管包络检波电路的输入信号为$u_o(t)=5(1+M_a\cos 2\pi\times10^3 t)\cos 2\pi\times10^6 t$，如输出信号波形分别产生了如图 T5-10 所示的失真。（1）写出失真名称（2）试分析失真的原因。

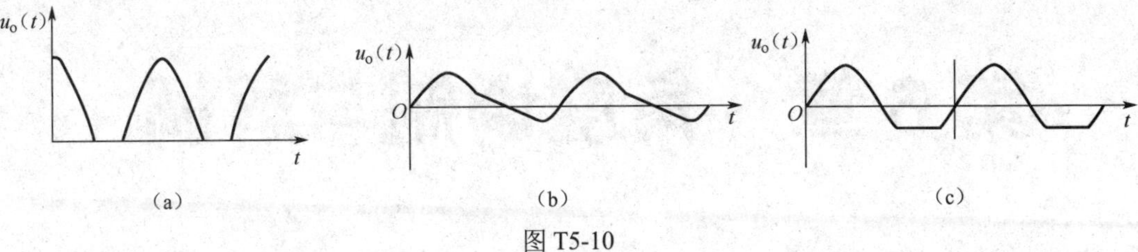

图 T5-10

8．外差式调幅广播接收机的组成框图如图 T5-11 所示。中频频率 f_I=465kHz 。

（1）填出方框 1 和方框 2 的名称，并简述其功能。

（2）若接收台的频率为 810kHz，则本振频率 f_L=？已知语音信号的带宽为 100～4500Hz，试分别画出 A、B 和 C 这三点处的频谱示意图。

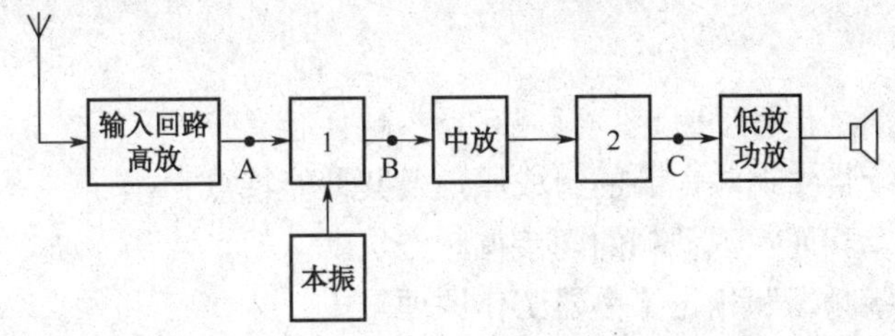

图 T5-11

9．某调幅收音机的混频电路如图 T5-12 所示，图中输入信号是载频为 700kHz 的普通调幅波。

（1）本地振荡属于何种类型的振荡器？

（2）试说明 L_1C_1、L_4C_4、L_3C_3 构成的三个并联回路的谐振频率。

（3）定性画出 A、B 和 C 这三点对地的电压波形。

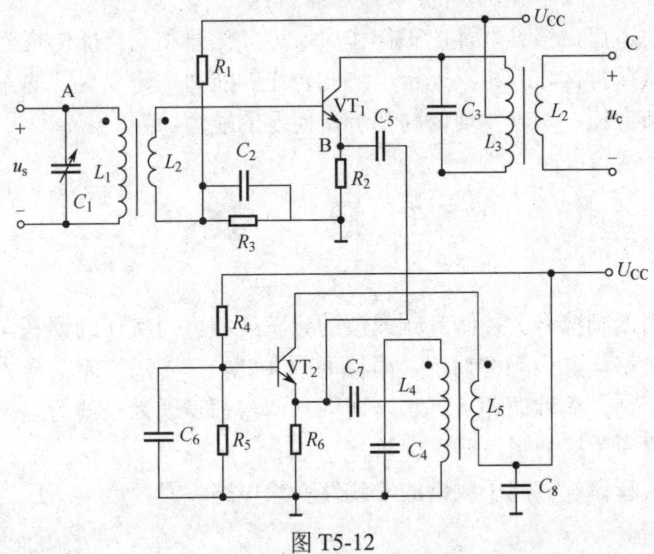

图 T5-12

第 6 章　角度调制与解调

内容提要：频率调制与鉴频电路是通信系统中的基本单元电路，本章首先介绍了调频波和调相波的基本性质，在此基础上分别介绍了实现频率调制和鉴频的原理、基本方法和电路。

学习目标

1．知识目标

（1）熟悉角度调制信号的时域、频域和功率特性。
（2）了解变容管直接调频电路的组成原理及其性能特点。
（3）了解通过调相而实现调频的间接调频方法。
（4）了解斜率鉴频器和相位鉴频器工作原理。

2．能力目标

（1）能读懂基本调频和鉴频电路的原理图。
（2）能熟练运用示波器、信号发生器等仪器。
（3）能完成调频和鉴频单元电路的调试与检测。

3．职业目标

（1）具有敬业精神，培养认真的学习态度和科学的学习方法。
（2）具有职业道德，培养严谨的工作作风，遵守纪律和安全操作规范。
（3）具有团队精神，培养相互配合、协同合作的能力，建立良好的人际关系。
（4）具有创新意识，培养发现问题和解决问题的能力。

6.1　概　述

角度调制是用调制信号去控制高频载波的频率或相位而实现的调制。若用调制信号去控制载波信号的频率，称为频率调制，简称调频（FM）；若用调制信号去控制载波信号的相位，称为相位调制，简称调相（PM）。调频和调相都表现为载波的总相角受到调制，故将调频和调相统称为角度调制，简称调角。

角度调制及其解调电路属于频谱的非线性变换电路。经角度调制后，已调高频信号有以下基本特点：

（1）其波形是等幅波；

（2）其频谱不再保持调制信号的频谱结构，即不是调制信号频谱在频率轴上的线性搬迁；

（3）与幅度调制相比，其频带更宽。

可见，调角信号是把调制信号的功率分配到了已调信号的各边频上。与幅度调制相比，在相同的发射功率下，角度调制信号具有较强的抗干扰能力。在通信系统中，特别是在广播和移动通信领域应用广泛。

6.2　调角波的基本性质

6.2.1　调角波的数学表达式及波形

高频载波信号的一般形式为

$$u_c(t)=U_{cm}\cos\varphi(t)=U_{cm}\cos(\omega_c t+\varphi_0)$$

式中，ω_c 为载波的角频率，在此为常数；$\varphi(t)$为载波的瞬时相位；φ_0 为载波的初相位，为简化分析，令 $\varphi_0=0$ 。

1．调频波的数学表达式

（1）FM 波数学表达式的一般形式

根据调频的定义，调频波的瞬时角频率$\omega(t)$随调制信号 $u_\Omega(t)$线性变化，即 FM 信号的瞬时角频率为

$$\omega(t)=\omega_c+k_f u_\Omega(t)=\omega_c+\Delta\omega(t) \tag{6-2-1}$$

式中，k_f 称为调频灵敏度，是由调频电路决定的比例常数，单位为 rad/(s·V)；$\Delta\omega(t)=k_f u_\Omega(t)$ 是按调制信号规律变化的瞬时角频率偏移，简称频移。

在正弦波中，瞬时角频率与瞬时相位的关系为

$$\omega(t)=\frac{\mathrm{d}\varphi(t)}{\mathrm{d}t} \tag{6-2-2}$$

所以，FM 信号的瞬时相位为

$$\varphi(t)=\int_0^t\omega(t)\mathrm{d}t=\int_0^t[\omega_c+k_f u_\Omega(t)]\mathrm{d}t=\omega_c t+k_f\int_0^t u_\Omega(t)\mathrm{d}t \tag{6-2-3}$$

则调频波的数学表达式为

$$u_{FM}(t)=U_{cm}\cos\left[\omega_c t+k_f\int_0^t u_\Omega(t)\mathrm{d}t\right] \tag{6-2-4}$$

（2）单音调制时 FM 波的数学表达式和波形

当调制信号是单音余弦波时，即调制信号为$u_\Omega(t)=U_{\Omega m}\cos\Omega t$ 。由式（6-2-1）得，单音调制时 FM 信号的瞬时角频率为

$$\omega(t)=\omega_c+k_f U_{\Omega m}\cos\Omega t=\omega_c+\Delta\omega_m\cos\Omega t \tag{6-2-5}$$

式中，频移 $\Delta\omega(t)=k_{\mathrm{f}}U_{\Omega\mathrm{m}}\cos\Omega t=\Delta\omega_{\mathrm{m}}\cos\Omega t$；习惯上称其最大值 $\Delta\omega_{\mathrm{m}}$ 为频偏，即

$$\Delta\omega_{\mathrm{m}}=k_{\mathrm{f}}U_{\Omega\mathrm{m}}\quad（或\ \Delta f_{\mathrm{m}}=\frac{k_{\mathrm{f}}U_{\Omega\mathrm{m}}}{2\pi}）\tag{6-2-6}$$

由式（6-2-3）得，单音调制时 FM 信号的瞬时相位为

$$\begin{aligned}\varphi(t)&=\omega_{\mathrm{c}}t+k_{\mathrm{f}}\int_0^t U_{\Omega\mathrm{m}}\cos\Omega t\,\mathrm{d}t=\omega_{\mathrm{c}}t+\frac{k_{\mathrm{f}}U_{\Omega\mathrm{m}}}{\Omega}\sin\Omega t\\&=\omega_{\mathrm{c}}t+M_{\mathrm{f}}\sin\Omega t=\omega_{\mathrm{c}}t+\Delta\varphi(t)\end{aligned}\tag{6-2-7}$$

式中，

$$M_{\mathrm{f}}=\frac{k_{\mathrm{f}}U_{\Omega\mathrm{m}}}{\Omega}=\frac{\Delta\omega_{\mathrm{m}}}{\Omega}=\frac{\Delta f_{\mathrm{m}}}{F}\tag{6-2-8}$$

称为调频指数，表示 FM 波的最大相位偏移；$\Delta\varphi(t)=M_{\mathrm{f}}\sin\Omega t$ 称为瞬时相位偏移，简称移相。

由式（6-2-4）和式（6-2-7）得，单音调制时 FM 信号的数学表达式为

$$u_{\mathrm{FM}}(t)=U_{\mathrm{cm}}\cos(\omega_{\mathrm{c}}t+M_{\mathrm{f}}\sin\Omega t)\tag{6-2-9}$$

图 6-2-1 为单音调制时调制信号 $u_{\Omega}(t)$、频移 $\Delta\omega(t)$、移相 $\Delta\varphi(t)$ 及 FM 波的波形。

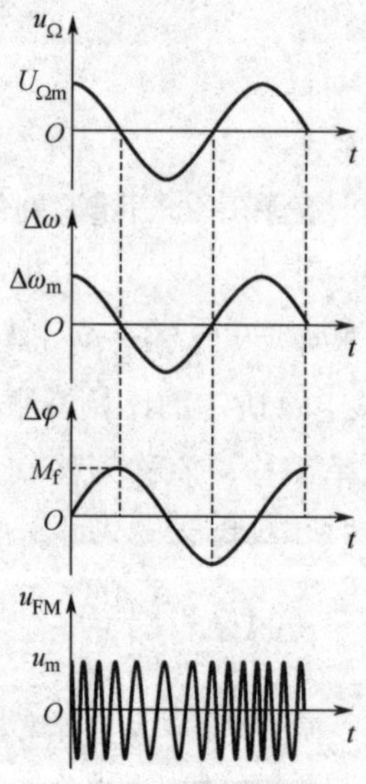

图 6-2-1 调频信号波形

2．调相波的数学表达式

（1）PM 波数学表达式的一般形式

根据调相的定义，调相波的瞬时相位 $\varphi(t)$ 随调制信号 $u_{\Omega}(t)$ 线性变化，即 PM 信号的瞬时相位为

$$\varphi(t)=\omega_{\mathrm{c}}t+k_{\mathrm{p}}u_{\Omega}(t)=\omega_{\mathrm{c}}t+\Delta\varphi(t)\tag{6-2-10}$$

式中，k_{p} 称为调相灵敏度，是由调相电路决定的比例常数，单位为 rad/V；$\Delta\varphi(t)=k_{\mathrm{p}}u_{\Omega}(t)$ 是

按调制信号规律变化的瞬时相位偏移，简称移相。则调相波的数学表达式为

$$u_{\mathrm{PM}}(t)=U_{\mathrm{cm}}\cos\left[\omega_{\mathrm{c}}t+k_{\mathrm{p}}u_{\Omega}(t)\right] \tag{6-2-11}$$

由式（6-2-2）得，PM 信号的瞬时角频率为

$$\omega(t)=\frac{\mathrm{d}\left[\omega_{\mathrm{c}}t+k_{\mathrm{p}}u_{\Omega}(t)\right]}{\mathrm{d}t}=\omega_{\mathrm{c}}+k_{\mathrm{p}}\frac{\mathrm{d}u_{\Omega}(t)}{\mathrm{d}t} \tag{6-2-12}$$

（2）单音调制时 PM 波的数学表达式和波形

当调制信号是单音余弦波时，即调制信号为 $u_{\Omega}(t)=U_{\Omega\mathrm{m}}\cos\Omega t$。由式（6-2-10）得，单音调制时 PM 信号的瞬时移相为

$$\varphi(t)=\omega_{\mathrm{c}}t+k_{\mathrm{p}}U_{\Omega\mathrm{m}}\cos\Omega t=\omega_{\mathrm{c}}t+M_{\mathrm{p}}\cos\Omega t=\omega_{\mathrm{c}}t+\Delta\varphi(t) \tag{6-2-13}$$

式中

$$M_{\mathrm{p}}=k_{\mathrm{p}}U_{\Omega\mathrm{m}}=\Delta\varphi_{\mathrm{m}} \tag{6-2-14}$$

称为调相指数，表示 PM 波的最大相位偏移；$\Delta\varphi(t)=M_{\mathrm{p}}\cos\Omega t$ 称为瞬时相位偏移，简称移相。

由式（6-2-11）和式（6-2-13）得，单音调制时 PM 信号的数学表达式为

$$u_{\mathrm{PM}}(t)=U_{\mathrm{cm}}\cos(\omega_{\mathrm{c}}t+M_{\mathrm{p}}\cos\Omega t) \tag{6-2-15}$$

由式（6-2-12）和式（6-2-13）得，单音调制时 PM 信号的瞬时角频率为

$$\omega(t)=\frac{\mathrm{d}\left[\omega_{\mathrm{c}}t+M_{\mathrm{p}}\cos\Omega t\right]}{\mathrm{d}t}=\omega_{\mathrm{c}}-M_{\mathrm{p}}\Omega\sin\Omega t=\omega_{\mathrm{c}}-\Delta\omega_{\mathrm{m}}\sin\Omega t \tag{6-2-16}$$

式中，频移 $\Delta\omega(t)=-M_{\mathrm{p}}\Omega\sin\Omega t=-\Delta\omega_{\mathrm{m}}\sin\Omega t$，$\Delta\omega_{\mathrm{m}}$ 为最大频偏，

$$\Delta\omega_{\mathrm{m}}=M_{\mathrm{p}}\Omega\text{（或 }\Delta f_{\mathrm{m}}=M_{\mathrm{p}}F\text{）} \tag{6-2-17}$$

图 6-2-2 为单音调制时调制信号 $u_{\Omega}(t)$、移相 $\Delta\varphi(t)$、频移 $\Delta\omega(t)$ 及 PM 波的波形。

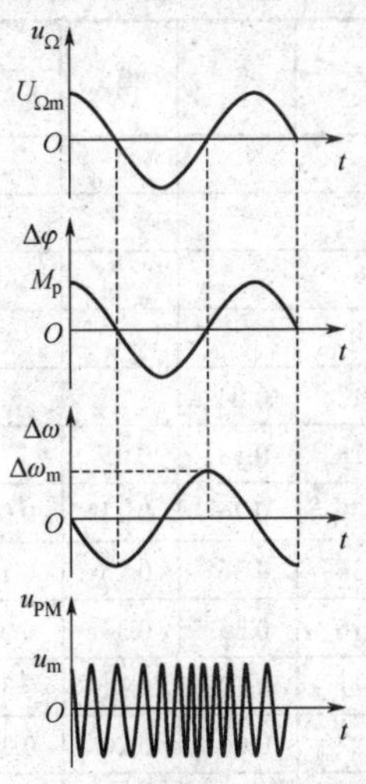

图 6-2-2　调相信号波形

综上所述，无论是频率调制还是相位调制，结果都是使瞬时相位发生变化，即使总相位发生变化，只是总相位$\varphi(t)$随调制信号变化的规律不同。

例 6.2.1　已知某调角信号表达式为$u_o(t)=10\cos\left[2\pi\times10^6t+10\cos(2\pi\times10^3t)\right]$（mV），若调制信号$u_\Omega(t)=5\cos(2\pi\times10^3t)$（mV），试指出该调角信号是调频信号还是调相信号？调制指数、载波频率、振幅及最大频偏各为多少？

解　由调角信号表达式可知

$$\varphi(t)=\omega_c t+\Delta\varphi(t)=2\pi\times10^6t+10\cos(2\pi\times10^3t)$$

则调角信号的附加移相$\Delta\varphi(t)=10\cos(2\pi\times10^3t)$与调制信号$u_\Omega(t)$变化规律相同，故可判断此调角信号为调相信号，显然调相指数$M_p=10\text{rad}$。

由于$\omega_c t=2\pi\times10^6t$，故载波频率$f_c=10^6\text{Hz}=1\text{MHz}$。

角度调制时，载波振幅保持不变，所以载波振幅$U_{cm}=10\text{mV}$。

最大频偏$\Delta f_m=M_pF=10\times10^3\text{Hz}=10\text{kHz}$。

6.2.2　调角信号的频谱与带宽

1．调角信号的频谱

由式（6-2-9）和式（6-2-15）知，单音调制时 FM 波和 PM 波的数学表达式仅在附加移相的形式上不同，但由调制信号引起的附加移相是正弦变化还是余弦变化并没有本质差别，两者只在相位上相差π/2。所以，两者的数学表达式没有本质差别，频谱也相似。

以FM波为例，理论分析证明：单音调制时的FM波的频谱，除有载波频率分量，还有无限多对边频分量；邻近两个边频之间的频率间隔均为Ω；各边频的幅度与调频指数M_f和第一类贝塞尔函数$J_n(M_f)$有关，其中，n在此为边频的次数。调频指数M_f取不同值时，各次边频分量的幅度与载波幅度的比值见表 6-2-1。表中，比值小于 10%以后的仅列出一项。

表 6-2-1　载频、边频幅度与调频指数M_f的关系

M_f \ n	0	1	2	3	4	5	6	7	8	9	10	11	12
0.0	1.00												
0.5	0.94	0.24	0.03										
1.0	0.77	0.44	0.11	0.02									
2.0	0.22	0.58	0.35	0.13	0.03								
3.0	0.26	0.34	0.49	0.31	0.13	0.04							
4.0	0.40	0.07	0.36	0.43	0.28	0.13	0.05						
5.0	0.18	0.33	0.05	0.36	0.39	0.26	0.13	0.05					
6.0	0.15	0.28	0.24	0.11	0.36	0.36	0.25	0.13	0.06				
7.0	0.30	0.00	0.30	0.17	0.16	0.35	0.34	0.23	0.13	0.06			
8.0	0.17	0.23	0.11	0.29	0.11	0.19	0.34	0.32	0.22	0.13	0.06		
9.0	0.09	0.25	0.14	0.18	0.27	0.06	0.20	0.33	0.31	0.21	0.12	0.06	
10.0	0.25	0.04	0.25	0.06	0.22	0.23	0.01	0.22	0.32	0.29	0.21	0.12	0.06

由表 6-2-1 可见，调制指数 M_f 越大，具有较大振幅的边频分量就越多，且有些边频分量的幅度超过载频分量的幅度。

在调制信号角频率 Ω 相同、载波相同的条件下，根据表 6-2-1 可以画出当 $M_f = 0.5$、$M_f = 1$、$M_f = 5$ 和 $M_f = 10$ 时的调频波信号频谱图，如图 6-2-3 所示。

由于调角信号为等幅波，当 U_{cm} 一定时，其平均功率等于未调制的载波功率，即与调制指数 M（M_f 或 M_p）无关。所以改变 M 仅使载波分量和各边频分量之间的功率重新分配，而总功率则保持不变。

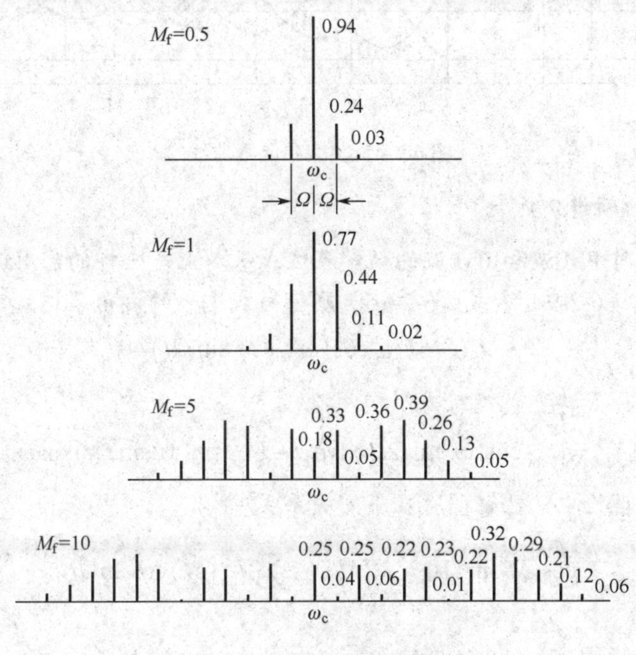

图 6-2-3　调频信号的频谱

知识拓展

调角信号的频谱分析简介

1．第一类贝塞尔函数曲线

1817 年，德国数学家贝塞尔第一次系统地提出了贝塞尔函数的总体理论框架，后人以他的名字命名了这种函数。第一类贝塞尔函数简称为贝塞尔函数、J 函数，记作 $J_n(M)$。其中，n 是自然数，称为第一类贝塞尔函数的阶数；M 为宗数。

$$\mathrm{J}_n(M) = \frac{1}{2\pi}\int_0^{2\pi}\cos\left(nt - M\sin t\right)\mathrm{d}t \tag{6-2-18}$$

根据式（6-2-18）可画出各阶贝塞尔函数随 M 变化的曲线，如图 6-2-4 所示。

表 6-2-1 中的数值也由式（6-2-18）得到。

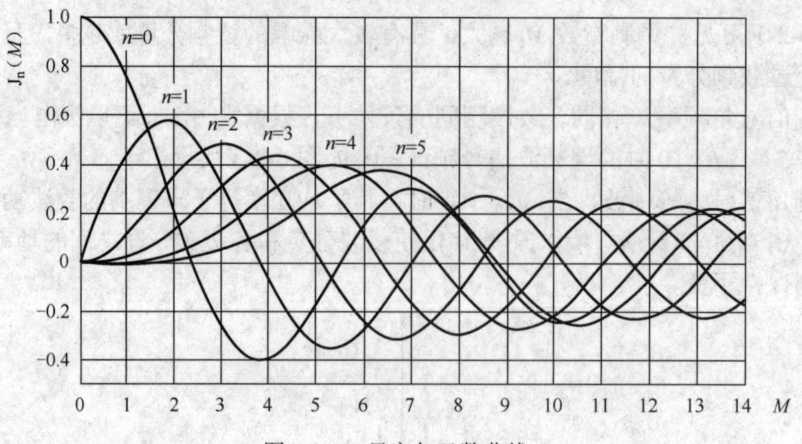

图 6-2-4 贝塞尔函数曲线

2．调角信号的频谱分析

由于单音调制时 FM 波和 PM 波的数学表达式基本上是一样的，用调制指数 M 代替相应的 M_f 或 M_p，式（6-2-9）和式（6-2-15）则可写成统一的调角表达式，即

$$u_o(t)=U_{cm}\cos\left(\omega_c t+M\sin\Omega t\right) \tag{6-2-19}$$

利用三角函数公式将上式改写为

$$u_o(t)=U_{cm}\cos(M\sin\Omega t)\cos\omega_c t-U_{cm}\sin(M\sin\Omega t)\sin\omega_c t \tag{6-2-20}$$

在贝塞尔函数理论中，已证明存在下列关系式

$$\cos(M\sin\Omega t)=J_0(M)+2\sum_{n=1}^{\infty}J_{2n}(M)\cos 2n\Omega t \tag{6-2-21}$$

$$\sin(M\sin\Omega t)=2\sum_{n=0}^{\infty}J_{2n+1}(M)\sin(2n+1)\Omega t \tag{6-2-22}$$

式中，$J_n(M)$ 是 n 阶第一类贝塞尔函数，将式（6-2-17）和式（6-2-18）代入式（6-2-16），可得

$$\begin{aligned}u_o(t)=&U_{cm}J_0(M)\cos\omega_c t-2U_{cm}J_1(M)\sin\Omega t\sin\omega_c t+\\&2U_{cm}JJ_2(M)\cos 2\Omega t\cos\omega_c t-2U_{cm}J_3(M)\sin 3\Omega t\sin\omega_c t+\\&2U_{cm}J_4(M)\cos 4\Omega t\cos\omega_c t-2U_{cm}J_5(M)\sin 5\Omega t\sin\omega_c t+\cdots\\=&U_{cm}J_0(M)\cos\omega_c t+U_{cm}J_1(M)\left[\cos(\omega_c+\Omega)t-\cos(\omega_c-\Omega)t\right]+\\&U_{cm}J_2(M)\left[\cos(\omega_c+2\Omega)t-\cos(\omega_c-2\Omega)t\right]+U_{cm}J_3(M)\left[\cos(\omega_c+3\Omega)t-\cos(\omega_c-3\Omega)t\right]+\\&U_{cm}J_4(M)\left[\cos(\omega_c+4\Omega)t-\cos(\omega_c-4\Omega)t\right]+\\&U_{cm}J_5(M)\left[\cos(\omega_c+5\Omega)t-\cos(\omega_c-5\Omega)t\right]+\cdots\end{aligned} \tag{6-2-23}$$

由上式可以看出：在单频信号调制的情况下，调角信号可以用角频率为 ω_c 的载频分量与角频率为 $(\omega_c\pm n\Omega)$ 的无限对上、下边频分量之和来表示，这些边频分量和载频分量的角频率相差 $n\Omega$（其中，$n=1$，2，3…）。当 n 为偶数时，上、下两边频分量的极性相同，当

n 为奇数时，上、下边频分量的极性相反。U_{cm} 是未调制时的载频振幅，调制时，载频分量和各边频分量的振幅则由 U_{cm} 和贝塞尔函数 $J_n(M)$决定。

2．调角信号的带宽

虽然调角信号的边频分量有无限对，即它的频带应为无限宽。但由图 6-2-3 可以看出，对于固定的调频指数 M_f，随着边频次数 n 的增大，各次边频幅度的大小虽有起伏，但总趋势是减小的，这表明离开载频较远的边频振幅都很小，在传送和放大过程中，即使舍去这些边频分量，调角信号也不会产生明显失真。因此，实际调角信号的有效频带宽度仍是有限的。

可以证明，当 $n > (M+1)$时，边频的振幅都小于载频振幅的 10%。因此，如果把这些边频分量都略去，即上、下边频总数近似等于 $2(M+1)$，则调角波的有效带宽为

$$\mathrm{BW} = 2(M+1)F = 2(\Delta f_m + F) \tag{6-2-24}$$

由上式可知，当 $M \ll 1$（工程上规定 $M < 0.25\text{rad}$）时，调角信号的有效带宽为

$$\mathrm{BW} = 2F$$

其值近似为调制信号频率的两倍，相当于普通调幅信号的频谱宽度，通常把这种调角信号称为窄带调角信号。

当 $M \gg 1$时，调角信号的有效带宽为

$$\mathrm{BW} \approx 2MF = 2\Delta f_m$$

通常把这种调角信号称为宽带调角信号。对于调频信号，Δf_m 与 $U_{\Omega m}$ 成正比，故 $U_{\Omega m}$ 一定，即 Δf_m 一定时，BW 也就一定了，其值与 F 无关。对于调相信号，Δf_m与F 成正比，因而当 $U_{\Omega m}$ 一定，即 M_p 一定时，BW 与 F 成正比。

一般情况下，$M > 1$，故调角信号的带宽可用式（6-2-24）计算，即带宽由 Δf_m 和 F 共同决定。

这里需要说明的是，调角信号的有效带宽 BW 与最大频偏 Δf_m 是两个不同的概念。最大频偏 Δf_m 是指在调制信号作用下，瞬时频率偏离载频的最大值，即频率摆动的幅度。而有效带宽是反映调角信号频谱特性的参数，它是指上、下边频所占有的频带范围。

上面讨论了在单频调制时的调角信号有效带宽，实际上调制信号多为复杂信号。实践表明，复杂信号调制时，大多数调角信号占有的有效带宽仍可用式（6-2-24）表示，仅需将其中的 F 用调制信号中的最高频率 F_{max} 取代，Δf_m 用最大频偏 $(\Delta f_m)_{max}$ 取代。

例如，在调频广播系统中，按国家标准规定 $F_{max} = 15\text{kHz}$、$(\Delta f_m)_{max} = 75\text{kHz}$，由式（6-2-24）计算得到

$$\mathrm{BW} = 2\left[(\Delta f_m)_{max} + F_{max}\right] = 180\ \text{kHz}$$

实际选取的频谱宽度为 200kHz。

6.2.3　调频信号与调相信号的比较

调频波和调相波的比较如表 6-2-2 所示。

表 6-2-2　调频波和调相波的比较

调制信号 $u_\Omega(t)=U_{\Omega m}\cos\Omega t$　　载波信号 $u_c(t)=U_{cm}\cos\omega_c t$		
	调频信号	调相信号
瞬时角频率	$\omega(t)=\omega_c+k_f u_\Omega(t)=\omega_c+\Delta\omega_m\cos\Omega t$	$\omega(t)=\omega_c+k_p\dfrac{du_\Omega(t)}{dt}=\omega_c-\Delta\omega_m\sin\Omega t$
瞬时相位	$\varphi(t)=\omega_c t+k_f\int_0^t u_\Omega(t)dt$ $=\omega_c t+M_f\sin\Omega t$	$\varphi(t)=\omega_c t+k_p u_\Omega(t)$ $=\omega_c t+M_p\cos\Omega t$
最大角频偏	$\Delta\omega_m=k_f U_{\Omega m}=M_f\Omega$	$\Delta\omega_m=k_p U_{\Omega m}\Omega=M_p\Omega$
调制指数（或最大移相 $\Delta\varphi_m$）	$M_f=\dfrac{k_f U_{\Omega m}}{\Omega}=\dfrac{\Delta\omega_m}{\Omega}$	$M_p=k_p U_{\Omega m}$
数学表达式	$u_{FM}(t)=U_{cm}\cos\left[\omega_c t+k_f\int_0^t u_\Omega(t)dt\right]$ $=U_{cm}\cos(\omega_c t+M_f\sin\Omega t)$	$u_{PM}(t)=U_{cm}\cos\left[\omega_c t+k_p u_\Omega(t)\right]$ $=U_{cm}\cos(\omega_c t+M_p\cos\Omega t)$

例 6.2.2　设有一组频率为 300～3000Hz 的余弦调制信号，它们的振幅都相同，调频时最大频偏 $\Delta f_m=75\text{kHz}$，调相时最大相位偏移 $\Delta\varphi_m=2\text{rad}$。试求在调制信号频率范围内：（1）调频时 M_f 的变化范围；（2）调相时 Δf_m 的变化范围。

解　（1）调频时，由式（6-2-6）知频偏 Δf_m 与调制信号频率无关，故可由式（6-2-8）得

$$M_{f\max}=\frac{\Delta f_m}{F_{\min}}=\frac{75\text{k}}{300}=250\text{ rad}$$

$$M_{f\min}=\frac{\Delta f_m}{F_{\max}}=\frac{75\text{k}}{3000}=25\text{ rad}$$

计算结果说明，最低调制信号频率可得到最大调频指数，而最高调制信号频率则得到最小调频指数，调制信号频率不同时，M_f 将在很大范围内变化。

（2）调相时，由式（6-2-14）知最大相位偏移 $\Delta\varphi_m$ 与调制信号频率无关，故可由式（6-2-17）得

$$\Delta f_{m\max}=M_p F_{\max}=2\times 3\text{k}=6\text{ kHz}$$

$$\Delta f_{m\min}=M_p F_{\min}=2\times 300=600\text{ Hz}$$

可见，调相时最大频偏随调制信号频率的变化而有较大的变化。

6.3　调频电路

实现调频的方法有直接调频法和间接调频法两种。直接调频的主要优点是可以获得较高的频偏，不足之处是中心频率稳定度不高；间接调频因产生振荡与调制是分开的，所以主要优点是中心频率稳定度较高，但获得的频偏较小。

6.3.1　直接调频电路

直接调频法是利用调制信号直接控制振荡器的振荡频率而实现的调频方法。常用的直接调频电路有变容二极管（或电抗管）调频电路、晶振调频电路和集成调频电路等。

1．变容管直接调频电路

（1）变容二极管

PN 结的结电容随外加偏置电压变化而改变，其 $C_j - u$ 曲线如图 6-3-1（a）所示，变容二极管正是利用这一特性而制作的。变容二极管一般工作在反向偏置状态，此时其反向电流极小、功耗低、产生的噪声也很小。变容二极管直接调频原理电路如图 6-3-1（b）所示。

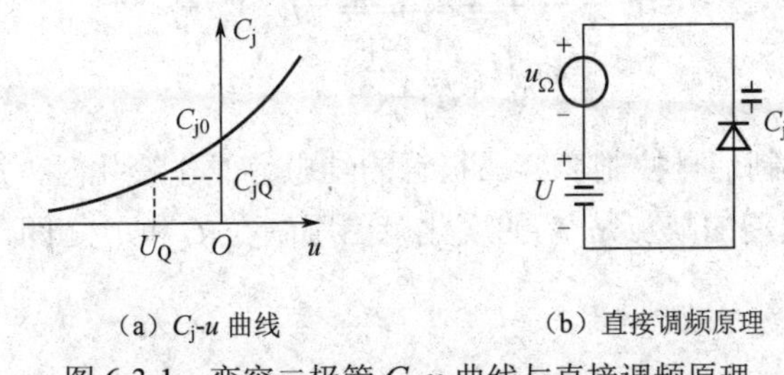

（a）C_j-u 曲线　　（b）直接调频原理

图 6-3-1　变容二极管 C_j-u 曲线与直接调频原理

（2）变容二极管直接调频电路

在 LC 振荡器中，如果将变容二极管的可控电容连接到谐振回路中，并用调制信号 u_Ω 去控制变容二极管的电容量，就可以直接改变 LC 振荡器的振荡频率，构成变容管直接调频电路。

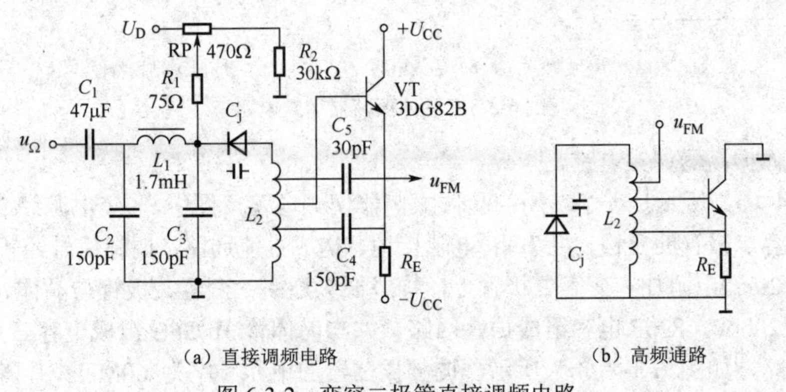

（a）直接调频电路　　（b）高频通路

图 6-3-2　变容二极管直接调频电路

图 6-3-2（a）所示电路是卫星通信地面站调频发射机的局部电路。图中，电源 U_D 经 RP、R_1 加在变容二极管的负极，经 L_2 接地，构成直流通路；C_1 对 u_Ω 视为短路，调制信号 u_Ω 通过 L_1、C_2、C_3 组成的π型滤波网络加到变容二极管上，构成低频通路；L_2 与变容二极管的结电容 C_j 组成振荡回路，并与晶体管 VT 组成电感三点式振荡器，构成高频通路，如图 6-3-2（b）所示，其中心频率为 140MHz。图中 C_2、C_3、C_4 对载频视为短路。由于变容二极管的结电容 C_j 受调制信号 u_Ω 控制，所以振荡频率随调制信号的变化而变化，从而实现了直接调频。

2．晶体振荡器调频电路

（1）调频原理

晶体振荡器调频电路是将变容二极管和石英晶体串联或并联后，接入振荡回路构成的调频振荡器。原理是通过调制信号对变容管结电容的控制，直接改变晶振频率。

变容二极管与晶体串联的振荡原理电路、等效电路及其谐振特性如图 6-3-3 所示，f_s、f_p分别为未接入变容管时由石英晶体自身参数确定的串联谐振频率和并联谐振频率，串联接入变容管后，f_s 变为 f_s' 且

$$f_s' = \frac{1}{2\pi\sqrt{L_q \frac{C_q C_j}{C_q + C_j}}} = f_s\sqrt{1+\frac{C_q}{C_j}}$$

显然 $f_s' > f_s$。当调制信号控制变容二极管的结电容发生变化时，f_s' 也将随之发生变化，从而实现调频。这种电路的缺点是 f_s' 的变化范围限制在 f_s 和 f_p之间，其调频频偏很小，相对频偏只能达到 0.01%。

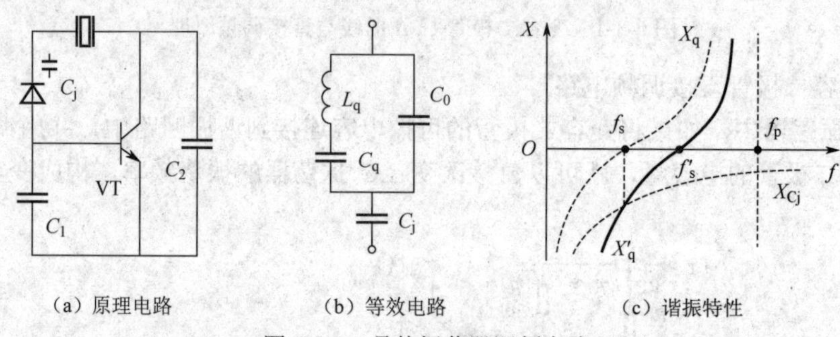

（a）原理电路　（b）等效电路　（c）谐振特性

图 6-3-3　晶体振荡器调频电路

（2）晶体振荡器调频电路

图 6-3-4（a）所示是一个实用的晶体振荡器调频电路。图中，9V 电源经 200Ω、10kΩ 电阻加在变容二极管的负极，经 20kΩ电阻接地，构成直流通路；调制信号经输入变压器耦合进来，经 20kΩ电阻加在变容二极管上，构成低频通路；变容二极管与晶体、470pF 电容串联，再与 200pF、82pF 电容组成振荡回路，并与晶体管 3DG6C 组成电容三点式振荡器，构成高频通路，如图 6-3-4（b）所示，调频振荡器的中心频率为 60MHz，可获得约 7kHz 的频偏。图（a）中集电极回路调谐在三次谐波上，通过三次倍频可进一步增大频偏。

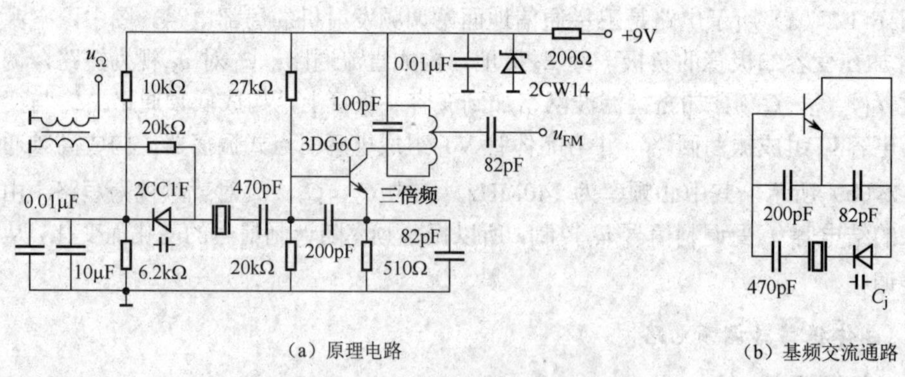

（a）原理电路　（b）基频交流通路

图 6-3-4　晶体振荡器调频电路

3．集成调频电路

集成调频电路通常采用锁相调频，锁相调频是能稳定中心频率的宽频偏直接调频电路。图 6-3-5 所示是直接锁相调频的框图，由图中可见，只要把调制信号 u_Ω加在锁相环 VCO 的频率控制端，使 VCO 的频率随调制信号做线性变化，就可以达到调频目的。这种直接锁相调频电路频偏可以做得很宽，在目前的移动通信基站台中使用很多。有关锁相的内容请参阅其他相关教材。

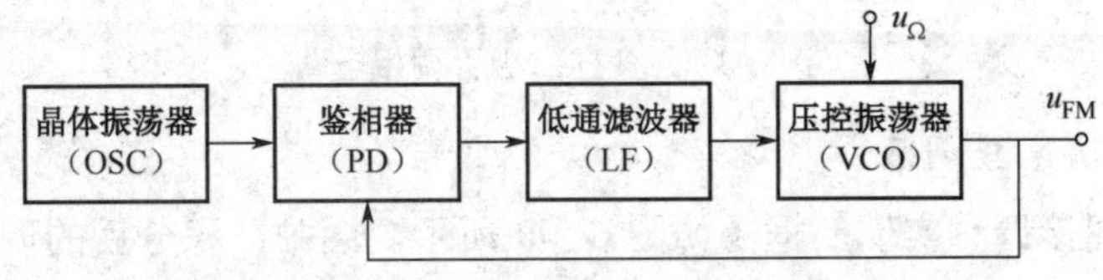

图 6-3-5 直接锁相调频电路组成框图

6.3.2 间接调频电路

间接调频是利用调相电路间接地产生调频波。间接调频的最大优点是频率稳度高，因此，广泛用于广播发射机和电视伴音发射机中。式（6-2-4）和式（6-2-11）分别为调频波和调相波的数学表达式可以看出，先对调制信号进行积分，再用积分后的信号对载波进行调相，就可以间接地得到所需的调频波。间接调频的原理框图如图 6-3-6 所示。目前实现调相的方法主要有变容二极管调相、矢量合成法调相（即相乘调幅合成法）和脉冲移相法调相。

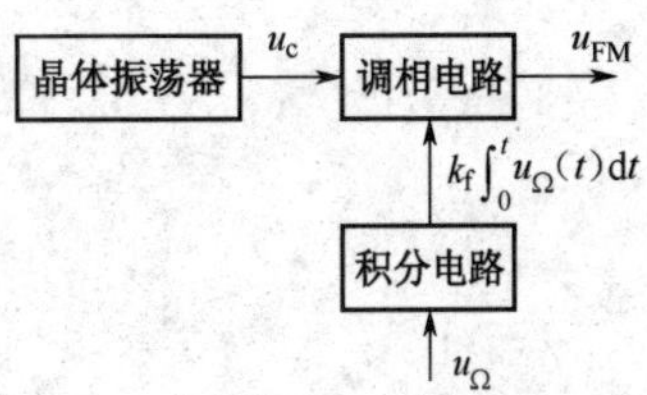

图 6-3-6 间接调频原理

1．变容二极管调相电路

变容二极管调相电路如图 6-3-7 所示。电源 U_D 经 R_5 加在变容二极管的负极，构成直流通路；调制信号 u_Ω通过 R_6、C_2、射频扼流圈 RFC 加到变容二极管上，构成低频通路。该电路实际上是单调谐高频电压放大器，输入信号 u_c 来自频率稳定度很高的晶体振荡器；集电极负载为 L、C_1 及变容管结电容 C_j 组成的并联谐振回路，由它构成调相电路，其中 C_3、C_4、C_C 对高频信号可看成短路。当没有调制信号输入时，由 L、C_1 及变容管静态结电容 C_{jQ} 决定的谐振频率等于晶振频率 ω_0，其回路阻抗为纯阻性，因而回路两端电压与电流同相。当有调制信号输入时，变容管 C_j 随调制信号电压而改变，使回路对载频处于不同的失谐状态：当 C_j 减小时，回路阻抗呈感性，回路两端电压超前于电流；反之，当 C_j 增大时，回路阻抗呈容性，回路两端电压滞后于电流。即调制信号通过控制 C_j 的大小就能使谐振回路两端电压产生相应的相位变化，实现调相。

在小频偏时，谐振回路移相和调制信号振幅成正比，可以得到线性调相。所以，调制信号 u_Ω 从②端输入时，输出为调相波；如果调制信号 u_Ω 从①端输入，即先经过 R_6、C_5 组成的积分电路再输入，就可以得到线性调频，则输出为调频波。

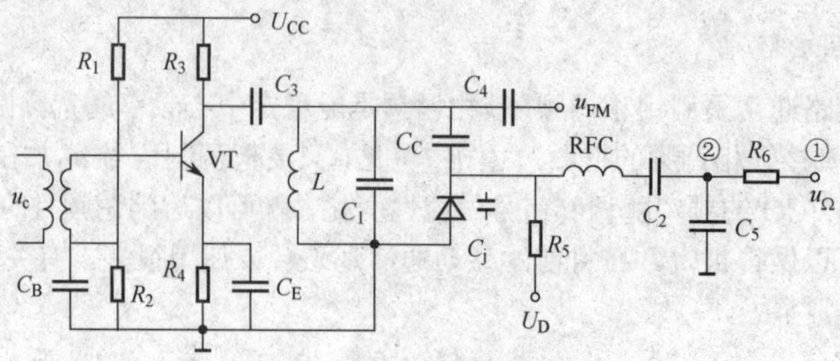

图 6-3-7　变容二极管调相电路

2．矢量合成法间接调频

矢量合成法间接调频实现的框图如图 6-3-8 所示。图中，积分后的调制信号$u'_\Omega(t)$与移相 90°的载频信号在相乘电路中产生与载频正交的双边带信号，然后再与载频信号相加即可产生窄带调频信号。为扩大频偏，采用倍频器进行倍频，使载频和频偏达到所需值。这里的载频振荡器是高稳定的晶体振荡器，其振荡频率是调频电路输出载频的 $1/n$ 倍。该调频电路的缺点是输出噪声随 n 倍频而增大。

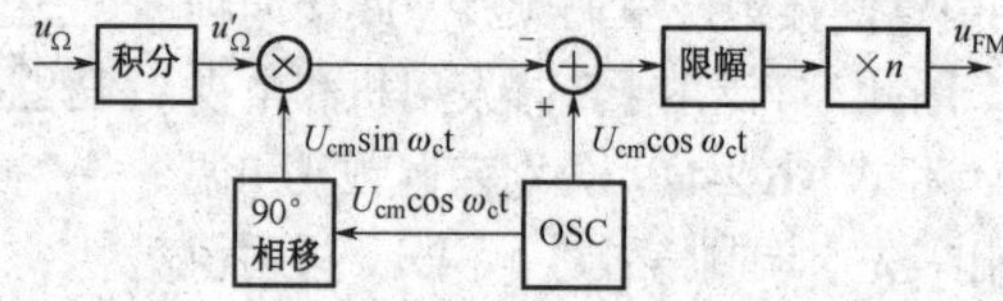

图 6-3-8　矢量合成法间接调频框图

3．脉冲调相电路（可变时延法调相）

将载频信号变为脉冲系列，用数字电路实现可控延时，然后再将延时后的脉冲序列变成模拟载波信号，只要延时受调制信号控制，且它们的关系是线性的，即可获得所需的调相波。其方框图如图 6-3-9 所示。这种调相电路的优点是线性移相较大，调制线性好。

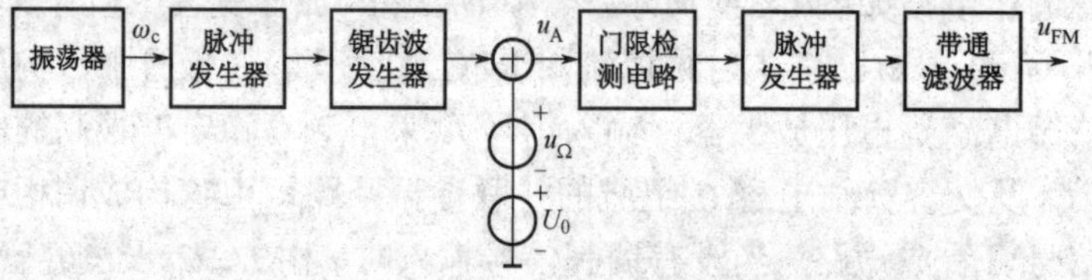

图 6-3-9　脉冲调相电路组成框图

6.3.3　扩展最大频偏的方法

在实际调频电路中，为了扩展调频信号的最大线性频偏，常采用倍频器和混频器来获得所需的载波频率和最大线性频偏。

一个瞬时角频率为$\omega(t)=\omega_c+\Delta\omega_m\cos\Omega t$的调频信号，通过 n 次倍频器，其输出信号的瞬时角频率将变为$n\omega(t)=n\omega_c+n\Delta\omega_m\cos\Omega t$。可见，倍频器可以不失真地将调频信号的载波角频率和最大角频偏同时增大 n 倍，即倍频器可以在保持调频信号的相对角频偏不变的条件下（$\Delta\omega_m / \omega_c = n\Delta\omega_m / n\omega_c$），成倍地扩展最大角频偏。如果将调频信号通过混频器，若本振信号角频率为 ω_L，则混频器输出的调频信号角频率变化为（$\omega_L - \omega_c - \Delta\omega_m \cos\Omega t$）或（$\omega_L + \omega_c + \Delta\omega_m \cos\Omega t$）。可见，混频器使调频信号的载波角频率降低为（$\omega_L - \omega_c$）或升高为（$\omega_L + \omega_c$），但最大角频偏没有发生变化，仍为 $\Delta\omega_m$。这就是说，混频器可以在保持最大角频偏不变的情况下，改变调频信号的相对角频偏。

利用倍频器和混频器的上述特性，可以在要求的载波频率上扩展频偏。例如，可以先用倍频器增大调频信号的最大频偏，然后再用混频器将调频信号的载波频率降低到规定的数值。这种方法对于直接调频电路和间接调频电路产生的调频波都是适用的。

例 6.3.1　调频设备的组成框图如图 6-3-10 所示，已知间接调频电路输出的调频信号中心频率 $f_{c1} = 100\text{kHz}$，最大频偏 $\Delta f_{m1} = 24.41\text{Hz}$，混频器的本振信号频率 $f_L = 25.45\text{MHz}$，取下边频输出，试求调频设备输出调频信号的中心频率 f_c 和最大频偏 Δf_m。

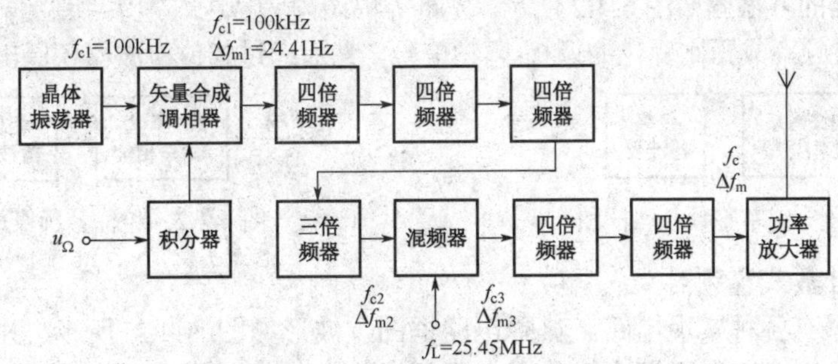

图 6-3-10　调频设备组成框图

解： 间接调频电路输出的调频信号，经三级四倍频器和一级三倍频器后其载波频率和最大频偏分别变为

$$f_{c2} = 4\times4\times4\times3\times f_{c1} = 192\times100\text{kHz} = 19.2\text{MHz}$$
$$\Delta f_{m2} = 4\times4\times4\times3\times \Delta f_{m1} = 192\times24.41\text{Hz} = 4.687\text{kHz}$$

经过混频后，载波频率和最大频偏分别变为

$$f_{c3} = f_L - f_{c2} = (25.45-19.2)\text{MHz} = 6.25\text{MHz}$$
$$\Delta f_{m3} = \Delta f_{m2} = 4.687\text{kHz}$$

再经二级四倍频器后，调频设备输出调频信号的中心频率和最大频偏分别为

$$f_c = 4\times4\times f_{c3} = 16\times6.25\text{MHz} = 100\text{MHz}$$
$$\Delta f_m = 4\times4\times\Delta f_{m3} = 16\times4.687\text{kHz} = 75\text{kHz}$$

6.4　鉴频电路

对调频信号的解调称为频率检波，简称鉴频。在调频信号中，因调制信号信息包含在已调信号的瞬时频率变化中，所以鉴频的任务就是把调频信号的瞬时频率变化不失真地转变为电压变化，即实现“频率-振幅”转换。

6.4.1 鉴频方法概述

1. 鉴频的实现方法

鉴频的方法很多，其基本工作原理都是将输入的调频信号进行特定的波形变换，使变换后的波形包含反映瞬时频率变化的平均分量，再通过低通滤波器滤波后，就能得到所需的原调制信号。常用的鉴频方法有以下几种。

（1）斜率鉴频器

斜率鉴频器的方框图如图 6-4-1 所示。先将等幅调频信号送入频率-振幅线性变换网络，变换成幅度与瞬时频率成正比变化的调幅-调频信号，然后用包络检波器进行检波，还原出原调制信号。

（2）相位鉴频器

相位鉴频器的方框图如图 6-4-2 所示。先将等幅调频信号送入频率-相位线性变换网络，变换成相位与瞬时频率成正比变化的调相-调频信号，然后通过相位检波器还原出原调制信号。

图 6-4-1 斜率鉴频原理框图　　图 6-4-2 相位鉴频原理框图

（3）脉冲计数式鉴频器

该类鉴频器有各种实现电路，典型电路框图及波形如图 6-4-3 所示。由图可见，先将等幅的调频信号送入双向限幅电路，变为调频方波（u_1），然后通过微分网络，变换为脉冲序列（u_2），并用其中的正脉冲去触发脉冲形成电路，产生宽度为 τ 的调频脉冲序列（u_3），最后通过低通滤波器还原出原调制信号。脉冲计数式鉴频器的优点是线性好、频带宽、易集成，其中心频率可在较宽的范围内调整（1Hz～10MHz），所以在现代通信集成电路中经常采用。缺点是工作频率受到脉冲最小宽度限制。

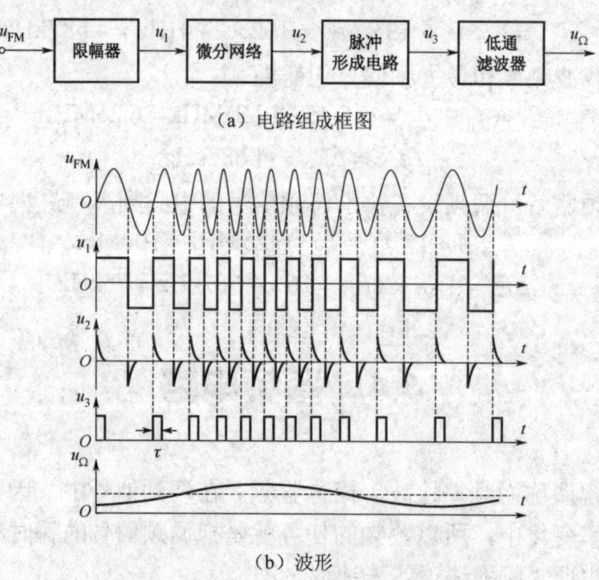

图 6-4-3 脉冲计数式鉴频器的组成框图及波形

2．鉴频器的主要性能指标

鉴频器的主要特性是鉴频特性，即鉴频器的输出电压 u_O 与输入调频信号频率 f 之间的关系。典型的鉴频特性曲线如图 6-4-4 所示。当输入鉴频器的信号频率为调频波的中心频率 f_c 时，输出电压 u_O=0；当输入信号频率偏离中心频率 f_c 时，输出电压随之发生变化。但当输入信号的频率偏移过大时，输出电压会降低。通常要求鉴频特性曲线要陡直，线性范围要大。因此鉴频器的两个主要技术指标如下：

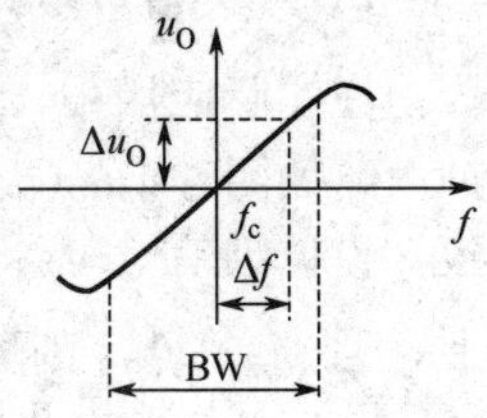

图 6-4-4　鉴频特性曲线

（1）鉴频灵敏度 S_D

鉴频灵敏度又称为鉴频跨导，是指在调频波的中心频率 f_c 附近，单位频偏产生的输出电压，即 $S_D = \Delta u_O / \Delta f$ ，其单位为 V/Hz。显然，S_D 越大，相同频偏时的输出电压就越高，鉴频特性曲线也越陡峭，鉴频的能力就越强。

（2）线性范围 BW（$2\Delta f_{max}$）

线性范围又称为鉴频器带宽，是指鉴频特性曲线近似为直线段的频率变化范围，如图 6-4-4 所示。它表明鉴频器不失真解调时所允许的最大频率变化范围。鉴频时要求 $2\Delta f_{max}$ 大于调频信号最大频偏的两倍，即 $2\Delta f_m$，同时应注意鉴频曲线的对称性。

6.4.2　斜率鉴频器

1．单失谐回路斜率鉴频器

图 6-4-5（a）所示为由单失谐回路和包络检波器构成的斜率鉴频器电路。图中，由 LC_1 组成并联谐振回路，其谐振频率 f_0 高于（或低于）调频信号 u_{FM} 的中心频率 f_c，使 f_c 处于回路谐振曲线的倾斜部分，且接近直线段的中心点 A，如图 6-4-5（b）所示。当输入调频信号 u_{FM} 时，失谐回路可将其变换为随瞬时频率变化的调幅-调频波。再由 VD、C_2、R_L 组成的振幅检波器对调幅-调频信号进行振幅检波，即可得到调制信号。由于谐振回路谐振曲线的线性度差，所以，单失谐回路斜率鉴频器输出波形失真大，质量不高，故很少使用。

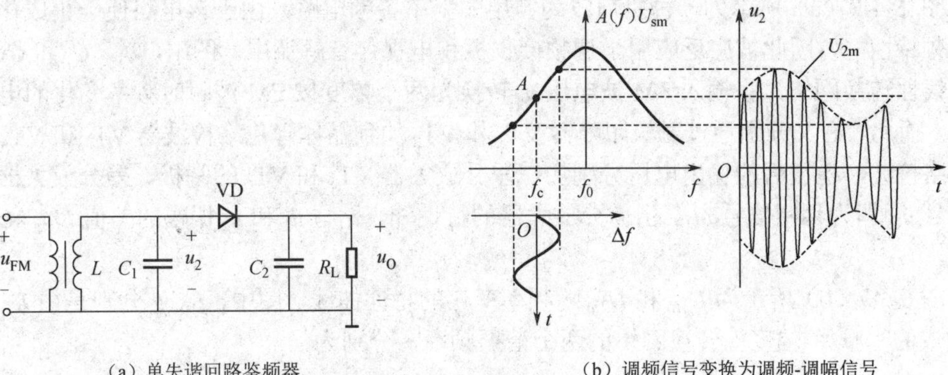

（a）单失谐回路鉴频器　　（b）调频信号变换为调频-调幅信号

图 6-4-5　斜率鉴频器工作原理

2．双失谐回路斜率鉴频器

在实际应用中，采用两个单失谐回路斜率鉴频器组合成双失谐回路斜率鉴频器，其原理电路如图 6-4-6（a）所示。图中两个二极管包络检波器参数相同，即 VD_1与 VD_2参数一致。设调频信号 u_{FM}的中心频率为 f_c，上回路调谐在 f_{01}上，且 $f_{01}>f_c$，下回路调谐在 f_{02}上，且 $f_{02}<f_c$，则鉴频器的总输出为上、下两个单失谐回路斜率鉴频器输出之差，即 $u_O=u_{O1}-u_{O2}$。由此可得总的鉴频特性为上、下回路谐振曲线之差，即上、下两回路谐振曲线的合成，如图 6-4-6（b）所示。为保证工作的线性范围，$f_{01}-f_{02}$应大于调频信号最大频偏Δf_m的 2 倍；为了使鉴频特性曲线对称并且呈线性，还应使频率间隔 $f_{01}-f_c=f_c-f_{02}$，并取合适的值。如果频率间隔过小，线性范围将变窄；若频率间隔过大，合成的鉴频特性曲线在 f_c处会出现弯曲。

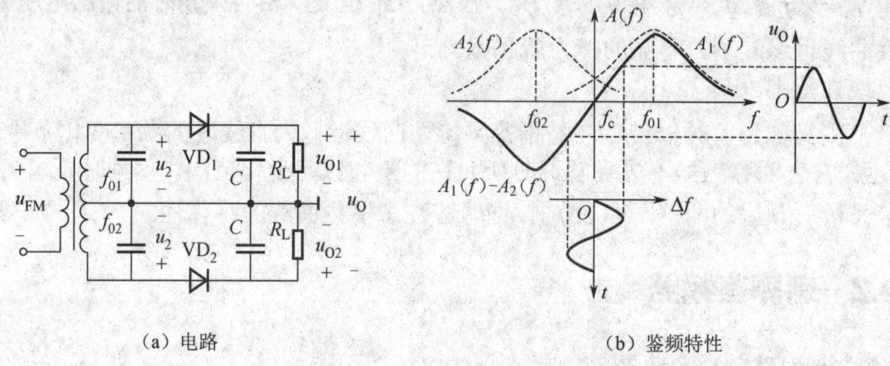

（a）电路　　（b）鉴频特性

图 6-4-6　双失谐回路斜率鉴频器

由于双失谐回路斜率鉴频器采用了平衡电路，上、下两个单失谐回路的鉴频器特性可相互补偿，使鉴频器输出电压中的直流分量和低频偶次谐波分量相抵消，故鉴频的非线性失真小，线性范围宽，鉴频灵敏度高；缺点是鉴频特性的线性范围和线性度与两个回路的谐振频率 f_{01}和 f_{02}配置有关，调整起来不太方便。

3．集成电路中的斜率鉴频器

图 6-4-7（a）所示为一种目前较为实用的斜率鉴频电路，由于该电路便于集成化，而且鉴频特性好，因此被广泛应用于调频接收机和电视伴音解调中。图中，L_1、C_1和 C_2构成频幅线性转换网络，将输入 FM 波电压 u_s转换为两个幅度按 FM 波瞬时频率变化的电压 u_1和 u_2，而 u_1、u_2又分别通过射极跟随器 VT_1和 VT_2加到晶体管包络检波器 VT_3和 VT_4上进行包络检波，检波后的输出电压分别加在差分放大器 VT_5和 VT_6的基极，差分放大器的输出信号 u_O即为调制信号 u_Ω。由差分放大器的特性知，u_Ω与 u_1和 u_2振幅的差值 $U_{1m}-U_{2m}$成正比。

图 6-4-7（b）所示为 U_{1m}和 U_{2m}随频率变化的特性曲线。图中，f_1、f_2分别是由 L_1、C_1、C_2组成的“频率-幅度”转换网络的两个谐振频率，分别为

$$f_1=\frac{1}{2\pi\sqrt{L_1C_1}} \tag{6-4-1}$$

非线性解调作用，在低输入信噪比条件下，噪声和弱信号的相互作用使鉴频器的输出信号中增加大量脉冲噪声，从而使输出信噪比急剧下降，导致有用信号被噪声淹没。

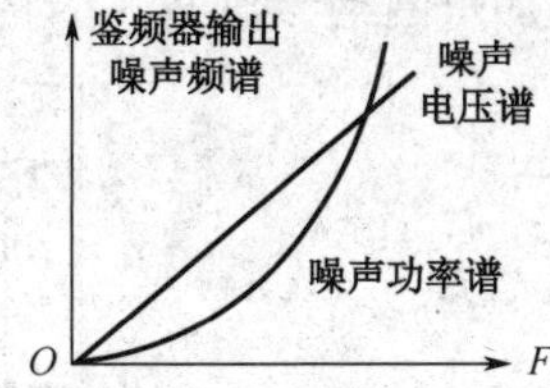

图 6-5-1　鉴频器输出噪声频谱

针对上述特点，目前在调频中广泛采用预加重、去加重技术来抑制干扰和噪声。预加重就是在调频前提升调制信号高频端的幅度，以提高调制信号高频端的 M_f。去加重就是接收机在对调频信号鉴频后，降低解调信号高频端的幅度，还原调制信号。

1．预加重网络

典型的预加重网络及其传输特性如图 6-5-2（a）、（b）所示。预加重网络由 RC 电路组成，其实质是衰减调制信号中低频分量的幅度，这相当于提高了高频分量的幅度，使调制信号高频端的信噪比得到提高。

由理论分析可知，预加重网络的传输特性为

$$H_1=\frac{u_2}{u_1}=\frac{R_2}{R_1+R_2}\sqrt{\frac{1+(f/F_1)^2}{1+(f/F_2)^2}}$$

其中，$F_1=\dfrac{1}{2\pi R_1C_1}$，$F_2=\dfrac{1}{2\pi RC_1}$，$R=\dfrac{R_1R_2}{R_1+R_2}$。

在调频广播发射机中，对于预加重网络参数 R_1、R_2、C_1 的选择，常使 F_1=2.1kHz，F_2=15kHz。

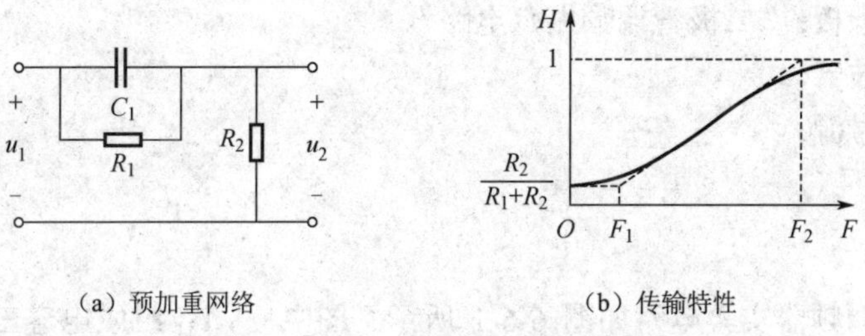

（a）预加重网络　　（b）传输特性

图 6-5-2　预加重网络及其传输特性

2．去加重网络

典型的去加重网络及其传输特性如图 6-5-3（a）、（b）所示。去加重网络由 RC 电路组成，其实质是衰减解调信号中高频分量的幅度，使解调信号中高频端和低频端的各频率分量的幅度保持原来的比例关系，避免了因发射端采用预加重网络而造成的解调信号失真。

由理论分析可知，去加重网络的传输特性为

$$H_2=\frac{u_2}{u_1}=\sqrt{\frac{1}{1+(f/F_3)^2}}$$

其中，$F_3 = \dfrac{1}{2\pi R_3 C_2}$。

在调频广播接收机中，对于去加重网络参数 R_3、C_2 的选择，应使 F_1=2.1kHz。

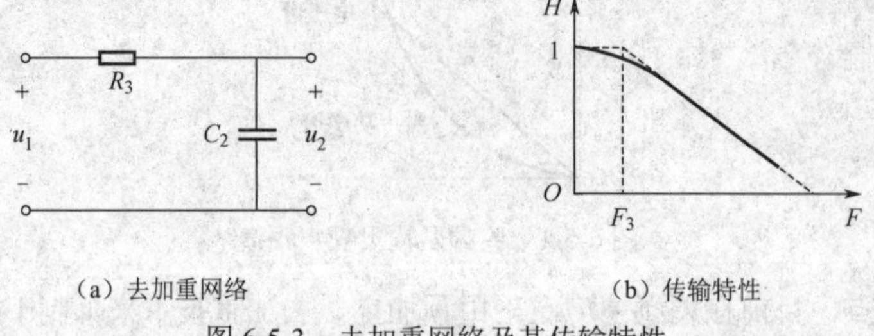

（a）去加重网络　　　　（b）传输特性

图 6-5-3　去加重网络及其传输特性

6.6　技能训练——变容二极管调频电路

1．训练目的

（1）理解变容二极管调频振荡器实现 FM 的原理。

（2）掌握静态调制特性、动态调制特性概念和测试方法。

2．训练内容

（1）用示波器观察调频器输出波形，考察各种因素对于调频器输出波形的影响。

（2）变容二极管调频器静态调制特性测量。

（3）变容二极管调频器动态调制特性测量。

3．训练器材

（1）④号实验板："二极管调频振荡电路"。

（2）双踪示波器。

（3）高频信号源。

（4）万用表。

4．实验电路

变容二极管调频器实验电路如图 6-6-1 所示。图中，VT_{11} 组成电容三点式振荡器，它与变容二极管 VD_{15} 和 VD_{16} 一起组成了直接调频器。VT_{12} 组成共发射极放大器，VT_{13} 组成射极跟随器。

由图 6-6-1 可见，加到变容二极管上的直流偏置电压就是+12V 经由 W_{11}、R_{16} 与 R_{17} 分压后，在 R_{17} 上得到的电压。由于 C_{17} 对高频短路，因此变容二极管实际上与 L_{12} 并联。当调节 W_{11} 时，改变了变容二极管的偏压，也就改变了变容二极管的电容量，从而改变其振荡频率。因此变容二极管起着可变电容的作用。对输入音频信号而言，C_{18}、L_{13} 短路，C_{17} 开路，使音频信号加到 VD_{15} 和 VD_{16} 上。当变容二极管加有音频信号时，其等效电容按音频规律变化，因而振荡频率也按音频规律变化，实现了调频。

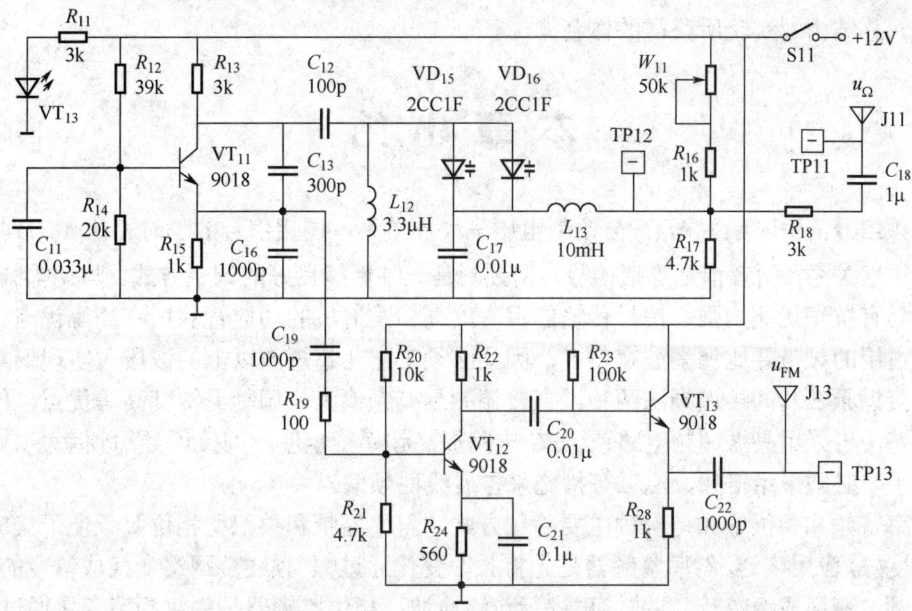

图 6-6-1　变容二极管调频器实验电路

5．实验步骤

（1）按下实验板上“S11”开关，点亮 VD_{13} 上电成功。

（2）静态调制特性测量

① 输入端 TP11 不接音频信号，将示波器接到调频输出端 TP13，调整 W_{11} 使得振荡频率 $f_0 = 8.5$MHz，用万用表测量此时 TP12 点电位值，填入表 6-6-1 中。

② 重新调节电位器 W_{11}，使 TP12 点电位在 2～9V 范围内变化，并把相应的频率值填入表 6-6-1 中。

表 6-6-1

U_D(V)		2	3	4	5	6	7	8	9
f_0(MHz)	8.5								

（3）动态调制特性测量

① 调整 W_{11} 使得振荡频率 $f_0 = 8.5$MHz。

② 信号源分别输出频率 f=1kHz、幅度 U_m=100mV 的正弦波和方波，加到音频输入端 J11，在调频器单元的 TP13 端上观察 FM 波，填入表 6-6-2 中。

表 6-6-2

调制信号	TP13 波形
正弦波	
方波	

6．实验报告要求

（1）根据实验数据，画出静态调制特性曲线 f~U_D。

（2）总结由本实验所获得的体会。

本 章 小 结

调频信号的瞬时频率$\Delta f(t)$与调制电压呈线性关系，调相信号的瞬时相位$\Delta\varphi(t)$与调制电压呈线性关系，两者都是等幅信号。调频制是一种性能良好的调制方式。与调幅制相比，调频制具有抗干扰能力强、信号传输的保真度高、发射机的功放管利用率高等优点。但调频波所占用的频带要比调幅波宽得多，因此必须工作在超短波以上的波段。实现调频的方法有直接调频法和间接调频法两种。直接调频具有频偏大、调制灵敏度高等优点，但频率稳定度差，可采用晶振调频电路或 AFC 电路提高频率稳定度。间接调频的频率稳定度高，但频偏小，必须采用倍频、混频等措施来扩展线性频偏。

斜率鉴频和相位鉴频是两种主要鉴频方式。斜率鉴频和乘积型相位鉴频便于集成，鉴频线性度好，应用广泛。斜率鉴频器是先将频率变化通过幅-频线性网络变换成幅度的变化，即将调频波变换成调幅-调频波，再进行包络检波；相位鉴频器是先将频率变化通过频-相线性网络转换成相位变化，再进行鉴相。

练习与提高（六）

6-1 填空题

1．已知调制信号$u_\Omega = U_{\Omega m}\cos\Omega t$（V），载波$u_C = U_{Cm}\cos\omega_c t$（V），用$u_\Omega$对$u_c$进行调幅（AM），调幅灵敏度为$k_a$，则$u_{AM}=$____________（V）；用$u_\Omega$对$u_c$进行调频（FM），调频灵敏度为$k_f$(rad/S/V)，则$u_{FM}=$____________（V）；用$u_\Omega$对$u_c$进行调相（PM），调频灵敏度为$k_p$（rad/ V），则$u_{PM}=$____________（V）。

2．通信系统中调频比调相应用得广泛的主要原因是____________。

3．调频信号与调相信号的主要相同点为____________。

4．调频灵敏度k_f是指____________关系曲线在原点处的斜率。

5．和振幅调制相比，角度调制的主要优点是______强，因此在通信中获得广泛应用。

6．已知调频波$u(t) = \cos(2\pi\times10^8 t + 40\sin2\pi\times10^3 t)$（V），则载波频率$f_c=$____，调制频率$F=$____，调频指数$M_f=$____，最大频偏$\Delta f_m$____，有效频谱宽度$BW_{CR}=$____，平均功率$P_{av}=$____（设负载电阻$R_L=50\Omega$）。

7．调频波的频偏与调制信号的______成正比，而与调制信号的______无关，这是调频波的基本特征。

8．间接调频的基本原理是将调制信号先进行____________处理后，再对载波信号进行____________。

9．直接调频的主要优点是可以获得比较________的频偏，主要缺点是中心频率的稳定度________；间接调频的主要优点是________稳定度高，主要缺点是获得的频偏比较__________。

10．将一个调频信号鉴相后，需经过______电路处理后才能实现鉴频。

11．鉴频就是把已调信号__________的变化变换成电压或电流___________的变化。

12．斜率鉴频器的工作原理是：将输入调频波转换为_______波，而后通过___________电路输出解调电压。

13．相位鉴频器是先将调频信号变换成__________信号，然后用_______进行解调得到原调制信号。

6-2　单选题

1．在各种调制电路中，最节省频带和功率的是（　　）。

A．AM 电路　　B．DSB 电路　　C．SSB 电路　　D．FM 电路

2．用调制信号 $u_\Omega = U_{\Omega m}\sin\Omega t$，对载波 $u_c = U_{cm}\cos\omega_c t$ 进行调频，则调频信号的数学表达式 u_{FM} 为（　　）。

A．$U_{cm}\cos(\omega_c t + M_f\sin\Omega t)$　　B．$U_{cm}\cos(\omega_c t - M_f\cos\Omega t)$

C．$U_{\Omega m}\sin(\omega_c t + M_f\cos\Omega t)$　　D．$U_{\Omega m}\sin(\Omega t - M_f\sin\Omega t)$

3．如果调制信号振幅增大一倍、频率也升高一倍，则调频波的频带宽度（　　）。

A．增大 4 倍　　B．增大 2 倍　　C．增大 1 倍　　D．不变

4．调相波的最大频偏与调制信号的 $U_{\Omega m}$、Ω 关系是（　　）。

A．与 $U_{\Omega m}$ 成正比、与 Ω 成正比　　B．与 $U_{\Omega m}$ 成正比、与 Ω 成反比

C．与 $U_{\Omega m}$ 成反比、与 Ω 成正比　　D．与 $U_{\Omega m}$ 成反比、与 Ω 成反比

5．利用相乘器加滤波器不可以实现的功能是（　　）。

A．SSB　　B．鉴相　　C．检波　　D．FM

6．载波频率相同，调制信号频率（0.4～5kHz）也相同的 FM 波（M_f=15）和 SSB 波，它们的带宽分别为（　　）。

A．75 kHz、5 kHz　　B．150 kHz、5 kHz

C．160 kHz、10 kHz　　D．160 kHz、5 kHz

7．斜率鉴频电路由包络检波器和（　　）组成。

A．乘法器　　B．LC 并联谐振回路

C．滤波器　　D．变容二极管

8．单频信号调制时，调幅（AM）波中已调波总功率（　　）未调载波功率，调频（FM）波已调波总功率（　　）未调载波功率。

A．大于、大于　　B．大于、等于　　C、等于、大于　　D．等于、等于

9．（　　）信号的最大频偏与调制信号频率无关；（　　）信号的最大频偏与调制信号频率成正比。

A．PM、PM　　B．PM、FM　　C．FM、PM　　D．FM、FM

10．调频信号经过倍频器后，（　　）。

A．绝对频偏减小，相对频偏不变　　B．绝对频偏增大，相对频偏不变

C．绝对频偏不变，相对频偏减小　　D．绝对频偏不变，相对频偏增大

11．下面说法正确的是（　　）。

A．直接调频电路中，变容二极管必须反偏工作

B．间接调频电路中，变容二极管必须正偏工作

C．理想 LC 并联谐振电路在谐振时，等效阻抗等于 0

D．理想 LC 串联谐振电路在谐振时，等效阻抗等于无穷大

12．已知某调频信号载波频率为ω_c，调制信号频率为 Ω，调频指数 $M_f=2$，依据有效带宽公式，该信号包括的频率分量有（　　）。

A．4 个　　B．6 个　　C．5 个　　D．7 个

13．关于间接调频方法的描述，正确的是（　　）。

A．先对调制信号微分，再加到调相器对载波信号调相，从而完成调频

B．先对调制信号积分，再加到调相器对载波信号调相，从而完成调频

C．先对载波信号微分，再加到调相器对调制信号调相，从而完成调频

D．先对载波信号积分，再加到调相器对调制信号调相，从而完成调频

14．已知某调相波的载波频率 $f_c=50\times10^6$Hz，调制信号频率 $F=2\times10^3$Hz，调相指数 $M_p=4.5$rad，则此调相波占据的频带宽度 BW 为（　　）

A．4×10^3Hz　　B．100×10^6Hz　　C．22×10^3Hz　　D．550×10^6Hz

15．已知调频波的数学表达式为 $u_{FM}(t)=500\cos(2\pi\times10^8t+20\sin2\pi\times10^3t)(\text{mV})$，调频灵敏度 $k_f=4$kHz/V，则调制信号的表达式为（　　）

A．$0.25\cos(2\pi\times10^3t)(\text{V})$　　B．$5\cos(2\pi\times10^3t)(\text{V})$

C．$5\sin(2\pi\times10^3t)(\text{V})$　　D．$5\cos(2\pi\times10^3t)(mV)$

16．鉴频器所需的鉴频特性的峰值带宽 BW_{max}，取决于（　　）。

A．调制信号频率 F　　B．最大频偏 Δf_m

C．载波频率 f_c　　D．调频信号的带宽 BW

17．将载波频率为 10MHz、最大频偏为 5kHz 的调频信号经 N＝12 的倍频器、本振为 45M 的混频器后，载波频率和最大频偏分别为（　　）。

A．120MHz、60kHz　　B．120MHz、5kHz

C．75MHz、60kHz　　D．75MHz、5kHz

18．调频信号的瞬时相位与调制信号的关系是（　　）。

A．与调制信号呈线性关系　　B．与调制信号成正比

C．与调制信号成反比　　D．与调制信号的积分成正比

19．如调频时调制信号振幅增大 1 倍，调制信号频率升高一倍，则最大频偏将（　　）。

A．不变　　B．增大 1 倍　　C．减小一半　　D．增大 2 倍

20．下列说法正确的是（　　）。

A．将调制信号积分后再调频，可以实现调相

B．将调频信号鉴相后再微分，可以实现鉴频

C．将调相信号鉴频后再微分，可以实现鉴相

D．将调制信号微分后再调相，可以实现调频

21．已知某已调波的数学表达式为 $u(t)=2(1+\sin 2\pi\times10^3 t)\sin 2\pi\times10^6 t$，则这是一个（　　）。

A．AM 信号　　B．DSB　　C．SSB 信号　　D．调角信号

22．根据输入不同，包络检波器可以实现很多功能，不能实现的功能有（　　）。

A．整流滤波　　B．鉴频　　C．相乘运算　　D．鉴相

23．能够实现频谱搬移的电路是（　　）。

A．整流滤波　　B．相乘器　　C．鉴相　　D．带通滤波

6-3　分析计算题

1．设载频 f_c＝12MHz，载波振幅 U_{cm}＝5V，调制信号 $u_\Omega(t)$＝$1.5\cos2\pi\times10^3 t$（V）。

（1）若调频，且单位电压产生的频偏为 4kHz，写出调频波表达式；求最大频偏、调频指数和带宽；并画出调频波波形。

（2）若调相，且单位电压产生的移相为 3rad，写出调相波表达式；求最大频偏、调相指数和带宽；并画出调相波波形。

2．调频波载波频率为 12MHz，载波振幅为 5V，调制信号 $u_\Omega(t)=1.5\cos 6280t$（V），调频灵敏度 k_f 为 25kHz/V。

（1）试写出调制频率 F、调频波中心频率 f_c、Δf_m、M_f、$\Delta\varphi_m$ 的值；

（2）试写出调频波表达式；

（3）调制信号频率减半时，Δf_m、$\Delta\varphi_m$ 怎么变化；

（4）调制信号振幅加倍时，Δf_m、$\Delta\varphi_m$ 怎么变化。

3．已知调频波 $u_{FM}(t)$＝$8\cos(2\pi\times10^8 t+30\cos2\pi\times10^3 t)$（V），试求

（1）载波频率和调制频率；

（2）调频指数 M_f，最大频偏Δf_m，有效频谱宽度 BW_{CR}，平均功率 P_{av}（设负载电阻 R_L＝1Ω）；

（3）调制信号的表达式。（设鉴频灵敏度为 k）

4．调角波 $u(t)$＝$10\cos(2\pi\times10^6 t+10\cos2\pi\times10^3 t)$。求：

（1）最大频移。

（2）最大移相。

（3）信号带宽。

（4）能否确定是 FM 波还是 PM 波，为什么？

（5）此信号在单位电阻上的功率为多少？

5．一调相波的调制信号为 $u_\Omega(t)$＝$U_{\Omega m}(\cos\Omega_1 t+\cos\Omega_2 t)$，$\Omega_1<\Omega_2$。现若用鉴频器进行解调：

（1）定性画出调制信号和解调信号的频谱；

（2）若要求不失真解调，鉴频器后面应加什么电路？

6．有一调频发射机框图如图 T6-1 所示。已知调制信号 $u_\Omega(t)=U_{\Omega m}\cos\Omega t$，载波信号 $u_c(t)=U_{cm}\cos(2\pi\times4\times10^6 t)$，调相器比例常数为 k_p，倍频器为二倍频，混频器输出频率 $f_3(t)=f_L-f_2(t)$。

（1）求 A、B、C 各点瞬时频率 $f_1(t)$，$f_2(t)$，$f_3(t)$；

（2）写出 A、B、C 各点电压表达式 $u_A(t)$，$u_B(t)$，$u_C(t)$。

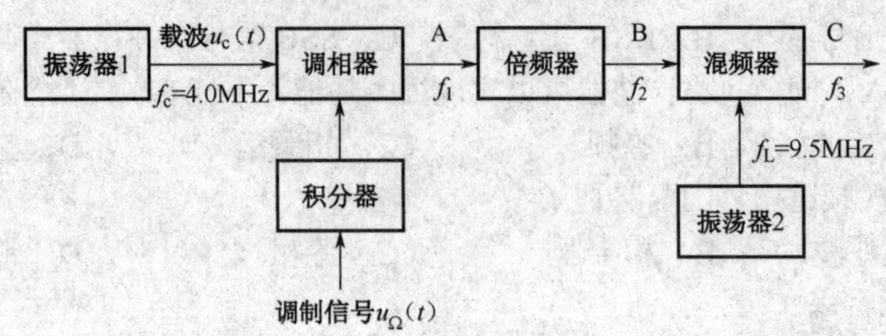

图 T6-1

7．已知调制信号 $u_\Omega = 2\cos 2\pi\times 10^3 t$（V），载波 $u_c = 4\cos 2\pi\times 10^6 t$（V），调幅度为 0.8，调频指数为 3。

（1）试分别写出 AM 调幅波、调频波的数学表达式；

（2）画出它们的波形图和频谱图；

（3）求出它们在单位电阻上的平均功率。

8．某调频发射机框图如图 T6-2 所示，若要求输出信号的中心频率为 $f_0 = 100\text{MHz}$，最大频偏 $\Delta f_{m0} = 75\text{kHz}$。本振频率 $f_L = 40\text{MHz}$，已知调制信号频率 $F = 1\text{kHz}$，设混频器输出取差频信号且 $f_{c3} = f_L - f_{c2}$，

（1）求直接调频器输出调频波的中心频率 f_{c1} 和最大频偏 Δf_{m1}；

（2）求两个放大器的中心频率和通频带。

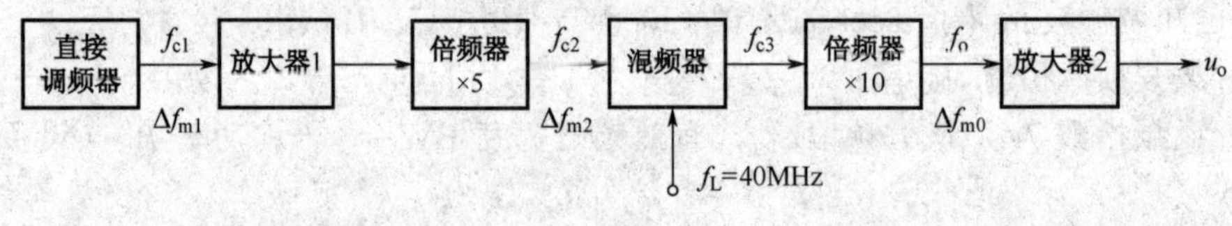

图 T6-2

附录A 综合训练—超外差式收音机的安装与调试

目前调频式或调幅式收音机，一般都采用超外差式，它具有灵敏度高、工作稳定、选择性好及失真度小等优点。外差，是指天线输入信号和本机振荡信号产生一个固定中频信号的过程，由于超外差收音机有中频放大器，对固定中频信号进行放大，所以大大提高了整机的灵敏度和选择性。

A1 训练目的、内容及器材

1．训练目的

（1）了解超外差式收音机的工作原理和装配过程；
（2）掌握电子元器件的识别及质量检验；
（3）学习整机的装配工艺；
（4）培养动手能力及严谨的学习态度。

2．训练内容

（1）分析并读懂收音机电路图，对照电原理图看懂接线电路图；
（2）根据设计指标测试各元器件的主要参数；
（3）能够理解六管超外差式收音机的工作原理及单元电路的调试过程；
（4）按照印刷电路板正确装配器件，正确焊接和调试；
（5）运用电子仪器检查、测量电路工作状态，排除电路中的故障，调整使之达到设计指标要求。

3．训练器材

- 电烙铁、焊锡、剪刀、吸锡器、镊子
- 收音机套件
- 高频信号发生器
- 万用表

A2 基本原理

调幅收音机由输入回路、本振回路、混频电路、检波电路、自动增益控制电路（AGC）

及音频功率放大电路组成，如图 A-1 所示。下面以图 A-2 所示六管超外差式调幅收音机的整机电路为例说明其工作原理。

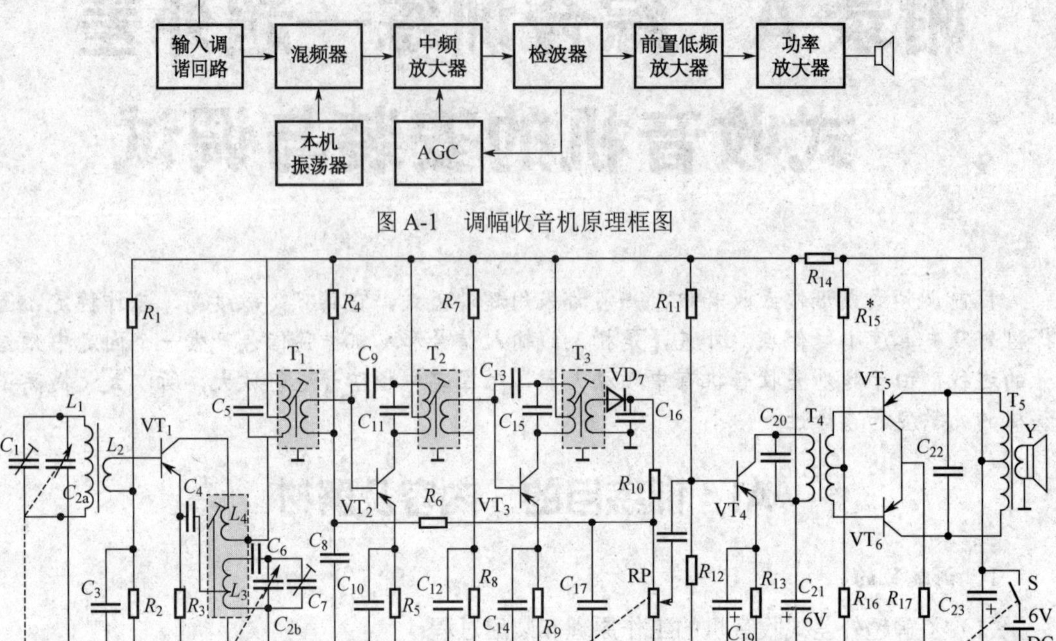

图 A-1　调幅收音机原理框图

图 A-2　六管超外差式调幅收音机的整机电路

1．输入回路

收音机输入回路的任务是接收广播电台发射的无线电波，并从中选择出所需电台信号。输入回路是由收音机内部的磁棒天线线圈与调台旋钮相连的可变电容构成的LC调谐电路，如图 A-3 所示。调节可变电容 C 可使 LC 的固有频率等于电台频率，产生谐振，以选择不同频率的电台信号。再由 L_2 耦合到下一级变频级。

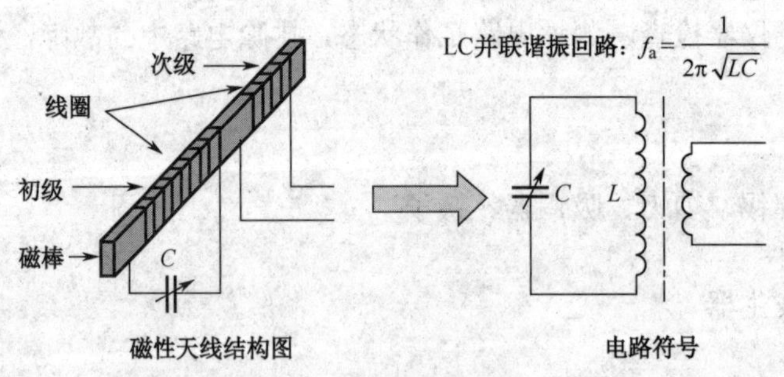

图 A-3　输入回路

2．变频电路

变频电路由混频、本机振荡和选频三部分电路构成，其主要作用是把不同频率的输入信号变成频率固定的 465 kHz 的中频信号，如图 A-4 所示。VT_1、L_4、L_3、C_{2b} 组成本机振荡电路，产生一个比输入信号频率高 465kHz 的等幅振荡信号。VT_1、C_5、T_1 组成混频器，把输入信号和本振信号在 VT_1 中进行混频，利用晶体管的非线性，产生各种频率的电信号，再通过负载谐振电路（T_1、C_5），从众多频率的信号群中选出 465 kHz 的中频信号。

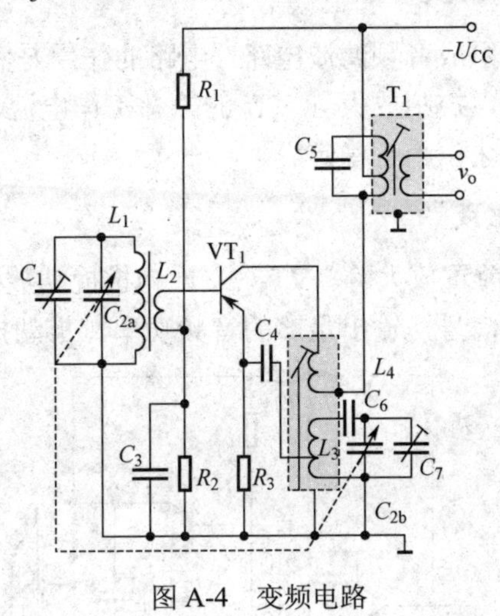

图 A-4　变频电路

3．中频放大及检波电路

选频级输出的中频信号由 VT_2 的基极输入并进行放大，中放电路中的负载是中频变压器和谐振电容。它们也是并联谐振在中频 465kHz。中频信号进行中频放大器放大以后，再送给检波以得到所需的音频信号，经功率放大输出，耦合到扬声器，还原为声音。电路如图 A-5 所示。

VT_2、VT_3 为中放管。T_2、T_3 为中频变压器，因谐振频率为 465 kHz，故简称“中周”。电路作用是放大 465 kHz 的中频信号，提高灵敏度和选择性。

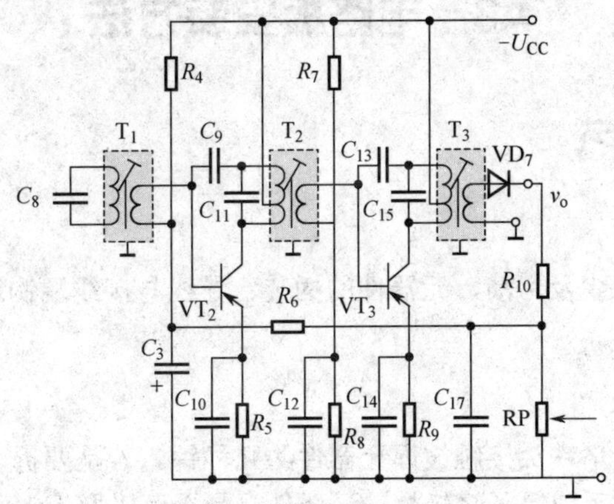

图 A-5　中频放大及检波电路

收音机检波电路的任务是把要接收的广播电台音频信号从中频载波中“取下来”，以达到接收的目的。VD_7 为检波二极管，它的作用是对中频载波信号进行检波，检波后的残余中频及高次谐波再通过 C_{16}、C_{17}、R_{10} 组成高频滤波电路滤除，最后把取出来的音频信号放大。RP 为检波负载。电路的作用是利用 VD_7 的单向导电性，取出中频调幅信号中的音频信号，以便放大和声音还原。

4．**自动增益控制电路**（AGC）

如图 A-5 所示，R_6、C_3 组成音频滤波电路，电路的作用是利用 R_6、C_8 电路输出的随音频信号强弱变化的直流电压，控制放大管 VT_2 的静态工作电流，从而控制增益。保证中频信号不随电台信号强弱而变化，趋于稳定。

5．**音频功率放大电路组成**

如图 A-6 所示，VT_4 为前置放大管。VT_5、VT_6 为推挽功放管。T_4、T_5 为输入、输出变压器。电路作用是放大音频信号，输出足够的音频功率，推动扬声器 Y 发声。

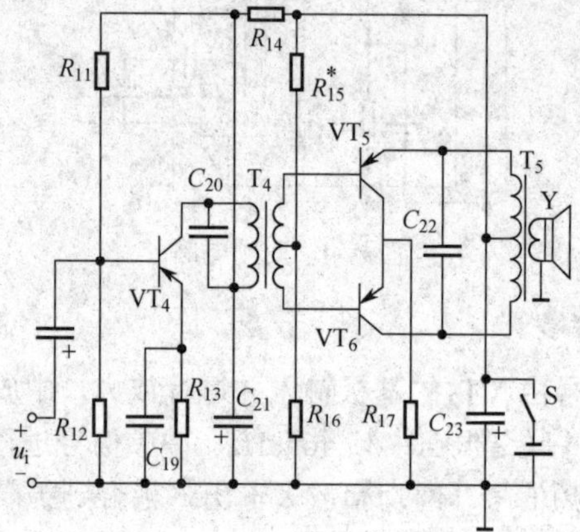

图 A-6　音频功率放大电路

A3　电路板安装方法

A3.1　焊接练习

1．**准备焊接**

清洁焊接部位的积尘及污渍、元器件的插装、导线与接线端钩连，为焊接做好前期的预备工作。

2．**加热焊接**

将有少许焊锡的电烙铁头接触被焊元器件约几秒钟。若是要拆下 PCB 板上的元器件，则待烙铁头加热后，用手或镊子轻轻拉动元器件看是否可以取下。

电烙铁一般应选内热式 20～35W 或调温式，烙铁的温度不超过 400℃的为宜。烙铁头形状应根据 PCB 板焊盘大小采用截面式或尖嘴式。

加热时应尽量使烙铁头同时接触印制板上铜箔和元器件引脚，对较大的焊盘，（直径大于 5mm），焊接时可移动烙铁，即烙铁绕焊盘转动，以免长时间停留一点导致局部过热。

3．清理焊接面

若所焊部位焊锡过多，可将烙铁头上的焊锡轻轻甩掉（注意不要烫伤皮肤，也不要甩到 PCB 板上），然后用烙铁头“沾”些焊锡出来。若焊点焊锡过少、不圆滑时，可以用电烙铁头“蘸”些焊锡对焊点进行补焊。

4．检查焊点

看焊点是否圆润、光亮、牢固，是否有与周围元器件连焊的现象。

A3.2　电路读图及电路元件识别

1．晶体管

晶体管包括变频管、中放管、前放管和功放管四种。注意晶体管的管脚 ebc 的排列，管腿朝下，平面下方的三条腿依次为 ebc。

2．磁棒及线圈

线圈套在磁棒的外面，线圈要区分初级和次级，线圈初级的阻抗要大于次级的阻抗，通常线圈初级两根线的颜色为黑色和白色，次级两根线的颜色为红色和绿色。

3．振荡线圈和中频变压器

振荡线圈和中频变压器分为 4 种不同的颜色，分初级和次级，外壳接地。检查时用万用表测量初级、次级与外壳之间的通断关系。

4．输入变压器

输入变压器也分初级和次级，检测时也是测量初次级之间的通断关系。

5．电阻

这里使用的电阻全部是色环电阻。实际检测电阻中经常会遇到这样的困难，色环的颜色辨别不清楚，两边色环离边的距离差不多，不能确定电阻上的色环哪边是第一个色环，所以应使用万用表进行测量确定。

6．电容

这里使用瓷片电容和电解电容，瓷片电容的容量较小，无正负极，用数字标写容量，如 223 表示 22×10^3pF。电解电容有正负极性和耐压要求，采用直标法，如 470μF16V。对于电解电容要注意极性，一般的新电容腿长的极是正极，或在电容上有负极的标示，通常是短“-”号，也可以用模拟万用表进行测量判断。

A3.3　电阻、电容和晶体管的安装

电子元器件插装要求做到整齐、美观、稳固。同时应方便焊接和有利于元器件焊接时的散热。

1．元器件分类

按电路图或清单将电阻、电容、二极管、晶体管、插排线、座、导线、紧固件等归类。

2．元器件引脚成形

所有元器件引脚均不得从根部弯曲，一般应留 1.5mm 以上。要尽量将有字符的元器件面置于容易观察的位置。手工加工的元器件整形、弯引脚可以借助镊子对引脚整形。

3．插件顺序

手工插装元器件，应该满足工艺要求。插装时不要用手直接碰元器件引脚和印制板上铜箔。

4．元器件插装的方式

二极管、电容器、电阻器等元器件根据两孔距离弯曲引脚。可采用卧式紧贴电路板安装，也可以采用立式安装，高度要统一。

A3.4 电感、中周和接插件的安装

1．磁棒及线圈

磁棒线圈（系采用进口的自焊线生产的，可以不用刀子刮或砂纸砂线头）的 4 根引线头可以直接用电烙铁配合松香焊锡丝来回抹几次即可自动上锡，4 个线头对应地焊在线路板的铜箔面。

2．振荡线圈和中频变压器

振荡线圈和中频变压器分为 4 种不同的颜色，分初级和次级，外壳接地。检查时用万用表测量初级、次级与外壳之间的通断关系。

3．输入变压器

变压器安装时需要注意初次级之间的标记，在线圈骨架上有凸点标记的为初级，PCB 板的元件面输入变压器位置也有圆点作为初级标记。

注意：所有元器件按照先低后高的原则进行焊接，不得高于中周的高度。

A4 系统调试

收音机装焊完成后，必须先检测装焊有无问题，如用万用表测量整机工作电流和各工作点电压来判断电路工作是否正常。一台不经过调整的收音机可能收不到电台或声音很小，要提高收音机的灵敏度、选择性和收听频率范围，还必须经过调整。

A4.1　检测调试步骤

1．检测

在通电调试之前，要对照印刷电路图认真检查元器件有无错漏的地方，焊点之间有没有短路现象，元器件引线之间有无相碰现象，仔细检查电路是否有虚焊、假焊和短路的地方。检查电阻是否有阻值接错的；电容、二极管是否有正负极接反了的；晶体管的 e、b、c 脚接对了没有；中周的型号是否有误等。逐步分析，发现错误及时纠正，以免通电后烧坏元件。

接入电源前必须检查电源有无输出电压（3V）和引出线正负极是否正确。

2．初测

接入电源（注意正、负极性），将频率盘拨到 530kHz 无台区，在收音机开关未打开的情况下，首先测量整机静态工作总电流。然后将收音机开关打开，分别测量所有晶体管的 e、b、c 三个电极对地的电压值（即静态工作点），将测量结果填到实习报告中。测量时注意防止表笔将要测量的点与其相邻点短接。

3．试听

如果元器件完好，安装正确，初测也正确，即可试听。接通电源，慢慢转动调谐盘，应能听到广播声，否则应重复前面要求的各项检查内容，找出故障并改正。注意在此过程不要调中周及微调电容。

4．调试

经过通电检查并正常发声后，可进行调试工作。

（1）调中频频率（俗称调中周）

将中周的谐振频率都调整到固定的中频频率 465kHz 上。调中周的工具应该使用无感改锥，利用高频信号发生器，输出 465kHz 的中频信号，用 1kHz 音频调制，调制度选 30%。首先，将本机振荡回路用导线短路，使它停振，以避免造成对中频调试工作的干扰。然后，将双联可变电容器调到最大值（逆时针旋到底）。打开收音机的电源开关，将音量电位器 RP 旋到最大，信号发生器的输出头碰触 VT_3 的基极，调整 T_3，使扬声器发出 1kHz 的响声最响。然后由后级往前级，从基级输入信号，仅调整 T_2、T_3，使扬声器中声音最响，这样反复调 2～3 次，中频就调整好了。

调整中频变压器时动作要轻而且调整幅度不能太大。因为中频变压器的磁芯很脆，一般它在出厂时都已调准在于 465kHz 上，装机以后，由于谐振电容的误差和分布电容的影响，会使谐振频率偏移，但不会偏离太远，所以只要左右稍微调一下即可。

（2）调整频率范围

双联电容从全部旋入到全部旋出，所接收的频率范围应该是整个中波波段，即 525～1605kHz。

① 接收 535kHz 的调幅信号时，将双联电容全旋进去，调振荡回路的线圈 L_3，使声音达最大而且不刺耳。

② 接收 1605kHz 的调幅信号时，将双联电容全旋出，调振荡回路的补偿电容 C_7，使声音达最大而且不刺耳。

③ 反复上述两步骤，调整 2～3 次，使信号最强。

（3）统调（调灵敏度，跟踪调整）

本机振荡频率比输入回路的谐振频率始终应高出一个固定的中频频率“465kHz”。

低端：信号发生器调至 600kHz，将刻度盘旋至 600kHz 的刻度处，调整线圈 T_1 在磁棒上的位置使信号最强（一般线圈位置应靠近磁棒的右端）。

高端：信号发生器调至 1500kHz，将刻度盘旋至 1500kHz 的刻度处，调 C_1，使高端信号最强。

由于高、低端之间相互影响，反复调整 2～3 次，调完后即可用蜡将线圈固定在磁棒上。

A4.2 验收

（1）外观：机壳及频率盘清洁完整，不得有划伤、烫伤及缺损。

（2）印制板安装整齐美观，焊接质量好，无损伤。

（3）导线焊接要可靠，不得有虚焊，特别是导线与正负极片间的焊接位置和焊接质量要好。

（4）整机安装合格：转动部分灵活，固定部分可靠，后盖松紧合适。

（5）性能指标要求：

① 频率范围 525～1605kHz；

② 灵敏度较高（相对）；

③ 音质清晰、洪亮、噪音低。

参 考 文 献

[1] 张肃文．高频电子线路（第 5 版）[M]．北京：高等教育出版社，2009
[2] 冯军，谢嘉奎主编．电子线路 非线性部分（第 5 版）[M]．北京：高等教育出版社，2010
[3] 高吉祥．高频电子线路（第 4 版）[M]．北京：电子工业出版社，2016
[4] 钟苏，刘守义主编．高频电路分析与实践[M]．西安：西安电子科技大学出版社，2012
[5] 林成桐．高频电子线路[M]．北京：机械工业出版社，2010
[6] 于洪珍．通信电子线路[M]．北京：电子工业出版社，2004
[7] 张澄．高频电子线路[M]．北京：人民邮电出版社，2006
[8] 刘联会．高频电路及其应用[M]．北京：北京邮电大学出版社，2009
[9] 苏庆谊．科技发展简史[M]．北京：研究出版社，2010

反侵权盗版声明